Lehr- und Forschungstexte
Psychologie 43

Herausgegeben von
D. Albert, K. Pawlik, K.-H. Stapf und W. Stroebe

Joachim Funke

Wissen über dynamische Systeme:

Erwerb, Repräsentation und Anwendung

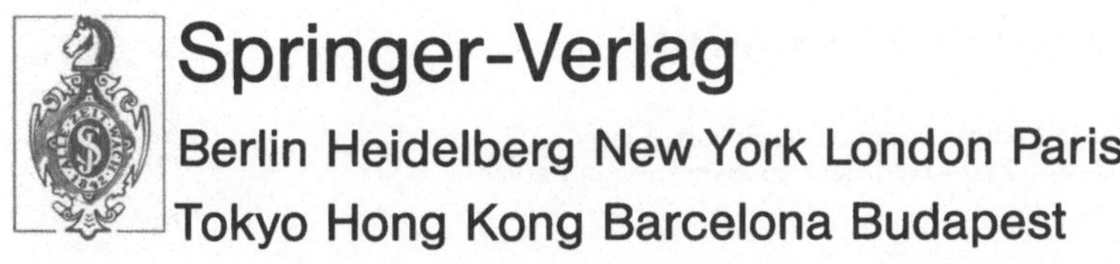

Springer-Verlag

Berlin Heidelberg New York London Paris
Tokyo Hong Kong Barcelona Budapest

Autor des Bandes

Joachim Funke
Psychologisches Institut der Universität Bonn
Römerstraße 164, W-5300 Bonn 1

Herausgeber der Reihe

Prof. Dr. D. Albert, Universität Heidelberg
Prof. Dr. K. Pawlik, Universität Hamburg
Prof. Dr. K.-H. Stapf, Universität Tübingen
Prof. Dr. W. Stroebe, PhD., Universität Tübingen

ISBN-13: 978-3-540-55223-9   e-ISBN-13: 978-3-642-77346-4
DOI: 10.1007/ 978-3-642-77346-4

Satz: Reproduktionsfertige Vorlage vom Autor
26/3140–543210 – Gedruckt auf säurefreiem Papier

Vorwort

Die vorliegende Arbeit versucht, Klarheit in einen kleinen Ausschnitt des großen Forschungsbereichs „Kognitive Psychologie" hineinzubringen, der sich mit den höheren Funktionen menschlicher Individuen befaßt. Die höheren Funktionen, traditionell der Allgemeinen Psychologie zugeordnet, betreffen Wahrnehmen, Lernen, Denken, Gedächtnis und Sprache. Vom Standpunkt erfolgreicher Handlungsregulation aus gesehen gehört sicher auch der Umgang mit Emotion und Motivation dazu. In neuerer Sprechweise verwendet man für diese Funktionen auch den umfassenderen Begriff der „Informationsverarbeitung". Im angloamerikanischen Sprachraum wird gerne von „cognitive psychology" oder – noch umfassender – von „cognitive science" gesprochen. Es dürfte unbestritten sein, daß dieser Forschungsbereich „Kognitionswissenschaften" in den vergangenen 30 Jahren zu regen Aktivitäten geführt hat, bei dem auch die traditionellen Fächergrenzen erfreulicherweise oft übersprungen wurden (vgl. zur Geschichte dieses Gebiets das lesenswerte Buch von GARDNER, 1985).

Mein eigener Beitrag zu einer Psychologie der Informationsverarbeitung bezieht sich auf eine konkrete Situation: den Umgang von Probanden mit unbekannten, dynamischen, computersimulierten Kleinsystemen. Diese werden – mit allen notwendigen Einschränkungen – als Repräsentanten für Anforderungen betrachtet, denen sich Menschen alltäglich stellen müssen: in begrenzter Zeit ohne volle Kenntnis aller Details zum Teil weitreichende Entscheidungen treffen zu müssen und die Folgen dieser Entscheidungen erneut zum Ausgangspunkt weiterer Planungen zu machen. Die Beschäftigung mit diesem Gebiet liegt begründet in der Faszination, die davon ausgeht, daß es Menschen in derartigen Situationen häufig gelingt, trotz oder gerade wegen ihrer begrenzten Rationalität eine „best guess"-Strategie zu realisieren. Aber natürlich werden auch gelegentlich Fehler sichtbar, die einiges von den Besonderheiten menschlicher Kognitionen im Vergleich etwa zu normativen Entscheidungsmodellen enthüllen.

Wer diese Faszination menschlicher Stärken und Schwächen in solchen komplexen Entscheidungssituationen nicht ganz nachvollziehen kann, sei auf das spannend geschriebene und auch für Nicht-Psychologen wohl gut lesbare Buch von Dietrich DÖRNER (1989b) verwiesen. Mit ihm übereinstimmend in der Ansicht, daß es sich bei den dort geschilderten Phänomenen um für die Kognitionspsychologie untersuchenswerte Sachverhalte handelt, habe ich in der Auseinandersetzung mit diesen Vorstellungen versucht, einen anderen methodischen Zugang zu diesem Bereich zu wählen: anstelle der eher exemplarischen Fallschilderung tritt bei mir der Versuch, die experimentelle Methode fruchtbar zu machen als zentrale Prüfinstanz für unsere Vorstellungen über den Gegenstandsbereich. Von diesem Versuch handelt diese Schrift.

Für den Bereich „Umgang mit dynamischen Systemen" wird ein theoretischer Bezugsrahmen entworfen, der zunächst einmal experimentelle Untersuchungen in diesem Gegenstandsbereich möglich macht. Weiterhin geht es darum, Erklärungen für bestimmte beobachtbare Phänomene zu liefern und diese empirisch auf ihre Gültigkeit hin zu überprüfen. Dies wird anhand einer Reihe von Experimenten geschehen, über die zu berichten ist.

Inwiefern von diesem kleinen Ausschnitt – Umgang mit dynamischen Systemen – aus dem gesamten Bereich der Allgemeinen Psychologie ein Beitrag zu einer umfassenden Psychologie der menschlichen Informationsverarbeitung erwartet werden kann, bedarf vielleicht einer Begründung. Hier muß der Leser sich gedulden, da erst im Verlauf der Arbeit deutlich gemacht werden wird, welche vielfältigen Implikationen und Bezüge dieser Gegenstandsbereich besitzt.

Der Aufbau der Arbeit ist wie folgt angelegt. Zunächst soll in einem einführenden Teil (**Kapitel 1**) nach einem knappen Überblick über das Gebiet des sog. Komplexen Problemlösens die generelle Fragestellung dargelegt werden: wie wird Wissen über dynamische Systeme erworben, gespeichert und zu Anwendungszwecken abgerufen? Dazu erfolgen allgemeine Begriffsklärungen zu den Stichworten „dynamische Systeme", „Repräsentation", „Wissen" und „Wissensrepräsentation". Schließlich geht es vor allem um die Notwendigkeit von Überlegungen zur formalen Repräsentation des Wissens einer Person über einen bestimmten Gegenstandsbereich. Dabei wird auch kurz auf die Diskussion um verschiedene Auflösungsebenen (symbolisch vs. subsymbolisch) eingegangen.

In **Kapitel 2** folgen detailliertere Ausführungen zum Forschungsstand auf dem Gebiet des Umgangs mit dynamischen Systemen. Hierzu werden die frühen Vorläuferarbeiten wie auch die von verschiedenen Forschungsgruppen aktuell in der BRD (Bamberg, Bayreuth, Hamburg) wie auch im Ausland (Oxford, Melbourne, Cambridge/Mass.) durchgeführten Studien berichtet. Trotz vielerlei Forschungsbemühungen – so wird der Schluß gezogen werden müssen – ist der Erkenntnisstand allerdings noch unbefriedigend.

Bevor auf die verschiedenen Experimente in meiner Bonner Arbeitsgruppe detaillierter eingegangen wird, werden zunächst in **Kapitel 3** die Standard-Untersuchungssituation, die grundlegenden Annahmen zur Repräsentation sowie die zur Wissensdiagnostik eingesetzten Verfahren dargelegt. Dabei wird gezeigt, daß insbesondere die Diagnostik strukturellen Wissens vor eine Reihe von Problemen gestellt wird, zu denen Lösungen nicht leicht zu nennen sind. Ich glaube dennoch, hierfür zufriedenstellende Lösungen vorstellen zu können.

Kapitel 4 schildert die experimentellen Untersuchungen, die sich mit dem Einfluß von Systemmerkmalen auf Identifikation und Kontrolle unbekannter dynamischer Systeme beschäftigen. Dabei geht es um die Fragen des aktiven Eingreifens in bzw. bloßen Beobachtens von Systemen, der Bedeutung von Eigendynamik und Nebenwirkung und die dabei auftretenden Fehler, sowie um die Rolle von Vorwissen, Steuerbarkeit eines Systems, Steueranforderungen und die Art der Systempräsentation.

Kapitel 5 beschäftigt sich mit einer Systematik von Einflußgrößen, die beim Umgang mit dynamischen Systemen zu unterscheiden sind. Die vorgeschlagene Taxonomie unterscheidet Personen, Situations- und Aufgabenmerkmale. Dabei wird auf die geschilderten Experimente bezug genommen und zugleich eine Bilanz der bisherigen Arbeit gezogen.

Die vorliegende Arbeit – wie könnte es anders sein – ist nicht im „leeren Raum" entstanden. Viele der Ideen haben in zahllosen Diskussionen mit Kolleginnen und Kollegen, die ich nicht alle nennen kann, an Reife gewonnen. Hervorheben möchte ich dennoch wichtige Personen, ohne die diese Arbeit nicht zustandegekommen wäre. Hierzu zählen zum einen die ehemaligen Hilfskräfte des DYNAMIS-Projekts, Gerhard Fahnenbruck, Uschi Grob, Ralf Kretschmann und Bärbel Rasche, sowie die Projektmitarbeiter des DYNAMIS-Projekts, Uwe Kleinemas und Horst Müller. Sie haben mitgeholfen, meine Vorstellungen tatkräftig umsetzen, haben Probanden angeworben und untersucht, Daten ausgewertet und Berichte verfaßt, auf die ich für diese Arbeit zurückgreifen konnte. Zum anderen zählt hierzu auch das Umfeld der Abteilung Allgemeine Psychologie: Jürgen Bredenkamp, der zu allem den nötigen Freiraum gewährte; Edgar Erdfelder, der immer zur Verfügung stand, wenn er gebraucht wurde; Jean-Paul Reeff, der nicht nur in technischen Fragen Rat wußte – um wenigstens einige zu nennen. Die Deutsche Forschungsgemeinschaft hat mein Vorhaben finanziell unterstützt und im Rahmen des Schwerpunktprogramms "Wissenspsychologie" auf verschiedenen Treffen die Diskussion meiner Ideen mit kompetenten Fachvertretern möglich gemacht. Dafür bedanke ich mich. Auch die Hilfe von Ingrid Heßling und Melitta Weißenborn bei der Bewältigung des täglichen Büro-Alltags wird dankend anerkannt. Axel Buchner, Mitarbeiter im KAUDYTE-Projekt, verdanke ich nicht nur die Empfehlung zur Anschaffung des Macs, auf dem diese Arbeit geschrieben wurde, sondern auch Ratschläge für die Benutzung des Textverarbeitungssystems, auf das ich mich umgestellt habe. Last not least danke ich den Serienherausgebern, insbesondere Kurt H. Stapf, für weitere Anregungen, die dem Manuskript sicherlich zugute gekommen sind.

Joachim Funke

Inhaltsverzeichnis

1   Einführung

Eines der Hauptprobleme der gegenwärtigen Psychologie besteht darin, komplexe psychische Abläufe bei einem Individuum auch nur ausschnittsweise befriedigend beschreiben und erklären zu können, von Vorhersagen über zukünftiges Verhalten dieses Individuums einmal ganz abgesehen. Daß dies auf einen unbefriedigenden Zustand der Wissenschaft „Psychologie" hinweist, dürfte klar sein. Nach hundert Jahren experimenteller Forschung ist der Erkenntnisstand zwar beachtlich, aber längst nicht ausreichend.

Die Forderungen, die von außen an die Psychologie als Wissenschaft gestellt (und möglicherweise nicht erfüllt) werden, sind verständlich. DÖRNER (1983) drückt dies sehr deutlich aus:

> „Böse Zungen behaupten, die Psychologie sei eine Wissenschaft, die Fragen beantworte, die niemand gestellt habe, da entweder die Antworten sowieso längst bekannt sind oder aber die Fragen niemand interessieren." (p. 13).

> „Letzten Endes zählt, daß man etwas allgemein Interessantes erklären und beeinflussen kann. Ständig zu sagen, man könnte allen Leuten das Fliegen beibringen, hilft auf die Dauer nicht. Man muß zumindest kleine Gleitflüge auch demonstrieren können." (p. 27).

Als Konsequenz aus dem eben geschilderten Bedürfnis nach mehr Aussagekraft psychologischer Theorien – Aussagekraft hier verstanden im Sinne von Anwendungseignung – haben einige Forscher verlangt, die Untersuchungsparadigmen den alltäglichen Gegebenheiten stärker anzupassen. Diesen Standpunkt teile ich insofern nicht, da der unbefriedigende Zustand weniger auf ungeeignete Untersuchungsparadigmen als vielmehr auf die mangelnden Kräfte entsprechender Theorien zurückzuführen ist, durch die Verhalten beschrieben, erklärt und prognostiziert wird. Daß ich mich dennoch mit einem „neuen" Untersuchungsparadigma beschäftige, liegt weniger an der von anderen erwarteten Alltagsnähe als vielmehr in der Tatsache begründet, daß mit diesem neuen Ansatz, der noch näher charakterisiert werden wird, unbestreitbar auf einen bislang von der experimentellen Psychologie wenig untersuchten Phänomenbereich hingewiesen wird.

Das Unternehmen, das unter dem Leitthema „mehr Alltagsnähe" firmiert, bezieht sich auf die kognitionspsychologischen Studien, die im deutschsprachigen Raum von DÖRNER, LÜER und PUTZ-OSTERLOH in den 70er Jahren begonnen wurden. Die Stoßrichtung dieses Unternehmens bestand zum einen darin, Schwächen bisheriger Leistungsdiagnostik im Bereich der Intelligenzmessung aufzudecken, und zum zweiten zu demonstrieren, wie man größere Realitätsnähe auch in der Laborforschung erreichen kann. Das Zauberwort dieses Ansatzes lautet *„Computersimulation"*: Computersimulation von bestimmten realitätsnahen Szenarien, in die von Pbn handelnd eingegriffen werden kann und soll. Die Steuerungstätigkeit und deren Wirkung auf das System werden registriert bzw. beobachtet und als Indikator für Problemlösefähigkeit herangezogen. Über die Vor- und Nachteile dieses für die Psychologie neuartigen „Reizmaterials" und die Aussagekraft bestimmter Befunde liegen kontroverse Meinungen vor (vgl. DÖRNER, 1984, 1991; DÖRNER & KREUZIG, 1983; EYFERTH, SCHÖMANN & WIDOWSKI, 1986; FUNKE, 1984; HUSSY, 1985; TENT, 1984). Ganz offenkundig besteht aber ein breites Anwendungsinteresse an diesem Ansatz, nicht zuletzt auch wegen der vermuteten neuen diagnostischen Möglichkeiten, etwa im Bereich der Personalselektion (vgl. SCHAARSCHMIDT, 1989; SCHULER, 1987).

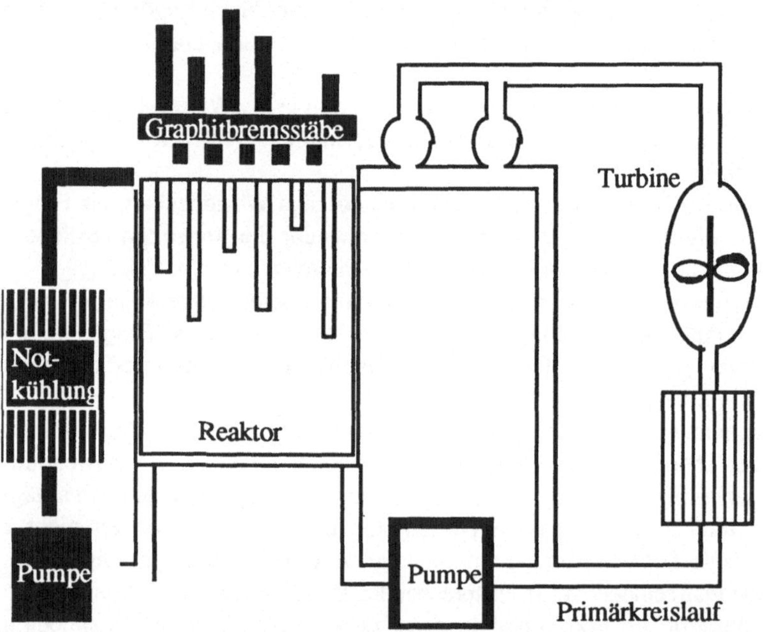

Abb. 1.1:   Schemazeichnung des Tschernobyl-Reaktors (aus DÖRNER, 1989b, p. 48).

Ein Beispiel für den Umgang von Menschen mit einem dynamischen System möge die Situation illustrieren, auf die sich diese Art von Forschung bezieht. Ich greife hierzu auf die von DÖRNER (1989b, pp.47-57) beschriebene Katastrophe von Tschernobyl zurück, bei der am 26. 4. 1986 ein Reaktorblock des Atomkraftwerks explodierte und die Umwelt verseuchte.[1] DÖRNER sagt hierzu: „Das Unglück von Tschernobyl ist, wenn man die unmittelbaren Ursachen betrachtet, zu hundert Prozent auf *psychologi-*

---

[1] Diese Beschreibung weicht in kleinen Details von derjenigen des Grigori MEDWEDEW (1991) ab. Dadurch werden die relevanten Ereignisse jedoch nicht verändert.

sche Faktoren zurückzuführen." (1989b, p. 48). Abb. 1.1 zeigt eine wesentlich verein-
fachte Schemazeichnung des Unglücksreaktors.

In diesem Reaktor wird Wasser im Primärkreislauf durch die bei der Kettenreaktion
freigesetzte Energie aufgeheizt. Entstehender Dampf treibt die Turbinen an und erzeugt
so Strom. Der Primärkreislauf ist ein geschlossenes System. Daneben (links in Abb.
1.1) gibt es noch ein Notkühlsystem, das den Reaktor im Gefahrenfall vor Überhit-
zung schützen soll. Die Graphitbremsstäbe dienen zur Steuerung der Kernreaktion: je
weiter sie herausgezogen werden, umso heftiger erfolgt diese Reaktion.

Das Unglück von Tschernobyl ereignete sich im Zusammenhang mit einer bevor-
stehenden Wartung, vor der jedoch noch schnell ein Experiment durchgeführt werden
sollte. Am Freitag, den 25.4.1986, begann man um 13 Uhr, den Reaktor auf 25% seiner Leistung herunterzufahren; dies war der Leistungsbereich, in dem die Experimente
durchgeführt werden sollten. Um 14 Uhr wurde das Notkühlsystem abgeschaltet – Teil
des Testplans und wohl deswegen gemacht, damit nicht während der Experimente ver-
sehentlich das Notkühlsystem ansprang. Die Kraftwerkskontrolle in Kiew forderte jedoch um 14 Uhr eine weitere Inbetriebnahme, da unvorhergesehene Energienachfragen
auftraten. Erst um 23.10 Uhr konnte der Reaktor vom Netz genommen werden und
mit dem Testprogramm unter 25% Belastung begonnen werden. Eine halbe Stunde
nach Mitternacht betrug die Leistung des Reaktors jedoch nicht 25%, sondern 1% –
der Operateur hatte manuell versucht, die 25%-Marke anzustreben, aber wohl über-
steuert (d.h. das Eigenbremsverhalten des Reaktors nicht bedacht).

Ein derartiger Zustand im unteren Leistungsbereich ist höchst gefährlich wegen der
Möglichkeit von lokalen Maxima. Daher ist es auch verboten, den Reaktor in dieser
Leistungszone zu fahren. Nach einer weiteren halben Stunde hatte man 7% Leistung
erreicht und beschloß, die Experimente fortzusetzen. Um 1.03 Uhr wurden verbotener-
weise alle acht Pumpen des Primärkreislaufes eingeschaltet (nur maximal sechs Pumpen hätten eingeschaltet werden dürfen). Die eintretende Kühlung – von den Operateu-
ren als Sicherheitsmaßnahme geplant – führte jedoch unbemerkt zum Entfernen der
Graphitbremsstäbe aus dem Reaktor. Da infolge des Einschaltens aller acht Pumpen
der Dampfdruck fiel, die Dampfturbine aber für das Experiment gebraucht wurde, erhöhte man den Wasserdurchfluß um das Dreifache. Dies hatte die entgegengesetzte
Konsequenz zur Folge – weiteres Absinken des Druckes, weitere Entfernung von
Bremsstäben. Abb. 1.2 (nächste Seite) veranschaulicht diese Zusammenhänge noch
einmal.

Der Schichtführer verlangt um 1.22 Uhr einen Bericht über die Bremsstäbe: es be-
finden sich nur noch sechs bis acht im Reaktor, weit weniger, als im ungünstigsten
Fall erlaubt. Trotz dieser verbotswidrigen Situation wird das Experiment fortgesetzt.
Um 1.23 Uhr wird ein Dampfrohr geschlossen, woraufhin eine weitere automatische
Sicherheitsrückkoppelung abschaltet. Um 1.24 Uhr versucht man dann eine Notbrem-
sung, doch zu diesem Zeitpunkt können die Graphitstäbe schon nicht mehr in den Re-
aktor geschoben werden, da sich ihre Führungsrohre vor Hitze bereits verformt haben.
Die Explosion erfolgt postwendend ...

„Was finden wir hier an Psychologie? Wir finden die Tendenz zur Überdosierung
von Maßnahmen unter Zeitdruck. Wir finden die Unfähigkeit zum nichtlinearen
Denken in Kausalnetzen statt in Kausalketten, also die Unfähigkeit dazu, Neben-
und Fernwirkungen des eigenen Verhaltens richtig in Rechnung zu stellen. Wir fin-

den die Unterschätzung exponentieller Abläufe: die Unfähigkeit zu sehen, daß ein
exponentiell ablaufender Prozeß, wenn er erst einmal begonnen hat, mit einer sehr
großen Beschleunigung abläuft. All das sind 'kognitive' Fehler, Fehler in der Er-
kenntnistätigkeit." (DÖRNER, 1989b, p. 54).

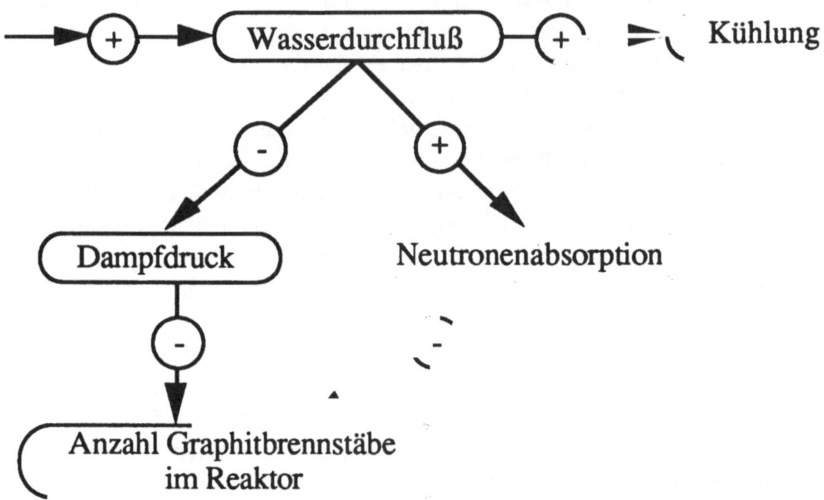

Abb. 1.2:   Haupt- und Nebenwirkungen der Veränderung des Wasserdurchsatzes im
Reaktor (aus DÖRNER, 1989b, p. 53).

Diese Fehler sind keineswegs Zeichen von Versagen im Sinne nicht erbrachter Leistung: die Mannschaft von Tschernobyl war ein gut eingefahrenes Team qualifizierter
Fachleute, niemand hat geschlafen oder aus Versehen den falschen Schalter betätigt.
Gerade das hohe Selbstbewußtsein könnte zu einem einem Gefühl der Unverwundbar-
keit geführt haben, das zusammen mit einem gewissen „Methodismus" – die Sicher-
heitsvorschriften wurden ständig verletzt und das war häufig genug gut gegangen –
schließlich zur Katastrophe führte. Abb. 1.3 zeigt diese Einflußfaktoren noch einmal
in der Übersicht.
   Aus dieser Abbildung geht auch der Konformitätsdruck als Fehlerquelle hervor, das
Phänomen des „groupthink", das Kritik unterbindet und sich selbst bestätigen hilft.
Solche Fehlerquellen findet man sicherlich häufiger in Expertenkreisen. Nicht immer
ist die Konsequenz aus diesen Fehlern so schlimm wie im Fall Tschernobyl.
   Das Beispiel illustriert an einer extremen Situation die Phänomene, um die es der
neuen denkpsychologischen Forschung geht, die sich vehement gegen die klassische
Problemlöseforschung und deren statische Mini-Probleme wendet. Nicht mehr bedeu-
tungslose Streichholzprobleme, sondern die komplexen Probleme der Lebenswirklich-
keit sind es nun, die die Aufmerksamkeit dieser Forscher auf sich ziehen.

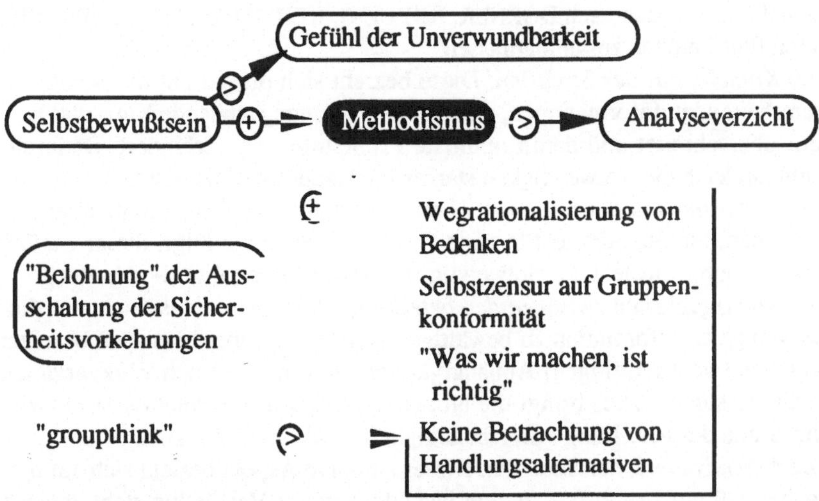

Abb. 1.3: Die Hintergründe des Tschernobyl-Unglück (aus DÖRNER, 1989b, p. 55).

Worin bestehen die wesentlichen Unterschiede zwischen der klassischen Problemlöseforschung und dem neuen Ansatz, der sich computersimulierter Systeme bedient? Das nächste Kapitel gibt einen kurzen Überblick über das noch junge Gebiet des „Komplexen Problemlösens" und zeigt auch einige Probleme auf.

1.1 Komplexes Problemlösen: Eine kurze Übersicht

„Komplexes Problemlösen" ist die kompakte, wenngleich sprachlich unglückliche Bezeichnung eines relativ neuen psychologischen Forschungsgebiets, das sich mit der Beschreibung und Erklärung von Phänomenen befaßt, wie sie beim Umgang von Individuen mit komplizierten Systemen auftreten. Typischerweise handelt es sich bei diesen komplizierten Systemen um computersimulierte Szenarien, in die der Akteur zielgerichtet handelnd eingreifen soll. Das Adjektiv „komplex" charakterisiert somit eine wesentliche Eigenart des verwendeten Stimulusmaterials: es besteht aus mehreren Variablen (zwischen zwei und mehreren tausend), zwischen denen ein- bzw. wechselseitige Verbindungen existieren. Von „Problemlösen" wird deshalb gesprochen, weil die Überführung des Ausgangszustands in einen (u.U. selbständig zu präzisierenden) Zielzustand nicht auf Anhieb gelingt, sondern das Überwinden von „Barrieren" zwischen Ist- und Sollwerten erfordert.

Charakteristische Merkmale, denen sich ein Akteur in einer derartigen Situation ausgesetzt sieht, lassen sich nach DÖRNER, KREUZIG, REITHER und STÄUDEL (1983) in folgenden fünf Punkten zusammenfassen:

(1) Die *Komplexität der Situation.* Diese bezieht sich primär auf die Menge der zu verarbeitenden Informationen, die die zur Verfügung stehende Kapazität bei weitem überschreitet und damit optimale Problemlösung verhindert. Dadurch entsteht zugleich die Notwendigkeit starker Informationsreduzierung.

(2) Die *Intransparenz* der Situation. Hierunter ist zu verstehen, daß nicht alle Informationen, die der Akteur für seine Entscheidungen benötigt, direkt zugänglich sind. Dadurch entsteht die Notwendigkeit aktiver Informationsbeschaffung.

(3) Die *Abhängigkeiten zwischen den beteiligten Variablen.* Es ist nicht nur die bloße Menge an Information zu bewältigen, sondern darüber hinaus zu beachten, in welchen (wechselseitigen) Abhängigkeiten die verschiedenen Wirkvariablen zueinander stehen. Dies bringt die Notwendigkeit von Informationsstrukturierung (im Sinne der Erstellung von Abhängigkeitsstrukturen) mit sich.

(4) Die *Eigendynamik* der Situation. Dieser situative Aspekt bezieht sich auf die Tatsache, daß nur begrenzt Zeit zum Nachdenken zur Verfügung steht, da sich ansonsten die Situation auch ohne Zutun des Akteurs ändert. Der bestehende Zeitdruck macht eine oberflächliche Informationsverarbeitung und rasche Entscheidungen notwendig.

(5) Die *Polytelie* („Vielzieligkeit") der Entscheidungssituation. Hierunter fällt der Tatbestand, daß in komplexen Situationen meistens nicht nur *ein* Ziel, sondern mehrere, unter Umständen sogar sich widersprechende Ziele verfolgt werden müssen. Dies erzeugt die Notwendigkeit einer mehrdimensionalen Informationsbewertung und des Aufbaus einer differenzierten Zielstruktur mit Regeln zur Konfliktresolution.

Alle diese Eigenschaften sind in der klassischen Problemlöseforschung, die sich z.B. mit dem Lösen von Denksportaufgaben beschäftigte, kaum ausgeprägt untersucht worden, da die Untersuchungsparadigmen dafür nicht geeignet waren. In einer neueren Arbeit faßt DÖRNER (1986a, p. 297) die Anforderungen aus komplexen dynamischen Problemsituationen zusammen unter den Gesichtspunkten (1) der „Informationsgewinnung und -integration", (2) der „Zielausarbeitung und -balancierung", (3) der Maßnahmenplanung und Entscheidung sowie (4) des „Selbstmanagements". Diese Typologie hebt im Unterschied zu der vorher dargestellten und stärker auf die situativen Merkmale abgestellten Klassifikation nun deutlich auf die Verarbeitungsmechanismen des Akteurs ab. Dies führt auch zum nächsten Aspekt, der sich mit Konsequenzen dieser Anforderungen beschäftigt.

Den situativen Anforderungen müssen auf seiten des Akteurs entsprechende Kompetenzen gegenübergestellt werden. Hier sind in erster Linie die Konzepte der „epistemischen Kompetenz" (als der Menge und Qualität verfügbaren Wissens über den fraglichen Realitätsausschnitt) und der „heuristischen Kompetenz" (als der Menge und Qualität bereichsspezifischer und bereichsübergreifender Lösungsverfahren) genannt worden (vgl. die Konzepte der epistemischen und heuristischen Gedächtnisstrukturen bei DÖRNER, 1976; zum Kompetenz-Konzept der Bamberger Arbeitsgruppe: STÄUDEL, 1987). DÖRNER (1986a, p. 293f) subsumiert diese Kompetenzen unter das Konzept der „operativen Intelligenz", worunter beispielhaft „Umsicht", „Steuerungsfähigkeit der kognitiven Operationen" oder auch „Verfügbarkeit über Heurismen" zu verstehen sind. Darauf ist an dieser Stelle jedoch nicht näher einzugehen.

Regeln und Steuern von verschieden komplexen Systemen sind im Rahmen psychomotorischer Forschungen ebenfalls Gegenstände des Interesses (vgl. HEUER, 1990). So mag man sich durchaus fragen, ob es einen prinzipiellen Unterschied gibt zwischen der Regelung von Geschwindigkeit und Richtung eines Tankschiffs (=Tracking-Situation) und der Temperaturkontrolle eines simulierten Kühlhauses (=komplexes Problem). Bei Tracking-Aufgaben geht es darum, einen Zielpunkt, der sich nach einem bestimmten Modell bewegt, mit einem Folgepunkt in Deckung zu bringen. Das dazu notwendige Bedienelement wird manuell gesteuert, wobei zwischen den Bewegungen dieses Elements und seinen Reaktionen beliebige Transformationen (z.B. Verzögerungen, Integrationen) stattfinden können.

Der wesentliche Unterschied zwischen beiden Forschungsbereichen besteht darin, daß beim Tracking visuelle und propriozeptive Informationen eine zentrale Rolle spielen, also eine *manuelle* Regelung erfolgt; diese Anforderungen stehen zugunsten einer *kognitiven* Regelung bei Problemlösesituationen völlig im Hintergrund, was vielfach schon dadurch bedingt ist, daß die komplexen Probleme nicht in Echtzeit, sondern zeitdiskret dargeboten werden.

Der vorliegende Abschnitt befaßt sich zunächst in aller Kürze mit einigen zentralen Arbeiten auf dem Gebiet des „Komplexen Problemlösens", um einen Einblick in die Materie zu geben, und geht dann auf einige Probleme dieser Art von Forschung ein.

1.1.1   Kurzer Überblick über einige zentrale Arbeiten

Der Beginn der deutschsprachigen Forschungen, die unter dem Titel „Komplexes Problemlösen" rubriziert werden, läßt sich auf den Beginn der siebziger Jahre datieren. Die Bezeichnung „Komplexes Problemlösen" taucht erstmalig 1975 in einem Kongreßbericht auf (DÖRNER, DREWES & REITHER, 1975).

Die ersten Arbeiten zu diesem Themengebiet kann man als zentral bezeichnen, da in ihnen der programmatische Charakter des Vorgehens besonders deutlich formuliert wurde. In LOHHAUSEN etwa, dem bekannt gewordenen Bürgermeister-Spiel, wird die zeitgenössische Denkpsychologie dahingehend kritisiert, vor allem Problemsituationen mit wohldefiniertem Ausgangs- und Zielzustand und einer (vor-)gegebenen Menge an Operatoren zu untersuchen, nicht aber den viel wichtigeren „Umgang mit Unbestimmtheit" (vgl. DÖRNER, KREUZIG, REITHER & STÄUDEL, 1983, p. 100f.). Dies soll genau das Bürgermeister-Szenario schaffen, bei dem maximal viel Unbestimmtheit herrscht – es bleibt sogar offen, was genau das Ziel ist, unter dem ein Proband (Pb) an die Simulation herantreten soll.

Auch eine andere bekannte Arbeit ist hier zu nennen: schon 1981 publizierte PUTZ-OSTERLOH (vgl. auch PUTZ-OSTERLOH & LÜER, 1981) eine Arbeit mit dem Simulationssystem TAILORSHOP, in der ein Versagen des „besten" aller psychologischen Meßinstrumente konstatiert wurde: das des klassischen Intelligenztests. Die Stoßrichtung der Kritik ging hier auf die Validität von Intelligenztests: in Frage gestellt wurde

deren Prädiktionswert für Bereiche, die intelligentes Handeln erfordern wie z.B. der
Umgang mit dem Wirtschaftsplanspiel.

Tabelle 1.1:   Überblick über einige Simulationssysteme aus wissenschaftlichen
Arbeiten (bis zu 10 Variablen).

Name	Variablenzahl	Quellenangabe
APFELBAUM	6	BECKMANN, 1990
ALTÖL	8	FAHNENBRUCK, FUNKE & RASCHE, 1988
ECONOMIC SYSTEM	4	BROADBENT, FITZGERALD & BROADBENT, 1986
GAS-ABSORBER	6	HÜBNER, 1987
HAMURABI	8	GEDIGA, SCHÖTTKE & TÜCKE, 1983
KÜHLHAUS	6	REICHERT & DÖRNER, 1988
LAGERHALTUNG	3	KLEITER, 1970
MINI-SEE	6	OPWIS & SPADA, 1985
MONDLANDUNG	3	THALMAIER, 1979
ÖKOSYSTEM	6	FRITZ & FUNKE, 1988
PALMENHAUS	6	ANDRESEN & SCHMID, 1990
PORAEU	8	PREUSSLER, 1985
SIM002	10	KLUWE & REIMANN, 1983
SINUS	6	FUNKE & MÜLLER, 1988
SUGAR FACTORY	4	BERRY & BROADBENT, 1987a
STRATEGEM-2	5	STERMAN, 1989
TRANSPORT SYSTEM	4	BROADBENT, 1977
TÜMPEL	8?	MECHTOLD, 1988
WELT	4	EYFERTH et al., 1982
ZIELANNÄHERUNG	5	HUSSY, 1989

Ganz allgemein kann man jedoch festhalten, daß die Resultate der prominenten Studien nicht nur die Verwendbarkeit eines der am meisten untersuchten Meßinstrumente
psychologischer Diagnostik - eben des Intelligenztests – in Zweifel zogen, sondern
vor allem dadurch auffielen, daß sie das katastrophale Scheitern menschlicher Bemühungen in komplexen Szenarien dokumentierten und Gründe dafür aufzuführen ver-
suchten. Diese Feststellungen fielen zeitlich eng zusammen mit Krisen überregiona-
len Ausmaßes, in denen die begrenzten Einflußmöglichkeiten von Menschen offenbar
wurden. Nicht zuletzt aus diesem Grund konnte die Beschäftigung mit diesem For-
schungsthema soviel Aufmerksamkeit auf sich ziehen.

Von dem Elan, der von den frühen zentralen Arbeiten ausging, ließen sich viele
Forscher anstecken. Die damals ausgebrochene „Epidemie" ist noch nicht abgeklun-
gen, wie ein Blick auf die Vielzahl vorliegender Szenarien verdeutlicht. Tabellen 1.1
bis 1.3 enthalten die aktualisierte Fassung einer Übersicht über die in wissenschaftlichen Arbeiten verwendeten Simulationssysteme. Die ganze Heerschar von Simulationen in Form von Videospielen bleibt dabei ausgespart.

Tabelle 1.2:   Überblick über einige Simulationssysteme aus wissenschaftlichen Arbeiten (bis zu 100 Variablen).

Name	Variablenzahl	Quellenangabe
AIDS	>10	BADKE-SCHAUB & DÖRNER, 1988
DAGU	12	REITHER, 1981
DISKO	41	U. FUNKE, 1991
DORI	12	REITHER, 1981
ELEFANTENINSEL	>10	KEPSER & VOGT, 1991
EPIDEMIE	13	HESSE, SPIES & LÜER, 1983
FEUER	>10	SCHOPPEK, 1991
FIRE FIGHTING	>10	BREHMER, 1987
GARTEN	>10	SCHAUB & STRÖBELE, 1989
HEIZÖLHANDEL	>20	DAUENHEIMER, KÖLLER, STRAUß & HASSELMANN, 1990
MANUTEX	>10	TISDALE, 1990
MASCHINE	>10	SCHAUB, 1988
MIX	>10	FISCHER, OELLERER, SCHILDE & KLUWE, 1990
MORO	49	STROHSCHNEIDER, 1986
NADIROS	>10	GEILHARDT, 1991
SCHOKO-MAX	>10	REICHERT & STÄUDEL, 1991
SIM003	15	KLUWE, MISIAK, RINGELBAND & HAIDER, 1986
SIMUTANIEN	>10	SCHAUB, 1988
SUBPRO	>10	FISCHER, 1990
TAILORSHOP	24	PUTZ-OSTERLOH & LÜER, 1981
TANALAND	54	DÖRNER & REITHER, 1978
MANUTEX	>10	TISDALE, 1990
TANK SYSTEM	14	MORAY, LOOTSTEEN & PAJAK, 1986
TAXI	11	ROTH, 1987
TEXTILFABRIK	24	HASSELMANN & STRAUß, 1988

Tabelle 1.3:   Überblick über einige Simulationssysteme aus wissenschaftlichen Arbeiten (über 100 Variablen).

Name	Variablenzahl	Quellenangabe
ENERGIE	>2000	VENT, 1985
LOHHAUSEN	>2000	DÖRNER, KREUZIG, REITHER & STÄUDEL, 1983
MANAGE!	>2000	KREUZIG & SCHLOTTHAUER, 1991

Ohne im Detail auf einzelne Systeme näher eingehen zu wollen, ist zu diesen Tabellen anzumerken, daß die Zahl der Szenarien unaufhaltsam wächst. Daß dieser Zustand

nicht wünschenswert ist, macht ein Blick auf die im nächsten Abschnitt dargestellten
Probleme dieser Vorgehensweise deutlich.

1.1.2   Probleme

In einer früheren Arbeit habe ich bereits einige Probleme der Forschung zum komplexen Problemlösen angesprochen (FUNKE, 1984), die auch von anderen Kollegen ähnlich gesehen wurden (z.B. EYFERTH, SCHÖMANN & WIDOWSKI, 1986). Seinerzeit
wurde im einzelnen behauptet: (1) eine Theoriearmut damaliger Forschung, (2) der
geringe Einbezug von Erträgen einschlägiger psychologischer Teilfächer, (3) eine
mangelnde fächerübergreifende Kooperation, (4) das noch unvollständige Ausschöpfen
des systemtheoretischen Ansatzes, (5) das Fehlen einer Taxonomie für komplexe
Problemstellungen, (6) die ungenügende Berücksichtigung des Meßfehlers bei Maßen
der Problemlösefähigkeit, (7) eine Tendenz zur bevorzugten Berichterstattung „signifikanter" Befunde, sowie (8) ein suboptimales versuchsplanerisches und auswertungs-
technisches Vorgehen. Von diesen acht Problemen möchte ich hier drei aufgreifen und
sie im Lichte neuerer Entwicklungen betrachten.

Das Problem der Theorie-Bildung. Nach wie vor steht einer Vielzahl von
empirischen Arbeiten ein vergleichsweise schwacher theoretischer Rahmen gegenüber.
Die von DÖRNER (1982) erstmals vorgestellte und seither mehrfach modifizierte
„Theorie der Absichtsregulation" (letzte publizierte Fassung: DÖRNER, SCHAUB,
STÄUDEL & STROHSCHNEIDER, 1988) stellt den Versuch dar, möglichst viele relevante Einflußgrößen in einem integrativen Ansatz zu vereinen. Damit verbunden
bleibt allerdings das Problem der empirischen Verankerung von Konstrukten wie „Ab-
sichtsdruck", „heuristische und epistemische Kompetenz". Dies zeigt sich auch an den
Stellen, wo die Formalisierung von Annahmen über menschliche Kognitionsvorgänge
am weitesten fortgeschritten ist: der Simulation von Verhalten auf einem Rechner.
Die hier wiederum exemplarisch herausgegriffene Arbeit von REICHERT und DÖRNER
(1988) beschreibt ein „Simulationssystem zweiter Stufe", eine Simulation des Ein-
griffsverhaltens, das die Steuerung eines „Simulationssystems erster Stufe" – hier des
Systems KÜHLHAUS – übernehmen kann und dabei, je nach Parametrisierung, unterschiedliches Verhalten generiert, das hinsichtlich mehrerer Kriterien (Sollwertab-
weichungen, Eingriffshäufigkeiten) dem Verhalten menschlicher Pbn ähnelt. Das
Theorie-Problem ist damit jedoch keineswegs gelöst. Vielmehr tauchen zahllose neue
Probleme auf, etwa die Frage nach der angemessenen Prüfung des Modells, nach der
empirischen Verankerung der Konstrukte, usw. Im übrigen ist die „Theorie" – wenn
man denn ein Computerprogramm überhaupt mit diesem Etikett versehen darf – nur
auf die konkrete Versuchssituation der KÜHLHAUS-Steuerung bezogen, besitzt also
keine große Reichweite. Auch der empirische Gehalt dieses Modells etwa im Sinne
der Erzeugung neuer Vorhersagen ist nicht klar. Im Rahmen dieser Arbeit befaßt sich
Kapitel 2.2.1 noch ausführlicher mit den neueren Bamberger (bzw. Berliner) Arbeiten.

Das Theorie-Problem führt zu einer Situation, in der zunächst das Sammeln von
Daten opportun erscheint – so kann man jedenfalls das Bemühen einer ganzen Zahl
von Forschern auf diesem Gebiet charakterisieren, die eher im Sinne einer „Schrot-

schuß-Strategie" operieren und möglichst viele Variablen aus möglichst vielen Bereichen erheben. Dem liegt jedoch die m.E. nicht begründete Hoffnung zugrunde, aus den vielen Daten würden sich irgendwann einmal (gesetzmäßige) Zusammenhänge ableiten lassen. Die bisherigen Arbeiten auf diesem Gebiet haben diese Hoffnung nicht bestätigt.

Das Taxonomie-Problem. Das eben geschilderte Theorie-Problem hängt eng mit einem weiteren Problem zusammen, das hier als Taxonomie-Problem bezeichnet wird. Darunter ist zu verstehen, daß bis jetzt nicht klar ist, welche unterschiedlichen Anforderungen durch Problemstellungen im Sinne komplexer dynamischer Simulationssysteme an den Problemlöser gestellt werden. Ein Taxonomie-Problem besteht insofern, als nicht nur eine Liste derartiger Anforderungen zu erstellen wäre, sondern auch eine entsprechende Ordnung in diese Liste gebracht werden müßte. Im Sinne der klassischen Aufteilung in „task analysis" und „problem space" (vgl. NEWELL & SIMON, 1972) bezieht sich das Taxonomie-Problem auf beide Bereiche, da aus der puren Aufgabenbeschreibung heraus noch nicht abzuleiten ist, wie ein konkretes Individuum die Aufgabe perzipiert und in einen Handlungsplan für sich umsetzt. Einige Kategorien der Aufgabenbeschreibungen, wie sie von DÖRNER et al. (1983) sowie DÖRNER (1986a) entwickelt und weiter vorne kurz beschrieben wurden, eignen sich möglicherweise als Startpunkt für eine derartige Taxonomie. Darauf wird in Kapitel 5 näher eingegangen.

Auch mit der Arbeit von PUTZ-OSTERLOH (1981) wird eine wichtige Dimension in Abgrenzung zu klassischen Intelligenztest-Items hervorgehoben: nicht nur die Analyse vorgegebener Informationen, sondern das aktive Beschaffen relevanter Informationen zählt hiernach zu einer grundsätzlich neuen Anforderung. Aber – und hieran sieht man die Notwendigkeit des Einbezugs des Problemlösers – die Beschaffung von Informationen hängt natürlich vom Vorwissen des Problemlösers ab und ist daher kein von ihm unabhängiges Anforderungskriterium. Erste Entwürfe einer Theorie der Informations*beschaffung* findet man z.B. bei FLAMMER (1981), der sich mit den Bedingungen für das Stellen von Fragen beschäftigte.

Das Meßproblem (Operationalisierung, Reliabilität, Validität). Das Meßproblem ist von Anfang an zentral für die Forschung in diesem Bereich gewesen (und bis heute geblieben). Dafür gibt es einen einfachen Grund: bei den meisten bisher verwendeten Szenarien gibt es keine normativ verbindlichen Lösungen, bezüglich derer menschliches Lösungsverhalten bewertbar wäre. Während für den „Turm von Hanoi" oder andere einfache Problemstellungen die beste Lösung bekannt und berechenbar war, ist dies für komplexe Szenarien mit nichtlinearen Komponenten bisher kaum möglich. Zugleich bieten sich bei den einfachen Problemstellungen auch einfache Indikatoren an (z.B. Zugzahl, Lösungszeit, etc.), die vergleichsweise direkten Aufschluß über eine Person und ihr Lösungsverhalten geben. Bei den komplexen Problemen wirft die Auswahl einfacher Indikatoren (z.B. „Endkapital" im Szenario TAILOR-SHOP) dagegen Probleme auf, da in diesem Fall nicht mehr klar ist, was an diesem Indikator zu Lasten der Personfähigkeit und was zu Lasten von Systemeigenschaften geht. Die Validität derartiger Indikatoren beruht daher zunächst überwiegend auf dem Augenschein.

Aber auch die Reliabilität derartiger Indikatoren für komplexes Problemlösen ist ungewiß, zumindest dann, wenn hier Beobachterratings oder andere subjektive Bewertungsverfahren herangezogen werden. Bei objektiven Indikatoren ist dieses Problem ausgeräumt, allerdings bleibt offen, wie hier die Stabilität der Messungen (z.B. Test-Retest-Reliabilität) nachgewiesen werden kann, wenn man etwa den Standpunkt einnimmt, nach einmaliger Applikation eines Simulationsszenarios sei keine erneute Messung dieser Eigenschaft möglich. Dies würde aber nur bedeuten, daß Übung und Lernen eine massive Rolle bei der Bearbeitung spielen. Vielleicht sollte man sich genau auf deren Erfassung konzentrieren.

Mit der „Welt am Draht" – so KREUZIG (1983) – wird nun keineswegs auf einfache Weise die Komplexität ins Labor geholt, wie man anfangs meinte. Die Probleme, die man sich bei dieser Vorgehensweise einholte, boten zunächst einmal genügend Komplexität für die Untersucher. Zusammenfassend seien noch einmal die Hauptprobleme schlagwortartig genannt:

- Problem der *Handlungsbewertung*: Wie soll man die Güte von Eingriffen in ein derartiges Szenario bewerten?
- Problem der *emotionalen Betroffenheit*: Welche Bedeutung besitzt die Realitätsnähe eines Szenarios für den handelnden Akteur?
- Problem des *Vorwissenseffekts*: Welche Bedeutung haben Abweichungen zwischen dem implementierten Szenario und dem Vorverständnis eines Gegenstandsbereichs durch eine naive Versuchsperson?
- *Reliabilitätsproblem*: Welches Maß an Zuverlässigkeit kommt den erhobenen Daten zu?
- *Validitätsproblem*: Welche Bedeutung kommt den erhobenen Daten zu? Messen die simulierten Situationen „komplexes Problemlösen"?
- Problem der *Dimensionalität*: Wie steht es um die Vergleichbarkeit von Ergebnissen aus Studien mit unterschiedlichen Szenarios?

Solche und ähnliche Fragen und Probleme haben bei einigen Forschern die anfängliche Euphorie bei der Verwendung dieses Werkzeugs abgelöst durch eine nüchterne Sichtweise, die hauptsächlich dadurch gekennzeichnet ist, die Schwächen früherer Studien zu vermeiden. Hierüber ist an anderer Stelle schon kontrovers diskutiert worden (vgl. DÖRNER, 1986a; EYFERTH, SCHÖMANN & WIDOWSKI, 1986; FUNKE, 1984; HÜBNER, 1989; HUSSY, 1985; JÄGER, 1986). Nunmehr geht es um die Aufarbeitung der Repräsentationsproblematik in diesem Bereich. Was darunter zu verstehen ist, wird im folgenden deutlich zu machen versucht. Zuvor ist allerdings der Begriff des „dynamischen Systems" näher zu explizieren.

1.2   Zum Konzept des dynamischen Systems

Ein wesentlicher Akzent, den die auf Dörner zurückgehende neuere Problemlöseforschung (z.B. DÖRNER, 1981) meines Erachtens gesetzt hat, besteht im Hinweis auf die kognitionspsychologische Bedeutung *zeitlicher* Abläufe, die einer Problemstellung inhärent sein können. Die bis dahin untersuchten Problemtypen wiesen hinsichtlich dieses Merkmals kaum Varianz auf: es waren überwiegend *statische* Probleme, die dem Problemlöser in aller Regel beliebig viel Zeit zur Bearbeitung ließen, und die

Konsequenzen der Problemlösung flossen meistens nicht wieder in die Problemstellung ein. Der Problemtyp „computersimuliertes Szenario" dagegen besitzt genau diese Charakteristik, daß sich die Situation auch ohne Zutun des Akteurs verändert bzw. sich die Situation je nach getroffenen Entscheidungen unterschiedlich weiterentwickelt. Die Vernetzung von Systemvariablen trägt hieran wesentlich Mitschuld, da sich Eingriffe in einer Ecke des Systems möglicherweise an einer ganz anderen Ecke auswirken, an die der Akteur nicht gedacht hat. RIEGER und VOSS (1971, p. 97) schreiben, der Unterschied des dynamischen Systems gegenüber dem allgemeinen Systembegriff liege darin begründet, daß die Zeit explizit in Erscheinung trete, daß Ursache (Input) und Wirkung (Output) zeitlich kausal miteinander verknüpft seien und daß die Dynamik dieser Systeme die raum-zeitliche Bewegung der durch sie beschriebenen realen Objekte widerspiegele. Computersimulationen bauen also auf dem System-Gedanken auf, der in der Systemtheorie und der Kybernetik näher behandelt wird. Der Begriff „Kybernetik" wurde 1948 von WIENER eingeführt und charakterisiert die wissenschaftliche Beschäftigung mit der Kontrolle und Steuerung von Maschinen, aber auch von belebten Systemen.

KLIR und VALACH (1967) heben als wesentlichen Bestandteil kybernetischen Denkens einerseits die Trennung von System und Umwelt hervor, andererseits die Unterscheidung der *Struktur* von Systemen und ihrem *Verhalten*. Während es bei der Struktur eines Systems um die inneren Eigenschaften und Beziehungen geht (interner Aspekt), bezieht sich der Verhaltensaspekt auf die Beziehung zwischen System und Umwelt (externer Aspekt). Deren Interaktion hängt von Eigenschaften beider Seiten ab: (a) in absolut geschlossenen Systemen erfolgt keine Interaktion mit der Umwelt; (b) in relativ geschlossenen Systemen ist die Interaktion über input- und output-Pfade genau definiert; (c) in offenen Systemen schließlich können beliebige Interaktionen erfolgen. Der Austausch erfolgt dabei über Signale, die hinsichtlich ihrer strukturellen Eigenschaften durch die von SHANNON und WEAVER (1949) entworfenen Informationstheorie beschrieben werden können.

Nachdem im Kapitel 1.1 mit dem Tschernobyl-Unglück ein anschauliches Beispiel für ein dynamisches System und den menschlichen Umgang damit gegeben wurde, wird es nunmehr etwas technischer: es wird ein erster formaler und begrifflicher Apparat eingeführt, mit dem dynamische Systeme beschrieben werden können. Diese abstrakten Eigenschaften werden in der späteren Abhandlung wiederholt aufgegriffen.

Unter einem zeitvarianten *dynamischen System* soll ein Variablengefüge von mindestens zwei Variablen zu mindestens zwei Zeitpunkten verstanden werden, die miteinander (kausal) verbunden sind, in einfacher Form also:

$$y_t = f_t\,(y_{t-1}), \tag{1.1}$$

d.h. Vektor y zum Zeitpunkt t hängt über die ihrerseits zeitpunktabhängige Funktion f vom Zustand der Vektoren y zu vorangegangenen Zeitpunkten t-1, t-2, ..., t-k ab, wobei t-k den weitest zurückliegenden Zeitpunkt angibt, von dem noch Wirkungen ausgehen. Die Dynamik besteht also darin, daß Eingriffe und/oder Zustände zu früheren Zeitpunkten Auswirkungen auf den Zustand zum Zeitpunkt t haben, mit anderen Worten: dynamische Systeme beziehen ihre Charakteristik aus der Zeitabhängigkeit beteiligter Relationen. Bei einem *zeitinvarianten* System gilt für jeden Zeitpunkt die gleiche Abhängigkeitsstruktur, aber von Zeitpunkt zu Zeitpunkt schwankt die Wirkung von Eingaben in das System (sei es durch Eingriffe von außen oder durch interne

Dependenzen) in Abhängigkeit von seinem aktuellen Zustand. Bei einem zeitvarianten System wie dem unter (1.1) beschriebenen können sich dagegen die Abhängigkeitsbeziehungen zwischen den Variablen über die Zeit hinweg ändern. – Die Beschreibung des einfachsten diskreten dynamischen Systems durch die Automatentheorie erfolgt im übrigen durch einen determinierten endlichen Automaten mit nur zwei Zuständen und einem Eingabezeichen (vgl. ALBERT & OTTMANN, 1983), dem technisch gesehen ein Flip-Flop entspricht. RIEGER und VOSS (1971, p. 98) charakterisieren ein dynamisches System automatentheoretisch als Quintupel bestehend aus Inputmenge, Outputmenge, Menge der inneren Zustände, Folgerelation und Ergebnisrelation. Auf diese Darstellung soll hier verzichtet werden, obwohl es interessant wäre, nach psychologischen Entsprechungen der verschiedenen Komponenten zu fragen. Der Ansatz finiter Automaten zur Konstruktion beliebiger dynamischer Systeme ist bei FUNKE und BUCHNER (im Druck) genauer beschrieben.

In der nachfolgenden Darstellung beziehe ich mich auf lineare Gleichungssysteme der folgenden Art:

$$y_{t+1} = A \cdot x_t + B \cdot y_t \, , \qquad\qquad (1.2)$$

wobei   x, y: Vektoren von exogenen und endogenen Variablen,
            A, B: Gewichtungsmatrizen,
            t: Zeitindex.

In einer etwas anderen Schreibweise können die Abhängigkeiten zwischen den exogenen x- und endogenen y-Variablen auch in einer einzigen A-Matrix dargestellt werden, die in vier Teilmatrizen zerlegt wird:

$$A = \begin{bmatrix} A_{xx} & A_{xy} \\ A_{yx} & A_{yy} \end{bmatrix} \qquad\qquad (1.3)$$

Denkt man sich die Spaltenelemente dieser Matrix den Zeilenelementen zeitlich nachgeordnet, läßt sich durch die A_{yx}-Teilmatrix der Einfluß der x- auf die y-Variablen spezifizieren, während die Abhängigkeit innerhalb der y-Variablen durch die A_{yy}-Teilmatrix bestimmt wird. Die A_{xy}-Teilmatrix bleibt eine Nullmatrix (die endogenen Variablen können definitionsgemäß nicht auf die exogenen wirken), mit der A_{xx}-Teilmatrix kann durch deren Diagonalelemente, die als einzige von Null verschieden sein dürfen, festgelegt werden, ob und wie exogene Variablen von Zeittakt zu Zeittakt aufrechterhalten werden.

Die Bezeichnungen „exogen" und „endogen" werden analog zur pfadanalytischen Literatur (vgl. OPP & SCHMIDT, 1976) verwendet. *Exogene Variablen* können vom Pb beliebig festgesetzt werden, der Zustand dieser Variablen zum Zeitpunkt t ist durch keine andere Variable und keinen anderen Zeitpunkt festgelegt. Bei grafischer Darstellung von Kausalbeziehungen sind exogene Variablen daran erkennbar, daß von ihnen nur Wirkpfeile ausgehen, aber keine Pfeile auf sie gerichtet sind. *Endogene Variable* bedeutet dagegen: der Variablenzustand ist abhängig vom Zustand seiner selbst oder dem einer anderen Variablen, jeweils maximal um k Zeitpunkte zurückliegend, wobei k den Grad der autoregressiven Prozesse angibt. In grafischen Darstellungen können Pfeile sowohl auf endogene Variablen gerichtet sein als auch von ihnen ausgehen.

Bei Bedarf können in das unter (1.3) beschriebene System Fehlerterme und/oder zeitliche Abhängigkeiten höherer Ordnung eingeführt werden. Die Komplexität eines derartigen Systems hängt neben seinem variablenmäßigen Umfang im wesentlichen vom

Inhalt der Matrizen **A** und **B** ab, die die Abhängigkeiten zwischen einzelnen Variablen quantitativ festlegen.

Technische wie natürliche Systeme sind Gegenstand der Systemtheorie bzw. Kybernetik. Dort befaßt man sich mit Eigenschaften solcher Systeme, mit den Möglichkeiten ihrer Identifikation sowie der gezielten Regelung dynamischer Prozesse. ISERMANN (1988) definiert *Identifikation* wie folgt:

„Identifikation ist die experimentelle Ermittlung des zeitlichen Verhaltens eines Prozesses oder Systems. Man verwendet gemessene Signale und ermittelt das zeitliche Verhalten innerhalb einer Klasse von mathematischen Modellen. Die Fehler zwischen dem wirklichen Prozeß oder System und seinem mathematischen Modell sollen dabei so klein wie möglich sein." (p. 10, kursiv).

GREGSON (1983, p. 22f.) führt als Beispiel für das Identifikationsproblem folgende Situation an: Gesetzt den Fall, es existieren zwei verschiedene Systeme A und B mit jeweils identischen Input-Output-Daten, aber in Fall A ist der Output völlig unabhängig vom Input, in Fall B dagegen besteht perfekte Abhängigkeit. Wie könnte ein Beobachter, der nichts über die Art der zugrundeliegenden Input-Output-Relation weiß, die Systeme unterscheiden? Aufgrund der vorliegenden Daten sind die Systeme A und B nicht unterscheidbar. Zwei Möglichkeiten bieten sich an: (1) man erhöht die Anzahl der Beobachtungen, um (Nicht)-Systematiken zu identifizieren, (2) man gibt jedem System einen kurzen, starken Impuls und beobachtet den resultierenden Output. Verständlicherweise ist die zuletzt genannte Strategie die effizientere (und kostengünstigere). Dies unterstreicht die Tatsache, daß unbekannte Systeme nicht durch passive Beobachtung, sondern nur durch *experimentelle Manipulation* identifiziert werden können. GREGSON unterscheidet dabei zwei Formen der Identifikation:

„... the *general* problem of identification is to decide, from input-output records and contextual configurations of causes and influences, which links are extant and which are absent. In contradistinction, the *specific* problem of identification is one of deciding on the details of the algebraic structure and parameter values that most accurately represent what the links do, given that it is known which are extant." (1983, p. 25).

Nach GREGSON sind zum Zweck der Identifikation *Filter* nützlich, die nebensächliche bzw. unwichtige Merkmale unterdrücken:

„Filters are used to get rid of features of data that are judged to be both present and unwanted before the filter is applied; filters are consequently models of many processes in the physical world, and many of the transduction processes of the human senses, particularly in hearing, are represented in psychophysical theory by filters." (1983, p. 114).

Die Bezeichnungen „Filter" und „Sieb" haben vergleichbare Bedeutung. Rekursive Filter setzen eine bestimmte Anzahl Inputs und eine bestimmte Anzahl Outputs voraus. Einer der bekanntesten Filter ist derjenige von KALMAN (1958), der eine Art adaptive Regressionsanalyse durchführt:

„The Kalman filter is thus an algebraic way of using both the current behavior of a system, based only on input and output records, together with a model of the system's internal structure, to make predictions about what the system will do in the next step in time. As soon as data from a new trial become available, they are fed into the filter, which has the capacity immediately to revise its internal structure and its parameters in order to minimize the expected prediction errors on the next trial." (GREGSON, 1983, p. 339).

Im Zusammenhang mit Problemen der Veränderungsmessung beschäftigt sich TOEL-KE (1986) mit „dynamisierten Strukturgleichungsmodellen". Diese Darstellung beschreibt den von uns gewählten formalen Ansatz – lineare Strukturgleichungssysteme als Basis für die Konstruktion von Simulationsszenarien – in etwas allgemeinerer Form, insofern als hier eine Unterscheidung von latenten und manifesten Variablen vorkommt, auf die wir im Rahmen unserer Überlegungen bislang verzichtet haben; in den von meiner Arbeitsgruppe verwendeten Modellen wurde bislang nicht zwischen manifesten und latenten Variablen unterschieden. Dies bedeutet: der Bearbeiter eines dynamischen Systems erhält die tatsächlichen Zustände angezeigt und seine Eingriffe werden so, wie sie festgelegt wurden, in das Gleichungssystem eingegeben. Da es aber unbenommen bleibt, in Simulationsmodellen auch mit manifesten Variablen zu arbeiten, die von den latenten Variablen abweichen und so den Pbn zusätzlich zu seinen sonstigen Aufgaben mit der Bestimmung eines Meßmodells zu beschäftigen,[2] soll darauf näher eingegangen werden.

Im zeitdiskreten Fall – dieser entspricht unserem Standardfall, dem autoregressiven Prozeß erster Ordnung – hat man es mit einem Modell zu tun, das durch folgende zwei Gleichungen beschrieben wird (vgl. TOELKE, 1986, p. 34):

$$x_{t+1} \quad = A_t \cdot x_t + B_t \cdot u_t + v_t \tag{1.4}$$
$$y_t \quad\quad = C_t \cdot x_t + w_t \tag{1.5}$$

Die erste Gleichung (1.4) stellt das *Prozeßmodell* dar. Matrix **A** ist die Entwicklungsmatrix, die die wechselseitigen Abhängigkeiten zwischen den latenten Variablen spezifiziert. Das Zustandekommen von Werten des Zustandsvektors **x** zum Zeitpunkt t+1 hängt aber auch noch von externen Einflüssen **u** ab, deren Effekte als Gewichte einer Regressionsmatrix **B** festgelegt sind. Schließlich gibt es einen Fehlervektor **v**, der Fehler bei der Beschreibung der wechselseitigen Abhängigkeiten wie auch Fehler bei der Bestimmung externer Einflüsse darstellt.

Die zweite Gleichung (1.5) stellt das *Meßmodell* dar. Die feststellbaren, manifesten Variablen **y** ergeben sich über eine Regressionsmatrix C aus den latenten Variablen **x** sowie zusätzlich einem Fehler **w**, der Beobachtungsfehler und Fehler im Datenerhebungsinstrument charakterisiert.

Zieht man derartige Überlegungen für die Beschreibung psychologischer Theorien heran, stellt sich bei der Konfrontation des Modells mit den Daten das Problem der Lösung der Modellgleichungen. Dies zerfällt – will man die Gleichungen (1.4) und (1.5) nach **x** auflösen – in die Probleme (1) der Parameterschätzung und (2) der Schätzung des Zustandsvektors.

„Parameterschätzung ist definiert als die empirische Bestimmung von Parameterwerten, die das dynamische Verhalten eines Systems festlegen, vorausgesetzt, die Struktur des Modells ist bekannt. Es sei hier darauf hingewiesen, daß die Unterscheidung zwischen Kenntnis der Struktur des Modells und Kenntnis der Parameterwerte nicht trivial ist." (TOELKE, 1986, p. 37f.).

---

[2] Eine praktische Bedeutung hat diese Fragestellung bei Systemen mit unzuverlässigen Meßinstrumenten.

Für den Pbn, der ein dynamisches System bearbeitet, stellt sich dieses Problem in ähnlicher Weise, nur sind die Schätzverfahren offensichtlich andere als sie z.B. LIS-REL anbietet.

Auch das Problem der *Schätzung des Zustandsvektors* stellt sich dem Pbn, der eine Prognose über den kommenden Systemzustand abgeben soll. Dies kann technisch zum einen durch formale Bestimmung der Lösung des Gleichungssystems geschehen, dessen Parameter im ersten Schritt geschätzt wurden. Eleganter ist ein rekursives Verfahren, bei dem ein Korrekturmechanismus in Abhängigkeit von der Größe eines Extrapolationsfehlers sich den jeweils neu erhobenen Daten anpaßt (z.B. durch Kalman-Filter; vgl. hierzu TITTERINGTON, SMITH & MAKOV, 1985, pp. 212-215).

Die Zitate von GREGSON (1983), ISERMANN (1988) und TOELKE (1986) sollten deutlich machen, daß einige der Aufgaben von Systemtheoretikern auch von Pbn in psychologischen Laborsituationen verlangt werden, d.h. in gewisser Hinsicht untersuchen wir als Kognitions- bzw. Wissenspsychologen die naive Systemtheorie von Pbn in Hinblick auf bestimmte normative Vorgaben, die von der wissenschaftlichen Systemtheorie gemacht werden.[3] Vergleicht man deren umfängliches Methodenarsenal mit den einfachen Heuristiken menschlicher Problemlöser, muß man sich wundern, wie mit einem derartigen Minimum an Voraussetzungen überhaupt ein erfolgreicher Umgang mit komplexen Systemen möglich sein sollte. Man kann sich fragen, welche Ergebnisse aus der Untersuchung naiver Systemtheoretiker überhaupt zu erwarten sind, wenn schon Experten vielfach mit bestimmten Situationen überfordert sind. DÖRNER (1989b, p. 307) meint, hierzu reiche der richtige Einsatz des „gesunden Alltagsverstands" – eine Forderung, die meines Erachtens zu unspezifisch ist und die Fälle übersieht, in denen man gerade entgegen dem Alltagsverständnis handeln muß. Nicht unterschätzt werden darf allerdings die Rolle der Intuition bei Problemstellungen im Bereich von Politik und Management, wo es so scheint, als hätten die naiveren Personen manchmal den Vorteil des unverstellteren Blicks – was vielleicht mit einer zu hohen Routinisierung von Expertentätigkeiten bzw. einer „deformation professionelle" zu erklären wäre.

---

[3] Das Zitat belegt zugleich die Tatsache, daß systemtheoretischer Ansatz und experimentelle Methodik sehr eng zusammenhängen – ein Hinweis, den HERRMANN (1990, p. 9) mit Blick auf DÖRNER's (1989a) "Schildkröten"-Artikel gibt.

1.3   Zum Verständnis des Begriffs „Repräsentation"

Die Frage der gedächtnismäßigen Repräsentation ist für den Bereich dynamischer Systeme noch weitgehend ungeklärt. Angesichts der vielfältigen Untersuchungen mit derartigen Systemen verwundert die vergleichsweise lockere Umgangsart mit einem Problem, das ich als *Repräsentationsfrage* bezeichnen möchte. Bevor auf Vorstellungen über die Repräsentation dynamischer Systeme eingegangen werden kann (Kapitel 1.4 und 3.3), muß zunächst eine Klärung des Begriffs „Repräsentation" erfolgen.

Über mentale, innere, subjektive Repräsentation zu schreiben ist nicht leicht. Eher zynisch meint daher KEMMERLING (1988) aus Sicht der Philosophie:

> „'Repräsentation' ist ein Begriff wie 'Kommunikation' – durch Allzweckverwendung abgenutzt und ohne Begleiterläuterungen zu dem mit ihm verknüpften Sinn in theoretischen Arbeiten eigentlich gar nicht zu gebrauchen. ... Eine geistige Gänsehaut scheint mir ein angemessener Reflex auf die unerläuterte Verwendung des Wortes 'Repräsentation' zu sein." (p. 23).

Andere Autoren empfinden weniger eine Gänsehaut, sondern sehen mehr die sich stellenden Probleme. STEINER (1988) schreibt lapidar: „Der Zugang zu inneren Repräsentationen ist nicht eben einfach" (p. 99). Ähnlich REBER (1989a, p. 229): „The problem of mental representation is clearly no easy nut to crack". Nach solch wenig ermutigenden Aussagen freut den Leser dann die positive Bemerkung von WENDER (1988, p. 55),wonach zwar noch keine endgültige Einigkeit über Details vorliege, wohl aber der allgemeine Rahmen recht große Übereinstimmung aufweise. Als übereinstimmender Rahmen können sicher die vier in einem Übersichtsartikel von RUMELHART und NORMAN (1988) beschriebenen *Grundformen eines Repräsentationssystems* angesehen werden:

> „1. The propositionally based systems in which knowledge is assumed to be represented as a set of discrete symbols or propositions, so that concepts in the world are represented by formal statements.
>
> 2. Analogical representational systems in which the correspondence between the represented world and the representing world is as direct as possible, traditionally using continuous variables to represent concepts that are continuous in the world. ...
>
> 3. Procedural representational systems in which knowledge is assumed to be represented in terms of an active process or procedure. Moreover, the representation is in a form directly interpretable by an action system. ...
>
> 4. Distributed knowledge representational systems, in which knowledge in memory is not represented at any discrete place in memory, but instead is distributed over a large set of representing units – each unit representing a piece of a large amount of knowledge." (p. 515f.).

In den meisten Fällen wird man auf Mischformen dieser vier Grundformen – sogenannte „hybride" Modelle – stoßen. Dies trifft auch auf die eigenen Vorstellungen zum Begriff „Repräsentation" zu, die nachfolgend kurz dargelegt werden sollen.

Unter einer *internen Repräsentation* verstehe ich ein System der gedächtnismäßigen Abbildung von Objekten der Außenwelt durch ein Individuum. Eine derartige Repräsentation, die ich im Kontext natürlicher Intelligenz auch synonym als *subjektive Repräsentation* bezeichne, besteht aus einer Reihe von Repräsentanten, zwischen denen bestimmte Relationen bestehen. Ein interner Repräsentant ist also ein einzelner Gedächtnisinhalt, die interne Repräsentation eine strukturierte Sammlung solcher Inhalte. Die interne Repräsentation enthält bestimmte Aspekte der Außenwelt, genauer: sie ist ein Modell der Außenwelt. Das natürliche Medium, in dem subjektive Repräsentationen aufbewahrt werden, ist das menschliche Gedächtnis. Selbstverständlich sind hier auch andere, künstliche Medien denkbar. In diesem Fall ist die Bezeichnung „subjektive" Repräsentation allerdings nicht mehr sinnvoll; hier könnte man eher von externer oder maschineller Repräsentation sprechen. Hinsichtlich des Bewußtheitsgrades von mentalen Repräsentationen ist sowohl von der Existenz direkt zugänglicher Elemente auszugehen als auch von solchen, die sich nur indirekt feststellen lassen und deren Existenz dem Individuum nicht bewußt ist. Diesen Standpunkt vertritt auch TERGAN (1989, p. 153), der mentale Repräsentationen definiert als „Informationen, die dem Bewußtsein des Informationsverarbeiters sowohl zugänglich als auch unzugänglich sind" und „sowohl dauerhaft repräsentierte Informationen als auch flüchtige, für die kognitive Bewältigung bestimmter aktueller Situationen aktivierte bzw. generierte und dem Arbeitsgedächtnis kurzfristig verfügbare Gedächtnisinhalte" betreffen.

Eine Abgrenzung von „Wissen" und „Repräsentation" scheint ebenso notwendig wie eine Klärung des Konzepts „Wissensrepräsentation". *Wissen* ist als eine Sammlung von internen Repräsentationen zu konzipieren, die für ein Individuum zugreifbar und manipulierbar sind. Folgt man etwa KLUWE (1988, p. 359), handelt es sich bei Wissen um die „mitteilbaren Kenntnisse über Sachverhalte und Vorgänge in der Realität". Ganz ähnlich kann man bei DÖRNER (1976, p. 26f.) nachlesen, daß der Problemlöser Wissen über den jeweiligen Realitätsbereich, eine epistemische Struktur, benötigt, um ein Problem zu lösen.

Während Wissen selbst also eine Sammlung von Repräsentationen in der „Sprache des Gehirns" darstellt, beschäftigt sich *Wissensrepräsentation* dagegen mit der formalen Abbildung bzw. Abbildbarkeit von Wissen in einer spezifischen „Repräsentationssprache". Als solche sind z.B. die in der KI-Forschung beliebten Sprachen LISP und PROLOG sowie die daraus abgeleiteten „Tools" anzusehen.

PALMER (1978, p. 262) spricht von der *Abbildungsfunktion* der Repräsentation, die voraussetzt, daß man zwischen der Welt, die repräsentiert werden soll („the represented world"), und der Repräsentation dieser Welt („the representing world") unterscheiden kann. Er nennt fünf Merkmale, die ein Repräsentationssystem klären muß: (1) das Aussehen der repräsentierten Welt („Repräsentandum"), (2) das Aussehen der repräsentierenden Welt („Repräsentat"), (3) die modellierten Aspekte der repräsentierten Welt, (4) die Aspekte der repräsentierenden Welt, die die Modellierung vornehmen, und (5) die Korrespondenzen zwischen beiden Welten. PALMER macht zugleich darauf aufmerksam, „that one cannot discuss representation without considering processes" (1978, p. 265). Dies ist insofern von zentraler Bedeutung, als erst die Festlegung von Operationen, die auf eine Repräsentation angewendet werden können, sicherstellt, welche Informationen aus dieser Repräsentation gezogen werden können. So kann etwa eine interne Repräsentation geometrischer Figuren in Form von numerischen Umfangsangaben vorliegen, die Antwort auf die Frage aber, welche Figur größer sei, davon abhängen, ob die Operation „größer als" bekannt ist. Ist sie es nicht, kann aus dieser Repräsentation nicht die gewünschte Information abgeleitet werden. Dies scheint auf den ersten Blick trivial, ist es aber nicht: Repräsentationen ohne Prozesse sind bedeutungslos.

Spricht man über interne Repräsentationen, müssen also zwei Aspekte unterschieden werden: (1) das *Format* der Repräsentation und (2) die darauf operierenden *Prozesse* (vgl. RUMELHART & NORMAN, 1985, 1988). Nimmt man z.B. für dynamische Systeme mit numerischen Größen als Repräsentationsformat Zahlen an, so sind die hiervon zu unterscheidenden Prozesse die zugelassenen arithmetischen Operationen (dies kann eine Teilmenge der möglichen arithmetischen Operationen sein). Obzwar die beiden Aspekte „Format" und „Prozeß" nicht voneinander losgelöst betrachtet werden können, müssen sie auf der Ebene der Theorienbildung voneinander unterschieden werden.

Ausgehend von kritischen Bemerkungen von ENGELKAMP & PECHMANN (1988) beschäftigt sich HERRMANN (1988) mit einer „Minimalexplikation des Ausdrucks 'mentale Repräsentation'". Zu dieser gehört – so HERRMANN – ein Repräsentandum a, ein Repräsentat b und eine (unumkehrbare) Repräsentationsfunktion R. Von einer so gefaßten Klasse von Repräsentationen soll eine Teilmenge „mental" heißen, bei der es „sich um Repräsentate für Individuen, für einzelne Menschen, für jeweils singuläre informationsverarbeitende Systeme o. dgl. handelt" (HERRMANN, 1988, p. 163). Über die Natur der Repräsentanda sagt HERRMANN, daß man mindestens folgende drei Klassen unterscheiden solle: (1) Repräsentanda als Observablen; (2) Repräsentanda als mentale Sachverhalte: das Repräsentandum ist nur mental vorhanden bzw. bezieht sich auf mentale Vorgänge; (3) Repräsentanda als „überindividuelle Gebilde": hierbei handelt es sich um „historisch-gesellschaftlich-kulturelle Makro-Phänomene, deren ontologischer Status außerordentlich diffizil ist" (p. 164). Anstelle des Begriffs „Repräsentationsformat" schlägt HERRMANN vor, in den Fällen, in denen die Abbildungsrelation R nicht interessiert, lieber von einem „Informationsformat" zu reden.

Wie kommt man nun auf empirischem Weg an die mentalen Repräsentate heran? Zwei Wege, die HERRMANN (1988) diskutiert, betreffen (a) das Verfahren der Introspektion und (b) die Verwendung der Plausibilitätsheuristik, wonach man die Erschließbarkeit derartiger Repräsentate aus bestimmten Verhaltensweisen postuliert (z.B. – so HERRMANN – sehen wir die Verlegenheit unseres Gegenübers und unterstellen die Existenz des Repräsentats „Schamgefühl"). Beide Wege sind gleich problematisch.

Daß man bei der Diskussion über Repräsentation nicht zwangsläufig auf Software-Tools zu sprechen kommen muß (wie dies etwa bei OPWIS & LÜER, im Druck, extensiv der Fall ist), macht HERRMANN ebenfalls deutlich:

> „Wieweit wird das berechtigte software-spezifische Sprechen über Repräsentationen aus Gründen der *Wissenschaftsmode* von Psychologen für ihre eigenen Zwecke übernommen – auch dort, wo dies fragwürdig ist?" (p. 167).

SHANON (1987) argumentiert, daß Repräsentationen nicht die Grundlage kognitiver Aktivitäten seien, wie es etwa auch bei Tergan zu lesen ist, sondern deren Ergebnis. So verweist er z.B. auf Kontexteffekte, die am Verständnis der semantischen Repräsentation der wörtlichen Bedeutung als primärer Datenquelle Zweifel aufkommen lassen. Vielfach sei die Bedeutung im übertragenen Sinn (also die Pragmatik) vorrangig vor der Semantik. Ein zweiter Aspekt ist die Unterscheidung von Medium und Nachricht: wie will man etwa die Information kodieren, in welcher Sprache eine bestimmte Aussage gemacht wurde (auch andere Aspekte des Mediums zählen hierzu wie etwa Intonation, Lautstärke, etc.)? Würde man für alle diese Merkmale zusätzliche Markierungen in der semantischen Repräsentation vornehmen, wäre dies ein höchst aufwendiges Verfahren, zumal nicht bekannt ist, auf welche Merkmale überhaupt zu achten ist. Würde man als Alternative eine duale Kodierung von Nachrichteninhalten und Medienaspekten anstreben, würde sich das Problem stellen, daß beide nicht scharf voneinander trennbar sind: ein charakteristisches Merkmal des Mediums (z.B. Lautheit) kann etwa die Nachricht sein. Während es etwa noch in der klassischen Studie von SACHS (1967) so zu sein schien, daß phonologische im Vergleich zur semantischen Information rasch vergessen würde, zeigten Folgestudien unter natürlichen Bedingungen gute Behaltensleistungen auch für Oberflächenmerkmale von Äußerungen (vgl. MASSON, 1984).

SHANONS Ansicht nach gibt es eine eindimensionale Ebene (*präsentational* genannt), auf der noch nicht zwischen Nachricht und Medium unterschieden wird, und die der symbolischen, *repräsentationalen* Ebene vorgeordnet ist. Erst diese zweite Ebene unterscheidet zwischen Zeichen und Bezeichnetem. Handeln in der Welt, nicht symbolische Referenz, ist nach SHANON die Basis für Kognition; semantische Repräsentationen sind nachgeordnet. Handlungen haben im Unterschied zur semantischen Repräsentation nicht die Eigenschaften von Wohldefiniertheit, Symbolismus und Abstraktheit; konnektionistische Modelle könnten so etwas abbilden.

„Cognitive scientists have so far focused their attention on the representational perspective. Rather than confining his attention to only one pole, however, the student of mind should study the two-way dynamics between the representational and the presentational, the processes that enable movement between the two poles as well as the maintenance operations that keep them apart, and the differential functional contexts associated with them." (SHANON, 1987, p. 47f.).

Ausgangspunkt der Überlegungen von LE NY (1988) ist die Tatsache, daß der Begriff der „Repräsentation" zwar in vielen Disziplinen verwendet wird, aber keineswegs einheitlich konzipiert ist. So sucht er denn nach einem Verständnis dieses Begriffes, das ihn für die Psychologie brauchbar erscheinen läßt, ohne mit seinem Verständnis in den Nachbardisziplinen (z.B. der künstlichen Intelligenz, Logik, Neurobiologie, Linguistik) in Konflikt zu geraten. Im Unterschied zu allen anderen Disziplinen verfolgt die kognitive Psychologie die Zielsetzung, sowohl wissenschaftlich experimentell vorzugehen als auch nicht unmittelbar beobachtbare Entitäten zu ihrem Gegenstand zu machen. Dies heißt: die kognitive Psychologie sucht nach einer exakten Repräsentation der subjektiven Repräsentationen eines Individuums.

LE NY (1988) unterscheidet Repräsentationen ersten und zweiten Grades: Die *Repräsentationen ersten Grades* beziehen sich auf solche Abbildungen, die bei Menschen und unter Umständen auch bei Tieren als existent angenommen werden. Dies sind die natürlichen bzw. mentalen Repräsentationen. Die *Repräsentationen zweiten Grades* bezeichnet er dagegen als artifiziell bzw. wissenschaftlich, da sie beobachtbar, systematisiert und dem Kriterium der Wissenschaftlichkeit unterworfen sein sollen. Die

Existenz wissenschaftlicher Repräsentationen läßt sich nicht anzweifeln: in analoger
Form (Bilder, Karten, Photographien) oder in symbolischer Form (Texte, Sätze, Sprachen, Repräsentation in Computern) liegen sie beobachtbar vor. Die Existenz der
mentalen Repräsentationen kann man dagegen nicht nachweisen – bis heute zumindest
ist ein entsprechendes neurophysiologisches Substrat einer derartigen Repräsentation
nicht vorzeigbar. Dennoch vermutet LE NY (1988, p. 115), daß mentale Repräsentationen mit neuralen Vorgängen identisch seien: „Die mentale Repräsentation R, deren
Existenz man unter bestimmten Verhaltensbedingungen als bestmögliche Interpretation annimmt, ist identisch mit dem zerebralen Ereignis E (für das physiologische
Meßdaten vorliegen)". Diese Annahme erlaubt etwa die Aussage, daß Repräsentationen nicht notwendig bewußt sein müssen. Unterschieden wird nach LE NY zwischen
singulären Repräsentationsereignissen und sog. Typ-Repräsentationen in Form von
Repräsentationsmatrizen. Jedes Ereignis entspricht einem Aktivierungszustand der
Matrix. Diese Repräsentationsmatrizen sind als dauerhafte Strukturen konzipiert und
entsprechen dem, was unter dem Etikett „Konzept", „Prototyp", „Schema", „frame",
usw. herkömmlicherweise verstanden wird.

  Interne Repräsentationen waren im übrigen seit jeher Gegenstand der Gedächtnispsychologie. Über die Wirkung angesammelter Erfahrungen etwa schreibt EBBINGHAUS
(1885/1971, p. 2):

> „Dieselbe beruht darauf, daß irgendwelche Zustände oder Vorgänge sehr häufig
> bewußt verwirklicht wurden. Sie besteht in der Erleichterung des Eintritts und Ab-
> laufs ähnlicher Vorgänge. Aber diese Wirkung ist nicht daran gebunden, daß nun
> die die Erfahrung konstituierenden Momente sämtlich wieder ins Bewußtsein zu-
> rückkehren. [...] Der größere Teil des Erfahrenen bleibt dem Bewußtsein
> verborgen und entfaltet doch eine bedeutende und seine Fortexistenz dokumen-
> tierende Wirkung."

Die zitierte Stelle macht deutlich, welchen Stellenwert EBBINGHAUS dem akkumu-
lierten Wissensbestand einer Person beimißt: dieser entfaltet sozusagen „im Verborgenen" seine Kraft und dient vor allem der Entlastung bei sich wiederholenden Vorgängen (ein Vorgriff auf Schema-Theorien des Gedächtnisses). Verglichen mit den eben
dargelegten Notwendigkeit der Spezifikation eines Repräsentationssystems erkennt
man aber auch die mangelnde Präzision der Aussage hinsichtlich der Art der Repräsentation und den darauf möglichen bzw. zulässigen Prozessen. Hier sind moderne Ge-
dächtnismodelle präziser.

1.4 Notwendigkeit von Überlegungen zur Repräsenta-
tion dynamischer Systeme

Bei LOHHAUSEN, dem Prototyp solcher Untersuchungen, bei dem Pbn in der Rolle
eines autokratischen Bürgermeisters eine simulierte Gemeinde über den Zeitraum von
zehn Jahren leiten sollte, heißt es über die gedächtnismäßigen Voraussetzungen, die
von den untersuchten Personen mitzubringen waren, und über deren Wirkungen:

„Da allen Vpn irgendwelche kommunalen Institutionen bekannt waren, konnten sie in der Form von Analogieschlüssen ihre Erfahrungen und Kenntnisse über die Struktur von Gemeinden verwenden, um Hypothesen über die Struktur von Lohhausen aufzustellen." (DÖRNER, KREUZIG, REITHER & STÄUDEL, 1983, p. 136 f.).

In welcher Form „Erfahrungen und Kenntnisse" vorliegen und wie diese verwendet werden, bleibt hier und auch später unklar. Die „im Verborgenen" wirkenden Kräfte, die Ebbinghaus oben eindringlich schilderte, werden zwar erkannt, wie die zitierte Stelle zeigt, aber ihr Einfluß bleibt unberechenbar.

Ausgangspunkt der Überlegung zur Repräsentation dynamischer Systeme ist die Frage, was auf seiten des Problemlösers als notwendige Voraussetzung zum Umgang mit einem dynamischen System anzunehmen ist, genauer: welche Formen von Fakten- und Regelwissen Bestandteil einer *minimalen Repräsentation* sein müssen. Als minimale Repräsentation wird hier das einfachste Gefüge von Fakten und Regeln verstanden, das einen Problemlöser zum Umgang mit einem dynamischen System befähigt, wobei Umgang nicht nur auf die Bedeutung des erfolgreichen Umgangs reduziert wird, sondern jegliche Form von Wissen miteinbezieht, sowohl explizierbares als auch implizit vorhandenes.

Von dynamischen Systemen zu sprechen heißt zunächst eine Angabe darüber zu machen, was unter einem derartigen System zu verstehen ist. Kennzeichnend für den derzeit defizitären Wissensstand über dieses Thema ist die Tatsache, daß schwierigkeitsbestimmende Merkmale dynamischer Systeme nicht eindeutig identifiziert sind. Meist wird nur pauschal von der hohen Komplexität und Vernetztheit, gelegentlich auch von der Eigendynamik dynamischer Systeme gesprochen, ohne daß Details darüber bekannt wären. Mit dem in dieser Arbeit verfolgten Ansatz einer Systematik von Systemeigenschaften und der Untersuchung des Einflusses dieser Eigenschaften auf den Identifizierungs- wie auch Steuerungsprozeß durch einen Pbn läßt sich vielleicht diesbezüglich ein Erkenntnisfortschritt erzielen. Ddarüber wird weiter unten berichtet werden (vgl. Kapitel 4 und 5). Entscheidend ist jedoch erst einmal die Möglichkeit, dynamische Systeme präzise (d.h. formal) beschreiben zu können.[4] Hierzu steht z.B. die Theorie multivariater autoregressiver Prozesse zur Verfügung, die eine bestimmte Klasse dynamischer Systeme formal beschreibt (vgl. FUNKE & STEYER, 1985). Diese werden gelegentlich auch als Strukturgleichungsmodelle bezeichnet (siehe oben, Kapitel 1.2).

Hat man also die Möglichkeit zu einer präzisen Beschreibung dynamischer Systeme (vgl. HÜBNER, 1989), ergibt sich hieraus auch ein Anknüpfungspunkt für die Repräsentationsproblematik. Das formale Beschreibungssystem ist nämlich zugleich *ein* mögliches Modell – eine „objektive Repräsentation" – für die subjektive Repräsentation eines dynamischen Systems durch einen Pb. Es ist ein normatives Modell insofern, als nunmehr Abweichungen zwischen der subjektiven und der objektiven Repräsentation untersucht werden können. Zugleich bietet sich ein Ansatz für eine kognitive Repräsentationstheorie, die sich vor allem dem Aufbau und der Modifikation subjektiver Modelle über die objektive Systemstruktur widmet. Derartige normative Vor-

---

[4] Hier wird dem von PALMER (1978) angesprochenen Argument Rechnung getragen, daß zunächst einmal die Objekte und deren Relationen in der zu repräsentierenden Welt geklärt sein müssen, ehe man sich an die Modellierung dieser Welt begibt.

stellungen beziehen sich im Fall der multivariaten AR-Prozesse zunächst einmal auf die strukturelle Beschreibung durch Variablen und Parameter. Aber auch für die prozessuale Beschreibung werden normative Modelle bereitgestellt: für die Schätzung der Parameter von Strukturgleichungsmodellen etwa in Form der Regressionstheorie, wobei hier neben der üblichen simultanen Parameterschätzung auch die adaptive Variante der Parameterschätzung in Form von Kalman-Filtern von besonderer Bedeutung ist.

Die unten ausführlicher vorgestellte *bivariate Repräsentationshypothese* ist eine Hypothese über die denkbar einfachste Repräsentation eines Zusammenhangs zwischen mehreren Variablen. Sie geht davon aus, daß sich auch komplexe Vernetzungen auf bivariate Hypothesen über den Zusammenhang zwischen je zwei Variablen reduzieren lassen. Daß daraus unter bestimmten Bedingungen komplexere Repräsentationen „synthetisiert" werden können, wird gezeigt werden. Weiterhin soll skizziert werden, wie die bivariate Repräsentationshypothese empirisch zu überprüfen ist.

Schließlich geht es darum, welche Möglichkeiten der Wissensdiagnostik sich aus den getroffenen Repräsentationsannahmen ableiten lassen. Diagnostische Zugänge können ja erst unter Bezugnahme auf derartige Repräsentationsannahmen gerechtfertigt werden, da jeder diagnostische Akt, den wir als sinnvoll bezeichnen würden, die potentielle Existenz des zu diagnostizierenden Merkmals impliziert. Wenn also Wissen diagnostiziert werden soll, muß vorher bekannt sein, in welcher Weise dieses Wissen strukturiert sein könnte. Solcherart Annahmen werden durch Repräsentationshypothesen getroffen, die zugleich die Grundlage für Prozeßhypothesen abgeben.

Bevor auf diese Repräsentationsannahmen im Kontext der eigenen Forschungsarbeiten näher eingegangen wird, soll im nächsten Kapitel zunächst einmal ein kurzer Überblick über bisherige Modellvorstellungen und empirische Befunde zum Umgang mit dynamischen Systemen gegeben werden.

1.5 Zusammenfassung

Seit den 70er Jahren haben unter dem Titel „Komplexes Problemlösen" computersimulierte Szenarien verschiedenster Art Einzug in die kognitionspsychologisch orientierte Laborforschung gehalten. Damit sollen Prozesse untersuchbar gemacht werden, wie sie beim Umgang von Menschen mit komplizierten technischen Einrichtungen auftreten und häufig erst in ihrer negativen Form – in Form von menschlichem Versagen – der Öffentlichkeit bekannt werden. Mit den simulierten Szenarien werden Problemtypen repräsentiert, die sich auszeichnen durch die Komplexität der Situation, ihrer Intransparenz, der Abhängigkeiten zwischen den beteiligten Einflußgrößen, der Eigendynamik des Systems und der polytelischen Struktur der Entscheidungssituation. Trotz aller Begeisterung über die Eröffnung eines neuen Phänomenbereichs, die sich u.a. in der Vielzahl der konstruierten Simulationssysteme niederschlägt, bleiben zentrale Probleme bislang ungelöst. Hierzu zählen das Theorie-Problem, verantwortlich für gelegentlich anzutreffende Schrotschüsse in der Datenerhebung, das Taxonomie-Problem, verantwortlich für die weitgehende Unverbundenheit der erzeugten Systeme und die geringe Vergleichbarkeit von Untersuchungen, sowie das Meßproblem, verantwortlich für die oftmals ungeklärte Reliabilität und Validität von ausgewählten Indikatoren. Um das verwendete „Reizmaterial" in seiner allgemeinen Form verständlich zu machen, wird das Konzept eines dynamischen Systems aus Sicht der Systemtheorie dargelegt und unter dem Aspekt der Identifikation und Regelung behandelt. Von dort geht es im nächsten Schritt zur Frage der gedächtnismäßigen Repräsentation dynamischer Systeme, deren Klärung die notwendige Voraussetzung für eine modellgeleitete Wissensdiagnostik liefert.

2 Bisherige Modelle und Befunde zum Umgang mit dynamischen Systemen

Die Untersuchung des Umgangs von Menschen mit dynamischen Systemen begann keineswegs erst mit den Arbeiten von DÖRNER. Bereits in den 50er Jahren wurde etwa von RAY (1955) der Begriff „complex problem solving" verwendet. Bereits damals interessierten die Modellvorstellungen, die etwa bei Fehlersuchprozessen handlungsleitend waren. Doch die Untersuchungen waren eher unsystematisch angelegte Beobachtungen oder aber auf wenig komplexe, in der Regel nicht dynamische Systeme bezogen. Dynamische Systeme wurden im Bereich der Tracking-Forschung eingesetzt (vgl. POULTON, 1973): Neben Untersuchungen zu Verfolgungsreaktionen auf einzelne Sprünge im zu verfolgenden Signal wurden derartige Reaktionen analysiert bei deterministischen wie nicht-deterministischen Mehrfachsprüngen, bei rampenförmigen Verläufen, wo nach einer Phase mit konstantem Signal eine zweite Phase mit linearem Anstieg folgt, oder auch bei sinusförmigen Verläufen regulärer wie nicht-regulärer Art. Das Steuern von Kraftfahrzeugen wie von Flugzeugen wurde allerdings nicht aus einer kognitionspsychologischen Sicht heraus untersucht, sondern aus der Sicht der Motorik: „Tracking is concerned with the execution of accurate movements at the correct time" (POULTON, 1973, p. 3).

Im Unterschied dazu spielt die Bewegungskomponente bei den hier angesprochenen dynamischen Systemen der Problemlöseforschung kaum eine Rolle: wesentlich wichtiger zur Bewältigung der gestellten Aufgaben und Probleme sind kognitive Prozesse, die auf der Aufnahme, Speicherung und Verarbeitung des *semantischen* Aspekts von Informationen beruhen. Dies steht im Gegensatz zu informationstheoretisch begründeten Studien, die den *strukturellen* Aspekt von Informationsverarbeitungsprozessen untersuchen. Diese unterschiedliche Akzentuierung von formalen bzw. inhaltlichen Gesichtspunkten spiegelt sich auch in der jeweiligen Verwendung solch zentraler Begriffe wie „Information" bzw. „Wissen" wider. Die Problemlöseforschung der Anfangszeit war jedenfalls stärker an formalen Aspekten interessiert (vgl. UECKERT, 1975), während seit einiger Zeit die semantisch reichen Problemstellungen in den Vordergrund geraten sind, wie dies etwa in Untersuchungen von Experten einer bestimmten Domäne sichtbar wird. Einige wenige Vorläuferstudien sollen zu Beginn dieses Kapitels erwähnt werden, bevor danach auf neuere Arbeiten zum Umgang mit dynamischen Systemen eingegangen wird.

## 2.1	Vorläuferstudien

Die Idee, Menschen nicht nur beim Bearbeiten von isolierten Teilaufgaben zu beobachten, sondern die Komplexität ihrer Problemlösungen durch komplexe Problemstellungen – auch im Labor – zu stimulieren, hat meines Wissens TODA (1962) bereits erstmals und deutlich formuliert:

> „In the real world ... man´s efficiency in coping with his environment depends not on how well he performs isolated tasks, but on how well he can co-ordinate several different functions in order to solve the problems of daily life. One way to study man as a problem-solver is to construct an artificial environment and examine the strategies used by human subjects in order to survive in this environment." (p. 164).

TODA schlägt vor, experimentelle Ein-Personen-Spiele im Sinne von „microcosms" zu schaffen, um mit diesem methodischen Zugang das menschliche Problemlöseverhalten untersuchen zu können. Diesem Zugang haben sich seitdem eine Reihe von Forschern angeschlossen.

In einer wenig beachteten Arbeit hat KLEITER (1970) ein einfaches dynamisches System eingesetzt und seine Pbn in die Rolle eines Händlers versetzt, der ein Produkt lagert, welches verdirbt, wenn es nicht bis zum Ende der Lagerzeit verkauft wurde. Die Formel, nach der die Eingabevariable „Lagermenge" (a) mit der Ausgabevariable „Nachfrage" (z) und einer Zufallskomponente (e) verknüpft wurde, lautet:

$$z_{t+1} = 0.25 \cdot (a_t - z_t) + z_t + e. \tag{2.1}$$

Mit jeder verkauften Einheit wächst der Gewinn, nicht verkaufte Einheiten mindern ihn. Der Startbestand liegt bei 500. Es soll Gewinn erzielt werden.

In einer „Optimismus"-Variante wuchs die Nachfrage gemäß obiger Formel, wenn mehr als im Vortakt gelagert wurde; in einer „Pessimismus"-Variante wuchs die Nachfrage bei gesunkener Lagermenge. Insgesamt 40 Pbn bearbeiteten diese Problemstellung für 50 Takte, davon 23 unter der Optimismus-Bedingung.

Die Ergebnisse zeigen ein weitgehendes Versagen der Pbn unter der Pessimismus-Bedingung. Selbst unter der Optimismus-Bedingung gelang nur eine statische Kontrolle, aber kein Anstieg. KLEITER erwartete, daß die Pbn zu Beginn eine Entdeckungsphase durchlaufen, bevor sie dann in eine Optimierungsphase zur Verbesserung ihrer Strategien treten würden: „Only a few Ss reached this second phase."

In einer späteren Übersichtsarbeit macht KLEITER (1974) auf Ansätze der dynamischen Entscheidungstheorie aufmerksam, deren Hilfsmittel für die Erforschung von mehrstufigen Entscheidungsproblemen herangezogen werden sollten. Er zitiert Arbeiten aus den frühen sechziger Jahren, in denen bereits dynamische Entscheidungssituationen in psychologischen Experimenten realisiert wurden. Neben klassischen Lagerhaltungsproblemen, für die es normative Modelle gibt, schildert KLEITER (1974, p. 107) auch ein Markoff'sches Entscheidungsproblem, das als „Taxibetrieb" eingekleidet ist. Der Pb ist hierbei ein Taxichauffeur, der drei Städte A, B und C befährt. In jeder Stadt gibt es drei Standorte (Busstation, Bahnhof, Flughafen) mit festgelegten (aber vom Pb zu entdeckenden) Übergangswahrscheinlichkeiten, die den Übergang zu einem der verbleibenden acht Standorte regeln. Ziel ist es, den Gewinn zu steigern, der für die verschiedenen Fahrtziele festgelegt ist. Wenngleich die untersuchten 18 Pbn mit je 180 Spielrunden Schwierigkeiten hatten, die Übergangsmatrix korrekt zu schätzen, konnte für 15 dieser 18 Pbn eine Strategie identifiziert werden, die den durchschnittlich erwarteten Gewinn nach Spielen vieler Runden maximiert. Drei andere hypothetische Strategien (kurzsichtige Maximierung des Momentan-Gewinns; Minimax-Strategie; „minimax regret") konnten entsprechend selten bzw. gar nicht beobachtet werden.

Die Idee einer systematischen Systemkonstruktion bzw. -variation, die der vorliegenden Arbeit zugrundeliegt, ist ebenfalls nicht neu. BREWER (1975) beschreibt eine Monte-Carlo-Studie, in der er – ausgehend vom Multiplikator-Akzelerator-Modell nach SAMUELSON (1939) – die Komplexität des Modells sukzessive erhöht. Die beiden dazu von ihm eingeschlagenen Wege, (1) Hinzufügung neuer Elemente (sowohl weitere Variablen als auch – bei konstant gehaltener Variablenzahl – weitere Parameter) und (2) Erhöhung „sektoraler Disaggregation" (Aufsplittung eines Bereichs in mehrere unabhängige Teilsysteme), bewertet er im übrigen dahingehend, daß dem Hinzufügen neuer Elemente die weitaus wichtigere Bedeutung zukommt. Daß BREWER hierunter eben *nicht* in erster Linie die Erhöhung der Variablenzahl versteht, macht folgendes Zitat deutlich:

> „Perhaps the most dramatic increases in analytic size (dies entspricht der Komplexität, J.F.) come in the addition of connections between elements, and/or in altering their specified relationships." (BREWER, 1975, p. 182).

Unter der Änderung einer Relation versteht er im übrigen Manipulationen am „degree of reciprocity", also der Beziehung, die wir als wechselseitige Abhängigkeit bezeichnen würden. Die Bedeutung der Variablen charakterisiert er meines Erachtens treffend dadurch, daß er bei steigender Variablenzahl die Möglichkeit wachsender Komplexität gegeben sieht, aber selbstverständlich keinen zwingenden Zusammenhang erwartet (p. 193).

Unsicherheit in formalen Systemen lokalisiert BREWER (1975, p. 183) an zwei Stellen: (1) Unsicherheit, die in der Spezifikation des Modells als Fehler explizit enthalten ist, und (2) Unsicherheit infolge von Meßfehlern. Während (1) den stochastischen Charakter des Simulationsmodells betrifft, handelt es sich bei (2) um Fehler, die unabhängig vom spezifizierten Modell bei der Feststellung von Variablen-Ausprägungen auftreten. BREWER (1975, p. 181) nennt verschiedene Eigenschaften komplexer Systeme, die sehr an diejenigen erinnern, die in psychologischen Arbeiten über dieses Thema auftauchen, so z.B. „number of elements" (Anzahl beteiligter Variablen), „forms of relationships" (Art der Vernetzung), „degrees of interconnection" (Vernetztheit), „rates of change" (Dynamik bzw. Eigendynamik) sowie „uncertainty" (Unsicherheit bzw. Intransparenz). Daß Menschen mit komplexen Systemen nicht gut umgehen können, ist für ihn selbstverständlich:

> „Man's limited intellectual apparatus ... prompts him to seek simple ordered regularity. His images are poor proxies for behavioral reality. His analyses frequently reflect these defective images; unfortunately so too do his policies." (p. 193).

Diese früh geäußerten Vorstellungen zur systematischen Systemkonstruktion von Brewer finden ihren aktuellen Niederschlag in Forderungen etwa von MACKINNON und WEARING (1985) oder auch von HÜBNER (1989).

Ein weiterer Vorläufer ist METLAY (1975). Er wählt das Verfahren der Computer-simulation, um bestimmte Eigenschaften komplexer Systeme genauer untersuchen zu können. Folgende Prämissen legt er seiner Arbeit zugrunde: (1) ein System kann in Form eines simultanen Gleichungssystems beschrieben werden; (2) es liegt komplet-tes Wissen über Ursache-Wirkungs-Zusammenhänge in diesem System vor; (3) die beschriebenen Systemzusammenhänge bleiben über die Zeit hinweg stabil und es kommen keine weiteren Variablen hinzu; (4) die Abhängigkeiten lassen sich in li-nearer Form darstellen; (5) es gibt keine gleichzeitige Kausation, d.h. eine Ursache ist einer Wirkung immer zeitlich vorgeordnet, die Wirkung tritt nicht gleichzeitig ein.

Hiervon ausgehend konstruiert er für eine erste Untersuchung sechs verschiedene Va-rianten eines Systems mit zehn Variablen, die sich durch unterschiedliche Vernet-zungsgrade zwischen den Variablen auszeichnen. Ausgangspunkt dieser Variation ist die Überlegung, wie sich unterschiedliche Grade von Fehlspezifikationen – die Abwei-chungen betragen 1, 2, 4, 8 bzw. 16 Prozent der Konnektionen – eines (bekannten) Modells auswirken. Die erste der sechs Varianten bildet das Ausgangsmodells, von dem die übrigen fünf Varianten nun zunehmend abweichen. Für alle sechs Varianten sind die Strukturgleichungen angegeben. Die Konnektivitätsmatrizen (Q-Matrizen; jede Zelle dieser quadratischen Matrizen erhält dort eine Eins, wo zwei Variablen in Zusammenhang miteinander stehen, ansonsten eine Null) dieser sechs Systeme werden nun dazu herangezogen, die zeitliche Entwicklung der Systeme zu vergleichen. Zu die-sem Zweck werden die Q-Matrizen schrittweise potenziert, jede Potenzierung spiegelt die Auswirkungen der Abhängigkeiten zwischen den Systemvariablen wider z.B. durch die Anzahl der Nullzellen in den Matrizen. Sind zum Zeitpunkt t=0 noch viele Null-zellen vorhanden, verschwinden diese bei stark vernetzten Systemen schon nach weni-gen Potenzierungen (bei drei der sechs Varianten sind nach vier Takten bereits alle Zelleinträge ungleich Null). Daraus wird deutlich, daß geringe Fehler sich erst über längere Zeitstrecken bemerkbar machen, stärkere dagegen bereits in allerkürzester Zeit.

In einer zweiten von METLAY (1975) berichteten Untersuchung konstruiert der Au-tor ein System mit 15 Variablen, das aus drei dekomponierbaren Teilen besteht (vgl. die Ähnlichkeit zu den von KLUWE verwendeten Systemen SIM00X). Auch hiervon wurden wieder sechs Varianten – ein Ausgangsmodell und fünf Fehler-Modelle – er-zeugt. Daran lassen sich die geschilderten Effekte erneut demonstrieren. Sein pessimi-stischer Schluß (bezogen auf die Komplexität sozialer Systeme):

> „We could argue that in the face of having to act, our intuition may be our best guide. In such an instance our only guarantor may be faith, a belief, often contra-dicted by history, in our innate ability to choose correctly. We have to resort to 'faith', to the same kind of courageous fatalism which JAMES counseled: Be strong and of good courage. Act for the best, hope for the best, and take what comes ...."
> (METLAY, 1975, p. 250).

Der JAMES'sche couragierte Fatalismus könnte geradezu die Leitlinie eines erfolgrei-chen Bürgermeisters von LOHHAUSEN sein – oder ist dies nicht „Selbstsicherheit"? Auch die von DÖRNER (1989b) geforderte Verwendung von Intuition und dem „gesun-den" Alltagsverstand ist hier bereits angelegt, allerdings mit deutlich anderer Bewer-tung ...

Zusammenfassend kann aus dieser Erinnerung an Vorläuferarbeiten festgehalten wer-den: Problemlöseforscher haben bereits in den 60er und 70er Jahren Komplexität ins

psychologische Labor geholt, indem sie mit simulierten Szenarien arbeiteten. Auch
der Gedanke an systematische Vorgehensweisen bei der Konstruktion von Systemen
ist damals schon diskutiert worden.

2.2   Dynamische Systeme in nationaler Forschung

Nachfolgend wird eine Übersicht über aktuelle Arbeiten zum Thema „Umgang mit dynamischen Systemen" gegeben. Hierbei wird zunächst im vorliegenden Teilkapitel 2.2
auf die deutschsprachigen Arbeiten einzugehen sein, bevor dann in Teilkapitel 2.3
über Forschungsergebnisse auf internationaler Ebene berichtet wird. Diese Art der
Gliederung trägt der Tatsache Rechnung, daß sich an verschiedenen Orten jeweils Traditionen ausgebildet haben, die über längere Zeit hinweg und von verschiedenen Forschern in jeweils homogener Form verfolgt werden.

2.2.1   Arbeiten der Bamberger Arbeitsgruppe (DÖRNER)

Die Arbeiten der Bamberger Arbeitsgruppe um Dietrich DÖRNER sind die wohl bekanntesten auf diesem Feld. Sowohl die frühen Studien (z.B. DÖRNER & REITHER,
1978) als auch die häufig zitierte LOHHAUSEN-Studie (vgl. DÖRNER, KREUZIG,
REITHER & STÄUDEL, 1983) sollen hier allerdings nicht nochmals referiert werden
(vgl. deren Darstellung z.B. bei FUNKE, 1988, oder bei HUSSY, 1984). Einzugehen
ist auf neuere Arbeiten wie die KÜHLHAUS-Studie (REICHERT & DÖRNER, 1988),
auf die in seiner Monographie (DÖRNER, 1989b) berichteten Überlegungen und auf
die allgemeinen Rahmenvorstellungen (DÖRNER, SCHAUB, STÄUDEL & STROH-
SCHNEIDER, 1988).

Beim KÜHLHAUS-System von REICHERT und DÖRNER (1988) müssen Pbn mittels eines Steuerhebels (u) die Temperatur des Lagers (r) auf eine vorgegebene Größe
einregeln, wobei noch die Außentemperatur (s) und ein Verzögerungsfaktor (v) von
Bedeutung sind. Das System folgt zwei Gleichungen (vgl. REICHERT, 1986):

$$r_t = r_{t-1} + (s_t - r_{t-1}) \cdot 0.1 - q_{t-1}, \qquad (2.2)$$
$$q_t = (r_{t-v} - u_t) \cdot 0.3. \qquad (2.3)$$

In ihrer Untersuchung hatten 54 studentische Pbn Gelegenheit zu je 100 Eingriffen.
Ihnen wurde mitgeteilt, daß die automatische Temperaturregelung defekt und menschliche Kontrolle notwendig sei, um die Lebensmittel vor dem Verderben zu schützen.
Nur ca. 20% der Pbn waren erfolgreich. Die Hauptschwierigkeit für die Pbn resultierte
aus der Zeitverzögerung der nichtlinearen Funktion, die die Eingaben des Pbn mit der
Systemreaktion verknüpft. Nur wenige Pbn erkannten diese Verzögerung und planten
vorausschauend, während andere Pbn ihre Eingriffe vom unmittelbar vorangegangenen
Feedback abhängig machten. Unter den als guten Problemlösern qualifizierten Pbn
gab es Fälle, wo trotz erfolgreicher Steuerung keine Verbalisierung der benutzten Regeln möglich war.

REICHERT und DÖRNER entwickelten für das KÜHLHAUS eine „Simulation der Simulation", d.h. ein psychologisches Modell, das den Umgang mit dem Simulationssystem beschreibt und dessen Verhalten von demjenigen realer Pbn kaum zu unterscheiden war. Dies ist allerdings eine Frage der Kriterien, die angelegt werden. Meines Erachtens ist mit diesem Vorgehen noch nicht viel gewonnen: Das Kriterium der empirischen Adäquatheit ist eine Variante des „protocol-trace"-Vergleichs – für eine experimentell arbeitende Wissenschaft ein m.E. zu schwaches Kriterium.

Die bisherigen Untersuchungen dieser Arbeitsgruppe haben zur Aufdeckung einer Liste typischer „Verhaltensdefizienzen" beim Umgang mit komplexeren Systemen geführt. Hierzu gehören: (1) Fehler bei der Ausarbeitung und Anwendung von Operationen („Entscheidungsverhalten"), (2) Fehler bei der Organisation der Behandlung einzelner Teilprobleme („Selbstorganisation"), (3) Fehler bei der Konstruktion des internen Modells des in Frage stehenden Realitätsbereiches („Hypothesenbildung") sowie (4) Fehler beim Umgang mit Zielen („Zielbehandlung"). Die in diesen Fehlern sichtbare „Logik des Mißlingens" entsteht durch das Zusammenspiel kognitiver und emotional-motivationaler Prozesse.

Ziel der Bamberger Arbeitsgruppe ist jedoch nicht ein Aufzeigen dieses Versagens von Menschen beim Umgang mit komplexen Systemen, sondern „vielmehr die Erforschung der Regelmäßigkeiten und Gesetze im Zusammenhang der verschiedenen kognitiven, emotionalen und motivationalen Prozesse, die wir bei unseren Vpn beobachten können." (DÖRNER et al., 1988, p. 219). In einer neueren Arbeit legen DÖRNER,

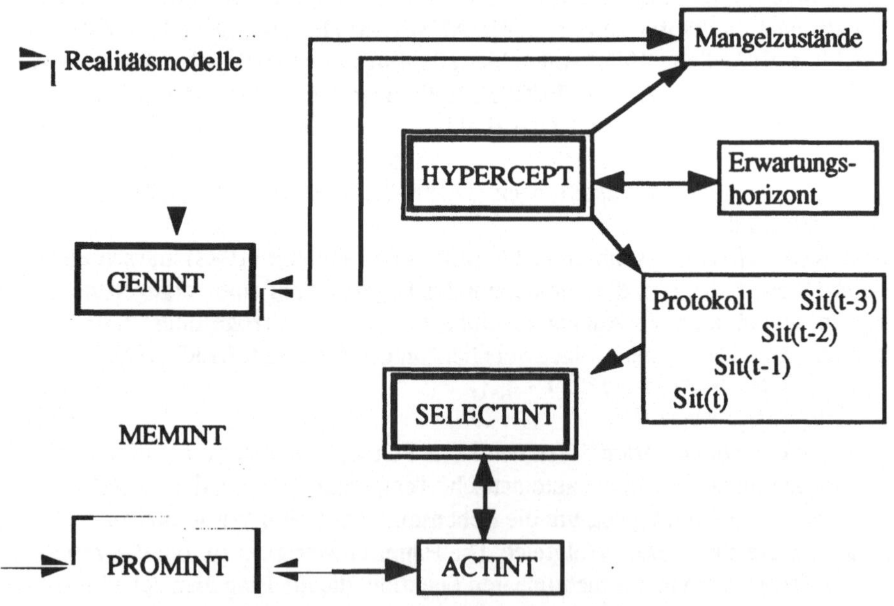

Abb. 2.1:   Veranschaulichung der Prozeduren (doppelt umrandet) und Strukturen (einfach umrandet) des Handlungsregulationsmodells (aus DÖRNER et al., 1988, p. 223).

SCHAUB, STÄUDEL und STROHSCHNEIDER (1988) ihre Vorstellungen über die allgemeine Struktur eines handlungsregulierenden Systems dar, genauer gesagt die „constraints", denen dieses System unterworfen ist.

Ausgangspunkt der Rahmenvorstellungen sind Architektur-Fragen: die unterstellte Gedächtnisstruktur „muß" als „Tripel-Netzwerk" aufgebaut sein, das aus drei „netzwerkartig-verschachtelten Hierarchien" (sensorisch, motorisch, motivatorisch) besteht. Diese drei Netzwerke stehen natürlich nicht isoliert nebeneinander, sondern sind untereinander verbunden. Neben dieser Netzwerk-Annahme betrifft eine zweite Grundannahme das Konzept der Absicht. Absichten bilden die zentralen Einheiten der Analyse von Handlungsregulationsprozessen; sie stellen eine Bündelung von Elementen der drei verschiedenen Netzwerke dar, eine „zeitweilige Strukturierung von Gedächtnisinhalten". Einzelnen Absichten sind verschiedene Eigenschaften zugeordnet (z.B. Geschichte, Wichtigkeit, Zeitperspektive, Zeitbedarf, Erfolgswahrscheinlichkeit, Kompetenz).

Unterschieden werden im Modell der Handlungsregulation Prozeßinstanzen („Proze-

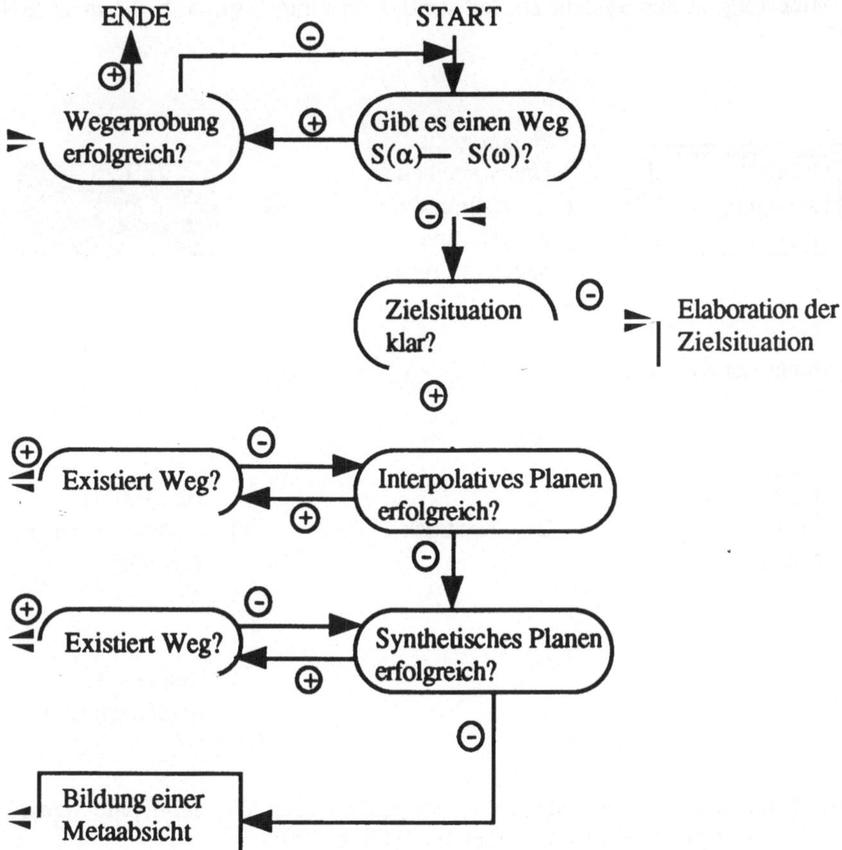

Abb. 2.2: Die interne Struktur von PROMINT als Flußdiagramm (aus DÖRNER et al., 1988, p. 225).

duren") und Datenstrukturen („Speicher"). Die verschiedenen Instanzen und Strukturen sind der Abb. 2.1 (S. 36) zu entnehmen.

GENINT („generate intentions") ist für die Bildung von Absichten verantwortlich, die unter Berücksichtigung der augenblicklichen Gesamtsituation einen Mangelzustand beseitigen sollen.

SELECTINT („select intention") wählt aus der Vielzahl möglicher Absichten eine „aktuelle" aus, wobei dieser Auswahlmechanismus „sehr kompliziert" ist und darüber hinaus durch laterale Inhibition eine herrschende Absicht vor allzu leichter Verdrängung schützt.

PROMINT („promote intention") ist „quasi das kognitive 'Herzstück'" der Theorie und behandelt die ausgewählten Absichten. Die interne Struktur dieser Instanz ist in Abb. 2.2 (S. 37) wiedergegeben, die im übrigen der bei DÖRNER (1976, p. 48) dargestellten Organisation der heuristischen Struktur ähnelt.

Liegen für eine Situation bereits fertig gespeicherte Handlungsvollzüge vor, können diese automatisch abgearbeitet werden, andernfalls kommen die höheren kognitiven Prozesse ins Spiel, als da wären „interpolatives Planen" und „synthetisches Planen". Bei Mißerfolg ist das System zu Selbstreflexion fähig (vgl. Abb. 12 in DÖRNER, 1976, p. 48).

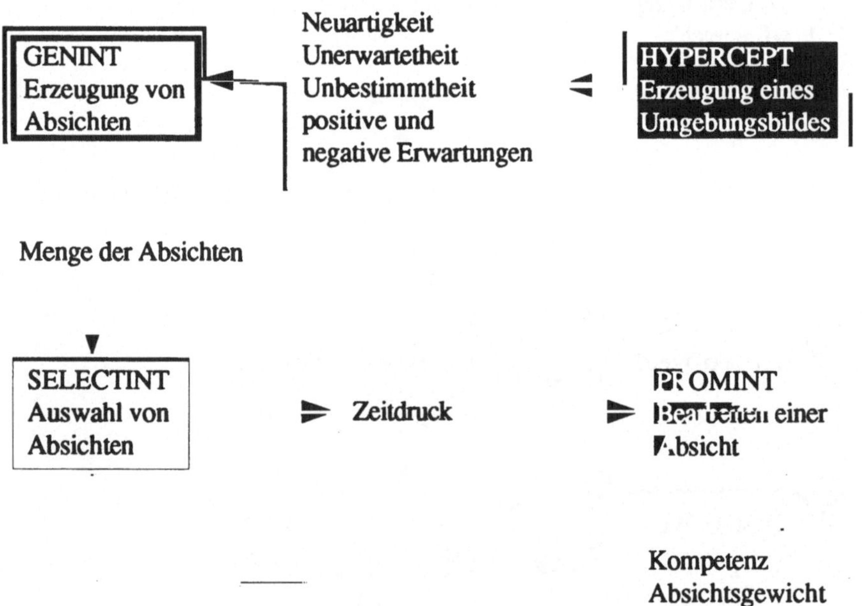

Abb. 2.3:   Die von den Instanzen erzeugten Parameter, die emotionale Signale darstellen (aus DÖRNER et al., 1988, p. 229).

HYPERCEPT („hypothesengeleitete Perzeption") ist „quasi der Wahrnehmungsapparat des Systems", der für die räumliche und zeitliche Orientierung zuständig ist. Sein Kern „besteht nun aber darin, daß, ausgehend von einem bestimmten Fixationsort, die

Kern „besteht nun aber darin, daß, ausgehend von einem bestimmten Fixationsort, die Umgebung abgetastet wird. Die dort entdeckten Objekte werden identifiziert und ihre Konstellation im Raum festgestellt. Das Ergebnis dieses Prozesses wird als ephemere Gedächtnisstruktur ... abgelegt." (p. 226). Automatisch (!) wird ein „Protokollgedächtnis" angelegt, aus dem sich der „Erwartungshorizont" des Systems ableitet. Abweichungen zwischen erwartetem und aktuellem Umgebungszustand führen zum Erleben bestimmter Emotionen (Staunen, Schreck, Angst, Furcht und Hoffnung). Gleiches gilt für die Menge der Absichten, die den „Gesamtabsichtsdruck", den „motivationalen Dampf" des Systems ausmacht. Abb. 2.3 veranschaulicht die für die Entstehung von Emotionen wichtigen Abläufe des Systems.

In diesem System sind Teufelskreise beschreibbar, so etwa zwischen SELECTINT und PROMINT: bei hohem Zeitdruck sinkt die Kompetenz, wodurch die Absichtsgewichte verändert werden und daher neue Absichtsauswahlen entstehen, usw.

Wie ist nun diese Modellvorstellung, die hier nur kurz dargelegt werden konnte, zu bewerten? Handelt es sich um eine Theorie, die Phänomene erklärt und die Ableitungen erlaubt? Was ist zu der mentalistischen Begrifflichkeit zu sagen, etwa zur Kontamination von Handlungs- und Systemkonzepten (vgl. HERRMANN, 1982)? Die mentalistische Begrifflichkeit wird von den Autoren selbst thematisiert:

> „Wir haben hier informationelle Parameter mit Namen wie 'Furcht /Hoffnung', 'Unbestimmtheit', 'motivationaler Dampf', etc. belegt. Diese Parameter sind berechenbare Größen, die die Arbeit des Systems steuern und modifizieren. Wir halten unsere mentalistische Namensgebung aber deshalb für berechtigt, weil wir annehmen, daß das subjektive Wahrnehmen dieser Parameter und ihrer Veränderungen in der Zeit durch Menschen die Qualität emotionalen Erlebens hat." (DÖRNER et al., 1988, p. 231).

Diese Bemerkungen können nicht darüber hinwegtäuschen, daß mit der gewählten Begrifflichkeit ein „surplus meaning" verbunden ist, das psychologischen Gehalt suggeriert. Das Anliegen der Arbeitsgruppe – Implementation der Theorie auf einen Rechner – ist begrüßenswert, umso fragwürdiger ist es aber, die dort erreichbare Präzision durch umgangssprachliche Etikettierungen zu verwischen.

Damit kommen wir zu einem anderen Aspekt der Bewertung: erklärt die Theorie Phänomene, erlaubt sie Ableitungen? In der vorgelegten Form lautet die Antwort: nein! Um dieses „nein" besser zu begründen, habe ich aus der zitierten Arbeit einmal gesetzesmäßige Aussagen („... unser Hauptziel ist ... die Erforschung der Regelmäßigkeiten und Gesetze ...", p. 219) gesammelt. Hier ein Ausschnitt:

(G1) Wenn ein sensorisches Schema aktiv ist, dann kann ein motorisches Aktionsprogramm aktiviert werden (p. 220; jedoch auch *ohne* sensorische Schemata ist motorische Aktivation denkbar, p. 221).

(G2) Wenn ein Ereignis stattfindet, welches einen Mangelzustand beendet, dann ist der Zielzustand erreicht (p. 221; die Aussage ist im Text genau umgekehrt formuliert: ist der Zielzustand erreicht, müßte ein Ereignis stattgefunden haben, welches ...).

(G3) Je drängender ein zugrundeliegender Mangelzustand, desto wichtiger die damit verbundene Absicht (p. 222).

(G4) Wenn für einen Mangelzustand mehrere möglichen Zielzustände existieren, dann wird derjenige gewählt, der am leichtesten erreichbar ist (p. 224).

(G5) Je höher die epistemische Kompetenz, desto genauere Kompetenzeinschätzungen und desto zuverlässigere Zeitschätzungen erfolgen (p. 224).

(G6) Wenn Erwartungshorizont und Umgebungsbild nicht passen, dann werden Emotionen ausgelöst (p. 227).

(G7) Je häufiger SELECTINT Absichten neu rangieren und auswählen muß, desto labiler und sprunghafter wird die Arbeit des gesamten Systems (p. 229).

(G8) Je mehr Absichten sich in der Zeit drängen, desto stärker wird der Zeitdruck für das System (p. 230).

(G9) Je besser die Qualität des Datenmaterials, desto besser die Qualität der Absichtsbehandlung (p. 230).

(G10) Je besser die Qualität der Absichtsbehandlung, desto besser die Qualität des Datenmaterials (p. 230).

Die zehn ausgewählten Gesetzmäßigkeiten erweisen sich zum Teil als sehr schwache Aussagen (z.B. läßt das „kann" bei G1 viel zu), zum Teil als Definitionen (z.B. G8), zum Teil als schlichte Korrelationsaussagen (z.B. G9 und G10), zum Teil implizieren sie einfach die Rationalität des Systems (z.B. G4). Zu dieser Art von Aussagen finden sich kritische Anmerkungen etwa bei BRANDTSTÄDTER (1982), aber auch bei HOLZKAMP (1986).

Natürlich gibt es weitere Fragen, die sich bei Betrachtung dieses Modells stellen. Um die formulierten Gesetzesaussagen zu empirisch gehaltvollen Sätzen zu machen, muß z.B. die Indikatorproblematik behandelt werden. Dazu ist zu klären, wie etwa Größen wie „Erwartungshorizont", „Umgebungsbild", „Qualität der Absichtsbehandlung" empirisch erfaßt werden können. Für das Kompetenzkonstrukt z.B. (vgl. Aussage G5) hat STÄUDEL (1988) einen Fragebogen vorgestellt, von dem allerdings nicht zu erwarten ist, daß er die höchst flüchtigen Prozesse (die ja wohl als state-Variablen zu verstehen sind) verläßlich einfangen kann. Dies ist zugleich ein Hinweis darauf, daß die Implementationen der Modellvorstellungen auf einem Rechner nicht reicht, um aus den Vorstellungen eine Theorie über empirische Sachverhalte zu machen: damit kann allenfalls die logische Struktur der Aussagen – ihre Widerspruchsfreiheit - überprüft und zugleich das dynamische Verhalten dieser aufeinander bezogenen und zeitlich voneinander abhängigen Aussagen demonstriert werden, aber nicht mehr. Die empirische Prüfung wird durch das Vorlegen eines Simulationsmodells nicht suspendiert (vgl. KAISER & KELLER, 1991).

Ein letzter Kritikpunkt zu diesem Modell bezieht sich auf die Art der Modellbildung: soweit erkennbar, handelt es sich um ein eher mathematisch-numerisches Variablenmodell (einzelne formale Parameter in Gleichungen nehmen irgendwelche Werte an) im Unterschied zu „echten" Computersimulationsmodellen, die nicht mit kontinuierlichen Zahlen, sondern mit Bedeutungen operieren. LÜER und SPADA (1990, Kap. 3.2.3) sehen die erstgenannte Vorgehensweise als zu wenig flexibel an, da bei ihr die Modellierung von Lernmechanismen (im Sinne der Übertragung auf unterschiedliche inhaltliche Bereiche) fehle, wie sie in adaptiven, sich selbst modifizierenden Produktionssystemen etwa abgebildet werden könnte, die sich die Simulationsmodelle der zweiten Phase nutzbar machen. Daß diese von LÜER und SPADA bevorzugte Vorgehensweise jedoch auch Grenzen hat, wird beim Blick auf die empirische Überprüfung deutlich.

2.2.2 Arbeiten der Bayreuther Arbeitsgruppe (PUTZ-OSTERLOH)

PUTZ-OSTERLOH (1987) interessiert die Frage, inwiefern Expertise den Umgang mit intransparenten Problemen verbessert. Zu diesem Zweck untersuchte sie vergleichend 7 Professoren der Wirtschaftswissenschaften mit 30 unausgewählten Studenten. Beide Gruppen bearbeiteten zunächst für 15 simulierte Zeittakte das System SCHNEI-DERWERKSTATT – ein kleiner, frühkapitalistischer Betrieb, der Hemden produziert und verkauft – mit drei vorgegebenen Zielgrößen (hohes Endkapital, hohe Takt-Gewinne, hoher Lohn; „ökonomisch orientiertes System"), danach für 20 Takte das System MORO – ein Entwicklungshilfe-Szenario – mit fünf vorgegebenen Zielgrößen (große Weidefläche, hohe Rinderzahl, viele Moros, viel Grundwasser, viel Kapital; „ökologisch orientiertes System"). Das Problemlöseverhalten wird auf drei Ebenen analysiert: (1) auf der höchsten Ebene geht es um Verhaltenseffekte, die sich in unterschiedlichen Ausprägungen der Gütekriterien niederschlagen; (2) auf der mittleren Ebene geht es um (verbalisierte) bereichsübergreifende Strategien; (3) die unterste Ebene bezieht sich auf bereichsspezifische Unterschiede in der Systemrepräsentation, Unterschiede im Systemwissen also. PUTZ-OSTERLOH erwartete für die Experten in der SCHNEIDERWERKSTATT eine Überlegenheit gegenüber der Vergleichsgruppe auf allen drei Ebenen, bei der MORO-Simulation dagegen nur auf den oberen beiden Ebenen.

In die Datenanalyse gingen jeweils die ersten sechs Takte ein. Für die Eingriffsqualität (Ebene 1) wurden Ränge vergeben (bei MORO nach einem komplizierten Beurteilungsverfahren). Hinsichtlich bereichsübergreifender Strategien (Ebene 2) dienten Kategorisierungen von Daten des lauten Denkens (Informationssammlung, Hypothesenbildung, Analysen, Planungen, Entscheidungen, Zielnennungen) als Indikatoren. Das Systemwissen (Ebene 3) wurde ebenfalls aus Daten des lauten Denkens extrahiert, indem ausgezählt wurde, wie häufig welche Systemvariable isoliert bzw. in Verbindung mit anderen Variablen erwähnt wurde.

Die Ergebnisse weisen die Wirtschaftsprofessoren bei der Bearbeitung der SCHNEI-DERWERKSTATT hinsichtlich aller drei Ebenen als erfolgreicher aus. Bei der Simulation MORO dagegen gilt dieser Befund nicht: Auf Ebene 1 (Qualität) zeigt sich kein systematischer Unterschied, auf Ebene 2 (Strategien) verbalisieren Experten mehr Analysen richtiger Beziehungen, richtige Hypothesen, richtige Planungen, Ziele und positive Reflexionen über das eigene Vorgehen. Keinen Unterschied findet man hinsichtlich Informationssammlung. Auf Ebene 3 zeigt sich, daß Experten bei der MORO-Bearbeitung mehr Beziehungen zwischen den Systemvariablen eruieren (und entsprechend auch mehr *richtige* Beziehungen entdecken).

Diese Befunde wertet PUTZ-OSTERLOH (1987, p. 80) dahingehend, daß Experten sich von Nichtexperten nicht durch die Menge eingeholter Daten unterscheiden, sondern durch die Art deren Verarbeitung: Experten erzeugen mehr richtige Hypothesen, analysieren häufiger (und richtig) die Verknüpfungen zwischen den Variablen und planen ihre Entscheidungen häufiger (und richtig). – Kritisch anzumerken bleibt:

(1) Die *Operationalisierung von Expertise* via Professur in Wirtschaftswissenschaft. In aller Regel hat man es hier nicht mit Praktikern, sondern mit Theoretikern be-

triebs- und volkswirtschaftlichen Handelns zu tun. Zu überlegen wäre, ob hier nicht Manager von kleinen Unternehmen die angemessenere Vergleichsgruppe wären. Auffällig ist ja, daß etwa die *Menge* verbalisierter Lösungsprozesse generell in dieser Gruppe höher ausfällt.

(2) Die *Operationalisierung von Nicht-Expertise* über das Merkmal „Student". Die zum Vergleich herangezogene Studentengruppe ist im Schnitt 22 Jahre alt gewesen (Professoren-Mittel: 45 Jahre). Allein durch diesen hohen Altersunterschied können derartig viele Faktoren mit der Expertise bzw. Nicht-Expertise verknüpft sein, daß schon dadurch die Interpretation von Expertise im Sinne eines Vorteils fachspezifischen Wissens fraglich wird.

(3) Bei beiden Stichproben wäre es wünschenswert gewesen, im vorhinein einen *Indikator* für die Menge und Qualität des jeweils bereichsspezifischen *Wissens* über die einschlägigen ökonomischen bzw. ökologischen Problemfelder zu besitzen.

(4) Der geringe *Stichprobenumfang* bei der Expertengruppe schafft angesichts der bekannten hohen interindividuellen Variabilität weitere Interpretationsprobleme insbesondere dort, wo erwartete Unterschiede ausbleiben (z.B. MORO-Erfolg).

(5) Die Bestimmung von *Qualitätswerten* für das MORO-Szenario macht erneut die Problematik unbekannter Reliabilitäten und Validitäten der ausgewählten Indikatoren deutlich. So wird etwa die Grundwasserausbeutung nur zeitverzögert im System eintreten (vgl. STÄUDEL, 1987, p. 111f.). Bei nur sechs ausgewerteten Takten mag dies genauso zu Fehleinschätzungen führen wie die von den Pbn erwartete Steigerung der Moros, die rasch zur Hungerkatastrophe führen kann.

(6) In den Hypothesen wurde vorhergesagt, nur bei der MORO-Bearbeitung gäbe es auf der Ebene bereichsspezifischen Wissens *keinen* Unterschied zwischen Experten und Nichtexperten – ansonsten sollten Experten immer überlegen sein. Genau dies ist nicht eingetreten: die Experten auf dem Gebiet der Wirtschaftswissenschaft besaßen für das Entwicklungshilfe-Szenario MORO mehr bereichsspezifisches Wissen als die Nichtexperten. Auf diesen Befund geht die Diskussion sowenig ein wie auf den interessanten Befund, wonach bei MORO erhöhtes Wissen nicht mit erhöhter Problemlösequalität einhergeht.

In einer Folgestudie untersuchten PUTZ-OSTERLOH und LEMME (1987) die Generalisierbarkeit der oben berichteten Befunde. Zu diesem Zweck wiederholten sie die Untersuchung mit 28 unselegierten Studenten (=studentische Nichtexperten) und 24 Studenten bzw. Promovenden der Wirtschaftswissenschaften (=studentische Experten). Die Abfolge der Bearbeitung war diesmal umgekehrt: zuerst MORO, dann SCHNEIDERWERKSTATT. Diesmal waren die Experten bei der Bearbeitung von MORO *und* SCHNEIDERWERKSTATT erfolgreicher als die Nichtexperten, allerdings zeigten sich keine strategischen Unterschiede mehr. Dafür konnten Nichtexperten von Transfer-Effekten profitieren: die MORO-Erfahrung verbesserte die Qualität der betriebswirtschaftlichen Simulationsergebnisse, nicht jedoch umgekehrt.

2.2.3 Arbeiten der Hamburger Arbeitsgruppe (KLUWE)

Die Befunde zum komplexen Problemlösen aus der Bamberger Arbeitsgruppe wurden von der Hamburger Arbeitsgruppe um Rainer KLUWE aufgegriffen und kritisch beleuchtet. Bereits in einer frühen Arbeit (KLUWE & REIMANN, 1983) zeigt sich die Absicht, Systeme zu konstruieren, die der experimentellen Manipulation zugänglich sind. Das damals vorgestellte abstrakte System SIM002 enthält bereits wesentliche Merkmale der später fortentwickelten Systeme: es ist mathematisch präzise beschreibbar; es schließt Vorwissenseinflüsse aus; es erlaubt Manipulationen an kritischen Systemgrößen (Konnektivität, Eigendynamik). Da es „nur" über 10 Variablen verfügt, werden die Variablenzustände auf dem Monitor als Histogramme angezeigt, Pbn können interaktiv und selbständig Eingriffe in das System tätigen. Ziel der Pbn ist es, angezeigte Zielzustände der Variablen zu erreichen; als Gütemaß dient die Differenz

Tabelle 2.1: Parametermatrix des 15-Variablen-Systems SIM005 (aus KLUWE, MISIAK & RINGELBAND, 1985, Appendix 1).

.823	.080	.113	.035	.003	.035	.008	.017	.008	.014	.002	.005	.001	.015	.000
.043	1.125	-.028	-0.97	-.010	.016	.008	.010	.001	.012	-.011	-.018	.008	.014	-.007
-.173	-.131	.856	-.092	-.006	-.010	-.012	-.006	-.012	.014	.016	-.014	-.010	-.006	-.004
-.047	-.059	-.176	1.108	.013	.013	-.017	.004	-.014	-.014	.018	.002	-.009	-.005	-.012
-.018	-.017	.001	.012	.850	-.102	-.084	.089	.018	-.008	.002	-.008	-.014	.009	-.011
.005	.004	.018	-.015	.024	1.007	.034	.137	-.085	-.004	-.018	.017	-.010	-.012	-.015
-.017	-.009	.010	.014	-.110	.181	.950	.113	-.125	-.009	-.009	.008	-.016	-.018	.009
-.005	-.009	.007	.002	-.176	.096	-.150	.846	-.149	-.014	-.013	-.017	.000	-.012	-.013
.008	.011	-.008	-.008	-.159	.066	-.133	.141	1.012	.006	-.004	-.015	.015	-.008	-.015
-.013	-.015	.004	-.012	.017	-.010	-.004	-.012	.013	.879	.130	.125	.138	.075	-.064
-.013	.003	-.005	-.015	.013	.014	.000	.008	-.016	.040	1.171	.075	-.158	-.123	.041
.006	-.011	-.015	.002	.014	-.016	-.017	.008	.000	.185	.129	1.156	.086	-.169	-.107
.012	-.017	-.013	-.012	-.006	.009	-.006	-.005	-.002	.034	.132	-.101	1.141	-.041	.078
-.003	-.016	.009	.004	.017	.014	.004	-.005	.002	-.098	-.058	.127	-.092	.997	.095
-.014	-.010	.014	.019	.013	-.009	-.011	.001	.014	-.059	.163	-.102	.172	-.170	.939

zwischen aktuellem Zustand und vorgegebenem Zielzustand.

In neueren Arbeiten (KLUWE et al., 1986) wird das System SIM005 bzw. SIM006 verwendet, bei dem 15 Variablen insgesamt drei verschieden unabhängige Teilsysteme mit jeweils verschiedenen Eigenschaften konstituieren. Zu verschiedenen Zeitpunkten sollen Pbn während der Systembearbeitung vergangene Zustände reproduzieren bzw. zukünftige Zustände vorhersagen.

Tabelle 2.1 zeigt die Vernetzung des Systems SIM005, wie es etwa von KLUWE, MISIAK & RINGELBAND (1985) zur Untersuchung von Wissenserwerbsprozessen bei der Kontrolle und Regulation dynamischer Systeme eingesetzt wurde.

Das System SIM005 besteht aus 15 miteinander vernetzten Variablen, wobei die wesentlichen Gewichte in der Hauptdiagonale placiert sind. Im Unterschied zu SIM006 haben aber jeweils alle Variablen miteinander zu tun, d.h. jede Variable ist mit jeder anderen Variablen vernetzt, wenngleich diese Verbindungen nicht sonderlich stark ausfallen. – Die Parametermatrix der Systemvariante SIM006 zeigt Tabelle 2.2.

Tabelle 2.2:   Parametermatrix des 15-Variablen-Systems SIM006 (aus KLUWE, MISIAK & RINGELBAND, 1985, Appendix 2).

.6	1	-.18	-.18	-.18	0	0	0	0	0	0	0	0	0	0
.06	.8	1	.06	.06	0	0	0	0	0	0	0	0	0	0
.06	.06	.6	1	.06	0	0	0	0	0	0	0	0	0	0
-.08	-.08	-.08	.8	1	0	0	0	0	0	0	0	0	0	0
.06	.06	.06	.06	.6	0	0	0	0	0	0	0	0	0	0
0	0	0	0	0	.9	-.05	-.04	-.08	-.04	0	0	0	0	0
0	0	0	0	0	.06	1.1	.06	.04	.05	0	0	0	0	0
0	0	0	0	0	.04	.04	1.1	.04	0	0	0	0	0	0
0	0	0	0	0	-.08	-.04	-.02	.9	-.03	0	0	0	0	0
0	0	0	0	0	.04	.05	.04	.04	1.1	0	0	0	0	0
0	0	0	0	0	0	0	0	0	0	1.001	0	0	0	0
0	0	0	0	0	0	0	0	0	0	0	-1.001	0	0	0
0	0	0	0	0	0	0	0	0	0	0	0	1.1	0	0
0	0	0	0	0	0	0	0	0	0	0	0	0	-1.1	0
0	0	0	0	0	0	0	0	0	0	0	0	0	0	1.3

Wie aus dieser Tabelle leicht zu entnehmen ist, besteht das System SIM006 wie bereits erwähnt aus drei voneinander unabhängigen Teilsystemen zu je fünf Variablen. Das erste dieser Teilsysteme ist hoch vernetzt: die erste Nebendiagonale enthält mit dem Gewicht 1 ein jeweils höheres Gewicht als die Hauptdiagonale, wodurch das Verhalten einer Variable jeweils von einer anderen Variable stärker abhängt als von ihrem eigenen Zustand. Außerdem wird hierdurch ein Verzögerungseffekt eingeführt. Das mittlere Teilsystem wird überwiegend durch die Gewichte der Hauptdiagonale bestimmt, die übrigen Gewichte sind relativ dazu gering. Das letzte Teilsystem schließlich besteht aus fünf voneinander unabhängigen Variablen, von denen zwei oszillieren.

Tabelle 2.3:   Eigenschaften der 15 Systemvariablen (div=divergence, con=convergence, h=high inertia, l=low inertia, med=medium).

Var Name	Trägheit	Richtung	Trägheit2	Vernetzung	Bedeutung
pondo	1.64	div h	4.48	high	Luftzufuhr
livat	-.26	div l	-3.76	high	Gaszufuhr
barot	1.65	con h	.95	high	Schwefel
wospa	.42	con h	-5.41	high	Verdichtung
fimwo	.58	con h	1.94	high	Temperatur
drosa	.56	div l	.96	med	Filterleistung
omton	.68	con h	-.81	med	Kühlung
savet	-5.23	div h	-.67	med	Umlaufgeschw.
tosar	-.89	div h	.96	med	Öldruck
natra	.55	div l	-.80	med	Drehzahl
artor	.17	con l	.00	zero	Brennmenge
kelar	-.08	con l	-5.99	zero	Wasserdruck
rimos	-.18	con l	-.18	zero	Ausstoss
garis	-.32	con l	-9.55	zero	Pumpvolumen
voruk	-1.48	div h	-.92	zero	Energie

Tabelle 2.3 zeigt Variablennamen (künstliche wie bedeutungstragende) und Eigenschaften der 15 Variablen von SIM005 und SIM006 auf einen Blick.

Unter „Kon-" bzw. „Divergenz" meinen die Autoren (Un-)Gleichsinnigkeit zwischen Intervention und Richtungsänderung: divergent verhält sich eine Variable, wenn sie sich durch Hinzufügung einer Größe vermindert.

Die Systeme SIM005 und SIM006 werden den Pbn in einer grafischen Form veranschaulicht. Insgesamt 8 der 15 Systemvariablen werden als Säulen auf dem Bildschirm angezeigt, Eingriffe erfolgen durch numerische Angaben im unteren Bildschirmteil, Zielzustände sind als Striche eingeblendet (vgl. Abb. 2.4 und 2.5).

Die zwei exemplarisch gezeigten Bildschirmdisplays verdeutlichen mehreres: (a) die Pbn haben nicht alle Systeminformation zu jedem Takt präsent, (b) sie haben die vergangenen Zustände nicht verfügbar, (c) es ist unklar, wie und wo Pbn Repräsentatio-

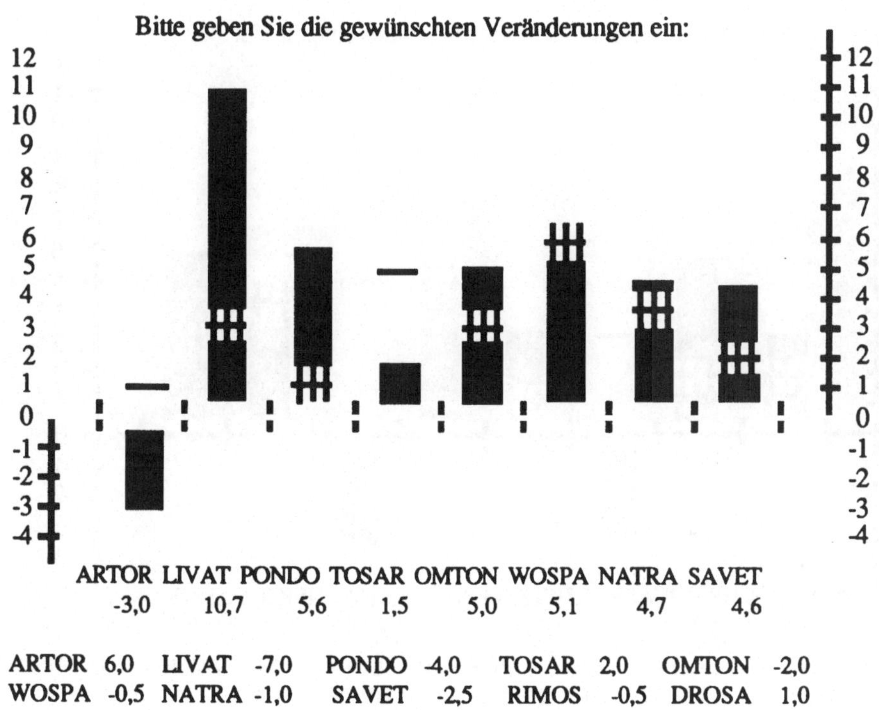

Abb. 2.4:   Display in der Variante mit artifiziellen Begriffen (aus KLUWE, MISIAK & RINGELBAND, 1985, Appendix 4).

nen externalisieren können (z.B. ist es für SIM005 kaum vorstellbar, daß ein Pb sämtliche 225 Parameter des Systems im Gedächtnis behält).

Angenommen wird, daß Pbn beim Bearbeiten ein mentales Modell entwickeln. Diese komplexen Lernprozesse, die bevorzugt über längere Zeitstrecken und am Einzelfall untersucht werden, betrachten die Hamburger unter der Perspektive der „chunk"-Bildung: Variablen werden gruppiert nach bestimmten Eigenschaften, die unter Vl-Kontrolle stehen. Diese Eigenschaften zeigen sich auch bei begleitenden bzw. anschließenden Befragungen der Pbn, zusätzlich zu der Information, welche Abhängigkeitsstrukturen nun identifiziert wurden.

Welche Effekte berichten KLUWE et al. über die Kontrolle derartiger Systeme? Die nachfolgende Abb. 2.6 veranschaulicht für zwei Pbn im Umgang mit SIM006 die Effekte unterschiedlicher Systemeigenschaften auf die Steuerungsqualität. Die AV in dieser Abbildung ist der Median der Abweichung von der eigentlich erforderlichen Kontrollmaßnahme.

Man erkennt für beide Pbn die größten Abweichungen bei den zwar unverbundenen, aber oszillierenden Variablen, gefolgt von den hoch vernetzten, mittel vernetzten und unvernetzten Variablen. Gleiche Resultate erzielten die Autoren mit dem artifiziell benannten System.

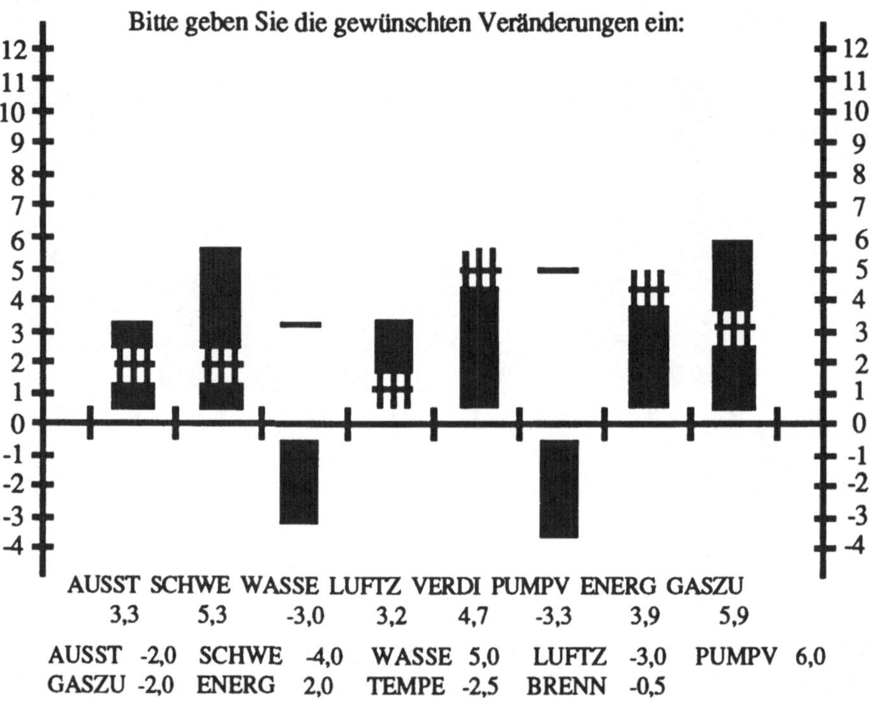

| AUSST | -2,0 | SCHWE | -4,0 | WASSE | 5,0 | LUFTZ | -3,0 | PUMPV | 6,0 |
| GASZU | -2,0 | ENERG | 2,0 | TEMPE | -2,5 | BRENN | -0,5 | | |

Abb. 2.5:   Display in der Variante mit bedeutungstragenden Begriffen (aus KLUWE, MISIAK & RINGELBAND, 1985, Appendix 5).

MISIAK, HAIDER & KLUWE (1989) diskutieren kritisch Bestrebungen, pauschale Gütemaße zu konstruieren. Ihre Forderung nach Angabe eines optimalen Lösungswegs wird ergänzt durch die Forderung nach einfachen Deskriptoren, die eine Bewertung der Vollständigkeit der mentalen Repräsentation zulassen. Sie warnen davor, einen direkten Zusammenhang zwischen Systemeigenschaften und mentaler Repräsentation anzunehmen: Vielmehr bestehe die Unmöglichkeit der Abbildung formaler Problemräume in mentale Problemräume. – Daß eine derartige direkte Abbildbarkeit nicht gelingt (und nicht gelingen kann), bedeutet aus meiner Sicht allerdings nicht, daß man diesen Problemkreis ad acta legen könnte. Vielmehr geht es ja gerade darum, die

Wechselwirkungen zwischen den beiden Problemräumen aufzuzeigen. Aber dies ist wohl auch die Ansicht der Hamburger Arbeitsgruppe.

HAIDER (1989) setzt sich kritisch mit den Arbeiten von Donald BROADBENT auseinander (vgl. Kapitel 2.3.1). Nach von ihr durchgeführten Untersuchungen an der SUGAR FACTORY kommt HAIDER zu dem Urteil, daß zur Steuerung dieses Systems vollständige Kenntnis der Systemzusammenhänge nicht erforderlich ist. Auch unrichtige Modelle, die sich nur auf die starken Wirkungen beschränken, erweisen sich als funktional tauglich. Dies Ergebnis ist vor allem in Hinblick auf die von Broadbent konstatierten Dissoziationseffekte bedeutsam. Das Auseinanderklaffen von Wissen und Handeln wird damit als potentielles Artefakt (vgl. hierzu auch SANDERSON, 1989) betrachtet: Solange mit unzureichendem Wissen gute Steuerung möglich ist, sind geringe Korrelationen zwischen Wissensumfang und Handlungsgüte wenig überzeugend. Hier wäre möglicherweise eine differenziertere Diagnostik angebracht (vgl. Kapitel 3).

Neuere Arbeiten der KLUWE-Gruppe beschäftigen sich mit wesentlich realitätsnäheren Simulationen: untersucht wird der Wissenserwerb für die Prozeßsteuerung einer

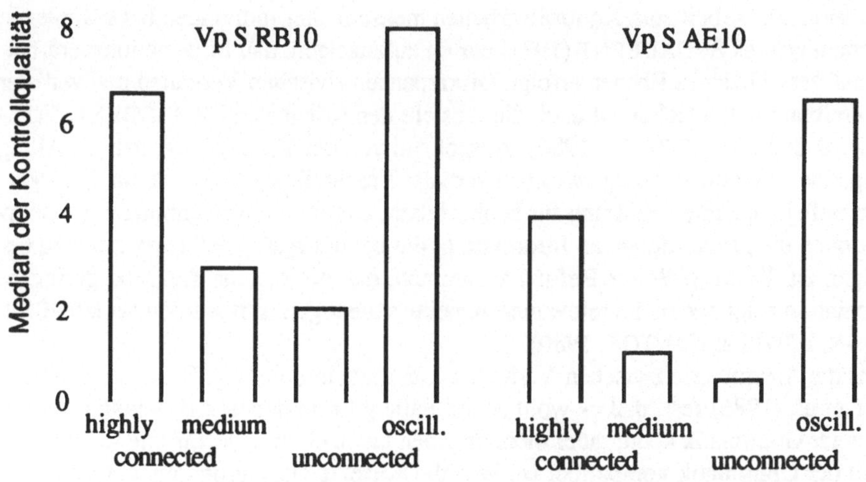

Abb. 2.6: Effekte verschiedener Systemattribute auf die Systemkontrolle von zwei Pbn RB10 und AE10 beim Umgang mit SIM006 (aus KLUWE, MISIAK & RINGELBAND, 1985, Figure 9).

Asphaltmischmaschine (System MIX; FISCHER, OELLERER, SCHILDE & KLUWE, 1990) über einen langen Versuchszeitraum (mehrere Tage), jeweils an Einzelfällen. Ergebnisse dazu liegen derzeit noch nicht vor.

2.3   Dynamische Systeme in internationaler Forschung

Natürlich ist die Untersuchung des Umgangs mit dynamischen Systemen keine Domäne ausschließlich deutschsprachiger Forschung. Vielmehr gibt es schon *vor* den Arbeiten von DÖRNER und Mitarbeitern bzw. zeitgleich damit und unabhängig davon eine Reihe von anderen einschlägigen Arbeiten auf internationaler Ebene, auf die hier einzugehen ist. Dabei zeigt sich, daß eine breite Palette von Arbeitsgebieten (Grundlagenforschung im Bereich der Gedächtnispsychologie; industrielle Anwendungskontexte; militärische Fragestellungen; Analysen menschlicher Fehler; Training von Management-Personal) an der Untersuchung dynamischer Systeme interessiert ist.

2.3.1   Arbeiten der Oxforder Arbeitsgruppe (BROADBENT)

In seiner ersten Arbeit zum Kontrollverhalten menschlicher Individuen bei komplexen Systemen geht es BROADBENT (1977) darum aufzuzeigen, daß Informationsverarbeitung auf verschiedenen Ebenen erfolgt. Diskrepanzen zwischen Verhalten und verbaler Beschreibung aufzudecken ist auch die Absicht der Arbeit von BROADBENT, FITZ-GERALD und BROADBENT (1986). Ausgehend von der Feststellung, daß im Alltag häufig eine Übereinstimmung zwischen verbaler Beschreibung und tatsächlichem Verhalten auftritt, ist eine Erklärung für beobachtbare Dissoziationsphänomene in Laborsituationen die große Menge an Information, die bei der Aufgabenbearbeitung zu bewältigen ist. Damit paßt der Befund zusammen, daß die gleiche Aufgabe geringere Dissoziation zeigt, wenn die relevanten Aspekte salient gemacht werden (vgl. REBER, KASSIN, LEWIS & CANTOR, 1980).

Was die Asymmetrie zwischen Verhalten und Verbalreport betrifft, stellen BROAD-BENT et al. (1986) fest, daß es wohl selten Fälle gibt, in denen z.B. jemand die Regeln einer Grammatik kennt, aber nicht angeben kann, ob eine bestimmte Zeichenfolge mit der Grammatik kompatibel ist. Wer die korrekte Definition kenne, treffe auch die richtige Entscheidung. Der umgekehrte Fall sei dagegen häufiger. Gegenstand ihrer Arbeit ist der erstgenannte Fall.

Zwei verschiedene Systeme finden Verwendung: zum einen das Transport-System, das bei BROADBENT (1977) erstmals eingesetzt wurde, und zum anderen ein ökonomisches Kleinsystem. Das TRANSPORT-System verlangt vom Pbn, eine bestimmte Auslastung von Bussen („l" für „load") und öffentlichen Parkplätzen („s" für „space") durch die Variation der Busfrequenz („i" für „interval") und der Parkgebühren („f" für „fee") zu erreichen. Die zwei Strukturgleichungen des linearen Systems lauten:

$$l = 100 \cdot (2.2 \cdot i + 0.8 \cdot f) \tag{2.4}$$
$$s = 5 \cdot (0.9 \cdot f - 0.4 \cdot i) \tag{2.5}$$

Es handelt sich um ein „undynamisches" System in Hinsicht auf die mangelnde Zeitabhängigkeit der endogenen Variablen l und s, die nicht von ihren früheren Zuständen beeinflußt werden. Es handelt sich um ein wenig vernetztes System insofern, als die beiden Strukturgleichungen außer durch die exogenen Variablen keine Verbindungen aufweisen.

Untersucht wurden mit diesem System 30 Frauen, aufgeteilt auf drei verschiedene Bedingungen. *T-Gruppe:* Nach einer Erfassung des Vorwissens bearbeiten die Pbn dieser Gruppe das System viermal; anschließend wird erneut das Wissen überprüft. *TE-Gruppe:* Anstelle des vorangestellten Fragebogens erhält diese Gruppe die Fragen zusammen mit den richtigen Antworten. *S-Gruppe:* Diese Gruppe erhält nach dem Vorwissenstest Gelegenheit, die zwei Teilsysteme separat zu üben. Erst nach der Übungsphase beginnt die eigentliche Systemsteuerung.

Im Unterschied zur T-Gruppe zeigt die S-Gruppe Verbesserungen hinsichtlich des Fragebogen-Wissens, gemessen an der Zahl korrekter Antworten im Vor- bzw. Nachtest. Hinsichtlich der Leistung zeigen T- und TE-Gruppe Verbesserungen vom ersten zum zweiten Durchgang. Dieser bleibt bei der S-Gruppe aus, da sie bereits aufgrund der isolierten Übung mit einem hohen Niveau startet, das in den anderen Gruppen erst später erreicht wird. Die Ergebnisse lassen sich nach Broadbent so zusammenfassen: Übung verbessert die Leistung bei der Kontrolle eines dynamischen Systems, ohne zugleich das Wissen darüber anzuheben. Bezieht sich die Übung dagegen auf *Teile* des Systems, verbessert sich sowohl Leistung als auch verbalisiertes Wissen.

Während mit der eben beschriebenen Studie unterschiedliche Trainingsverfahren untersucht wurden, soll ein zweites Experiment Eigenschaften des dynamischen Systems verändern, da die resultierenden Schwierigkeitsunterschiede eventuell mit dem Ausmaß an Dissoziation in Beziehung stehen. Das dafür verwendete ECONOMY-System besteht aus zwei exogenen Variablen, der Steuerrate r (in Prozent) und der Höhe der Staatsausgaben g (in Währungseinheiten), mittels derer die zwei endogenen Variablen Arbeitslosigkeit u und Inflationsrate f kontrolliert werden müssen. Die zwei entsprechenden Strukturgleichungen lauten:

$$u_{t+1} = 96 - ((1 - r_t) \cdot (g_t + 7650)) / 730 \qquad (2.6)$$

$$f_{t+1} = f_t \cdot (1.45 - 0.15 \cdot u_t) \qquad (2.7)$$

Arbeitslosigkeit ist in diesem Modell direkt linear abhängig von Steuererhöhung und Ausgabensenkung. Die Inflationsrate dagegen reagiert verzögert. Steigt die Arbeitslosigkeit über drei Prozent, sinkt die Inflationsrate. Je kleiner diese wird, um so unempfindlicher reagiert sie auf spätere Änderungen der Arbeitslosigkeit.

Die Untersuchung mit diesem System, das analog zu der eben beschriebenen Studie präsentiert wurde, zeigte einen interessanten Effekt: Hatten noch vor Versuchsbeginn alle Pbn korrektes Wissen über die Wirkung von Staatsausgaben (g) auf Arbeitslosigkeit (u), war bei der Hälfte von insgesamt 24 Pbn unter Standardbedingungen am Versuchsende dieses korrekte Wissen durch „falsches" ersetzt. Gleichzeitig zeigten sich für diese Pbn Verbesserungen in den Leistungsmaßen. Bei weiteren 12 Pbn wurde *alle* Effekte in dem System zeitverzögert präsentiert. Ergebnis: „... lagged effects are simply harder ..." (BROADBENT et al., 1986, p. 46). Eine weitere Gruppe von 12 Pbn wurde mit dem System konfrontiert, bei dem die stabilisierende Eigendynamik bei der Inflationsrate entfernt wurde. Sie erzielte zwar bedeutsamen Wissenszuwachs hinsichtlich der Inflationsvariablen, zeigte aber Verschlechterungen der Leistungsmaße mit zunehmender Übung.

Zwei verschiedene Strategien könnten – so BROADBENT et al. – generell angenommen werden: (1) die Strategie der „model manipulation" und (2) die des „situation matching". Unter Modellmanipulation ist zu verstehen: es liegt ein Modell des zu steuernden Systems vor, das den tatsächlichen Verhältnissen so genau wie möglich angepaßt ist. Ein derartiges Modell erlaubt Vorhersagen und kann Begründungen für bestimmte Effekte geben. Unter Situationsanpassung ist eine Strategie zu verstehen, die im einfachsten Fall eine Tabelle korrekter Handlungen für bestimmte Situationen anlegt (ein „look-up table", ein neuronales Netzwerk). Dieses Vorgehen kann zu guten Leistungen führen, ohne daß das Wissen explizit gemacht werden könnte. Nach Ansicht von BROADBENT et al. (1986) wäre es unklug anzunehmen, daß verbales bzw. verbalisierbares Wissen das Ideal darstelle, auf das hin sich eine weniger explizite Wissensform zuzubewegen hätte. Vielmehr sei es wichtig festzustellen, unter welchen Bedingungen die eine oder die andere Form die situationsangemessene Strategie ist.

BERRY und BROADBENT (1987) beschäftigen sich mit der Frage, welche Erklärungsformen bei komplexen Suchproblemen für den Problemlöser hilfreich sind. Dieser Frage kommt im Zusammenhang mit Mensch-Maschine-Systemen große Bedeutung zu, da nicht klar ist, bis zu welchem Ausmaß Erklärungskomponenten in Expertensystemen von Nutzen sind. Erklärungskomponenten in Expertensystemen sollten nach Berry und Broadbent folgende Funktionen wahrnehmen: (1) sie sollen dem Wissensingenieur zu Testzwecken und zur Fehleranalyse in der Entwicklungsphase helfen; (2) sie sollten einen sachkundigen Benutzer davon überzeugen, daß das Wissen des Systems und seine Ableitungsverfahren angemessen sind; (3) sie sollten einen naiven Benutzer über das Wissen des Systems informieren; (4) sie sollten Benutzer über Alternativen informieren.

Um zu systematischen Aussagen bezüglich der Rolle von Erklärungskomponenten zu gelangen, sind kontrollierte Experimente erforderlich. Die beiden Autoren verwenden hierzu ein „Flußverschmutzungsproblem", bei dem Pbn durch sequentielle Probenentnahmen herauszufinden haben, welche Firma Schadstoffe in einen Fluß einleitet. Es existiert eine Liste von 16 Firmen, deren jede zwischen 3 und 10 Schadstoffe in den Fluß einleitet. Insgesamt gibt es 24 Schadstoffe.

Erste empirische Befunde (BERRY & BROADBENT, 1986) deuten darauf hin, daß Pbn eine derartige Aufgabenstellung nur suboptimal bearbeiten. Anstatt nach Schadstoffen zu suchen, die möglichst viele Firmen eliminieren, suchen Pbn eine Firma aus und testen alle dort vorkommenden möglichen Schadstoffe ab; sind nicht alle vorhanden, wenden sie sich der nächsten Firma zu. Dieses Vorgehen ist auch aus anderen Forschungsbereichen wie z.B. Konzeptidentifikation bekannt. In der Studie von 1986 wurden drei Formen von Hilfe verglichen: unter einer Bedingung gab es Hilfen über die Art des zu testenden Schadstoffs, der Pb mußte nur die Schlußfolgerung ziehen, welche Firma in Frage kam; unter einer zweiten Bedingung erhielt der Pb nach durchgeführtem Test Hilfe in Form einer Liste der fraglichen Firmen; unter einer dritten Bedingung gab es eine Kombination beider Hilfen. Es zeigte sich, daß die Hilfe der zuerst beschriebenen Art keinerlei Wirkung zeigte, nur unter der kombinierten dritten Bedingung waren Effekte feststellbar, die auch nach Wegnahme der Hilfe stabil blieben.

Die Tatsache, daß Pbn mit den vorgeschlagenen Schadstoff-Tests nichts anfangen konnten, legte die Vermutung nahe, daß sie die notwendigen Schlußfolgerungen nicht ziehen konnten. Experiment 1 von BERRY und BROADBENT (1987) repliziert daher die 1986 realisierten Bedingungen mit zusätzlichen Erklärungen: Unter der ersten Bedingung („single explanation", SE) wird ein erklärender Text über das Prinzip der Hilfestellung dargeboten, während eine zweite Bedingung („multiple explanations", ME) dem Pb zu jedem Zeitpunkt, wo das Expertensystem einen Vorschlag macht, die Möglichkeit einer „warum"-Frage einräumt und entsprechende Kurz-Informationen zeigt. Zusätzlich wird eine Kontrollgruppe ohne Erklärung gebildet („no explanation", NE). Die Rangfolge bezüglich der Zahl durchgeführter Schadstofftests wie auch bezüglich des postexperimentell erhobenen Wissens in Form eines Fragebogens liefert das Ergebnis NE = SE > ME und zeigt, daß ausschließlich die ME-Gruppe von der Hilfe profitiert.

2.3.2   Arbeiten der Brüsseler Arbeitsgruppe (KARNAS)

In einigen neueren Arbeiten der Brüsseler Arbeitsgruppe von CLEEREMANS und KARNAS wird ebenfalls auf die Dissoziation von verbalisierbarem Wissen und Handlungsfähigkeit eingegangen (CLEEREMANS, 1988; CLEEREMANS & KARNAS, 1988; KARNAS & CLEEREMANS, 1987). Diese Arbeiten sollen nachfolgend kurz beschrieben werden.

CLEEREMANS (1988) führte eine Replikation der Untersuchung von BERRY und BROADBENT (1984) mit der SUGAR FACTORY durch. Diese Zuckerfabrik ist ein lineares Kleinsystem, bei dem der Pb die Arbeiterzahl in zwölf Stufen festlegen kann, um eine bestimmte Produktionsquote (ebenfalls zwölfstufig) konstant zu erzielen. Die Kontrolleistung wird daran gemessen, in wievielen von insgesamt 30 Takten das vorgegebene Produktionsziel eingehalten wurde. Im Anschluß an die Kontrollaufgabe wird mittels zweier Fragen erfaßt, wie sich bei einem gegebenen Produktionsstand Veränderungen der Arbeitskräfte auf die Produktionsquote auswirken. Drei weitere Fragen geben dem Pb drei Systemzustände vor, aus denen er eine Vorhersage über die Arbeiterzahl treffen soll. Insgesamt 60 studentische Pbn (davon 29 Frauen) im Alter zwischen 18 und 36 Jahren wurden zufällig auf eine der folgenden fünf Versuchsbedingungen aufgeteilt: (1) „*Kontrollgruppe*": 30 Takte werden unter Standard-Bedingungen bearbeitet. (2) „*Übungsgruppe*": hier stehen insgesamt 60 Takte zur Verfügung. (3) „*Transfer*": Vor der normalen Kontrollaufgabe wird 30 Takte lang ein strukturell identisches System („Personal Interaction System", vgl. BERRY & BROADBENT, 1984) bearbeitet. (4) „*Explorationsgruppe*": vor der normalen Kontrollaufgabe wird den Pbn das gleiche System für 30 Takte mit der Instruktion vorgelegt, die Zusammenhänge zwischen den Variablen zu identifizieren. (5) „*Plausibilitätsgruppe*": Den Pbn wird die normale Kontrollaufgabe vorgelegt, dabei zusätzlich jedoch eine plausible Erklärung über Zeitverzögerungseffekte gegeben („die Arbeiter müssen nach der Produktion von Zucker diesen auch noch verpacken").

Als Ergebnis seiner Untersuchung konnte CLEEREMANS zeigen, daß (1) die Befunde der Studie von BERRY und BROADBENT (1984) zahlenmäßig sehr genau replizierbar sind, (2) die Übungsgruppe zwar Leistungs-, nicht aber Wissensvorteile erwirbt, (3) weder die vorherige Bearbeitung eines strukturgleichen Problems noch die vorherige Exploration Unterschiede bewirken, (4) dafür aber die Erhöhung der Plausibilität sowohl Leistungs- als auch Wissensvorteile erzeugt.

In einer weiterführenden Analyse dieser Daten konnten CLEEREMANS und KARNAS (1987) mittels hierarchischer Clusteranalyse zeigen, daß sich die Kontrolleistungen ihrer Pbn – aufgeteilt in sechs aufeinanderfolgende Blöcke von je fünf Takten – keineswegs homogen entwickelten. Während eine der beiden eruierten Gruppen, G1 mit 36 Pbn, über alle sechs Blöcke auf etwa dem gleichen Niveau bleibt, verbessern sich die 24 Mitglieder der Gruppe G2 über die Blöcke hinweg in ihrer Kontrollqualität.

Die genannten Autoren legten schließlich ein Simulationsmodell des unterstellten Entscheidungsprozesses vor, das die Kontrollqualität ihrer Pbn gut beschreibt („... found it to be totally adequate for describing subject's performance ...", KARNAS & CLEEREMANS, p. 4). Zwei Prozeduren werden hierzu verwendet: (1) die „*implizite*" Prozedur sieht die Konstruktion einer Tabelle vor, in der jede der zwölf möglichen Arbeitermengen mit jeder der zwölf möglichen Produktionsmengen dadurch in Beziehung gesetzt werden kann, daß die Häufigkeiten gemeinsamen Vorkommens gezählt werden; (2) eine „*explizite*" Prozedur, die dann eingreift, wenn die erste nicht bzw. noch nicht weiterhilft: hier wird in einer Variante (a) nach Zufall eine der möglichen Interventionen gewählt, in einer anderen Variante (b) nach einer linearen Regel entschieden, die in Abhängigkeit von der Differenz der beiden letzten Zielabstände die Produktion um einen Punkt erhöht bzw. erniedrigt. Die Simulation auf der Basis von Prozedur 1 und 2a liefert Leistungswerte, die denen von Pbn sehr nahe kommen. Wird Prozedur 1 mit 2b verwendet, verschlechtert sich die Leistung, da unter Verwendung der linearen Regel die Tabelleneinträge langsamer gefüllt werden, da das System nicht so vielfältig wie unter Zufallsbedingungen reagiert.

LUC und MARESCAUX (1989) sowie MARESCAUX, LUC und KARNAS (1989) beschäftigen sich mit Wissenserwerb im Kontext des Simulationssystems SUGAR FACTORY von BERRY und BROADBENT (1984). Sie gehen dabei von der BROADBENT´schen Unterscheidung zweier Lernmodi aus: ein *unselektives Lernen*, bei dem Kontingenzen zwischen Variablen gelernt werden und zur Leistungssteigerung führen, ohne daß dieses Wissen verbalisiert werden kann, und ein *selektives Lernen*, bei dem gezielt Hypothesen gebildet und getestet werden, die ihrerseits verbalisierbar sind. Die Variable, die für die Wahl eines der beiden Modi verantwortlich gemacht wird, ist das Aufgabenmerkmal „salience". Je salienter die Beziehungen in einem System sind, umso eher wird selektiv gelernt. Als Modell des assoziativen unselektiven Lernens gehen die Autoren auf einen Vorschlag von CLEEREMANS (1986) ein, wonach während der Lernphase in einer Tabelle die ausprobierten Maßnahmen zusammen mit den resultierenden Systemzuständen abgespeichert werden. Während der Steuerung soll dann auf diese Tabelle zurückgegriffen werden.

2.3.3   Arbeiten der „Systems Dynamics"-Gruppe am MIT

Am MIT (Massachusetts Institute of Technology) in Cambridge wurden Ende der 60er Jahre von Jay FORRESTER die bekannten Weltmodelle entwickelt (vgl. MEADOWS, MEADOWS, ZAHN & MILLING, 1972). In der Tradition dieser Arbeitsgruppe liegen neuere Untersuchungen über den Umgang von Menschen mit dynamischen Systemen vor, die kurz dargestellt werden sollen.

Ein vereinfachtes Multiplikator-Akzelerator-Modell zum Kapitalinvestment lag der Untersuchung von STERMAN (1989) zugrunde (System STRATAGEM, vgl. STERMAN & MEADOWS, 1985). Insgesamt 49 MIT-Studenten sollten 36 Takte lang mit einer Eingriffsvariable („Anforderungen aus dem Kapitalsektor") den Kapitalbestand ihrer kleinen Makroökonomik den Marktbedürfnissen anpassen. Obwohl vollständige und korrekte Informationen über den jeweiligen Stand aller Variablen gegeben wurde, steuerte die überwiegende Mehrheit der Pbn das System weit entfernt vom Optimum.

Die Aufgabenstellung gehört zur großen Klasse der Lagerhaltungsprobleme, bei denen der Entscheidungsträger einen Bestand auf einem Zielwert bzw. innerhalb eines Zielwerte-Bereichs halten soll (vgl. GIRLICH, KÖCHEL & KÜENLE, 1990, zu formalen Aspekten dieses Problemtyps). Dabei sind Störungen aus der Umgebung (z.B. Bestandsentnahmen) zu kompensieren und Verzögerungen (z.B. bei der Bestandsauffüllung) zu antizipieren. Aufgrund seiner Studie kommt STERMAN zu dem Schluß, daß in derartigen Situationen zwei Arten von „misperceptions of feedback" bevorzugt auftreten: (1) Fehlwahrnehmung von Zeitverzögerungen, (2) Fehlwahrnehmung von Entscheidungen aus der Systemumgebung. Unter den Zeitverzögerungsfehlern sind einerseits zu aggressive Reaktionen auf Abweichungen des tatsächlichen Bestands vom erwünschten zu verstehen, andererseits aber auch die Ungeduld, nach Durchführung einer Kontrollaktion auf deren vollen Effekt zu warten. Die mangelnde Berücksichtigung der Systemumgebung bezieht sich auf Neben- und Rückwirkungen der getätigten Eingriffe, auf die endogenen Prozesse des Systems also.

Die geschilderten Schwächen sind jedoch nicht unüberwindlich: bereits nach drei bis fünf derartigen Berarbeitungsgängen, so STERMAN (1989, p. 330), seien die meisten seiner Pbn in der Lage gewesen, dieses System stabil zu halten – nicht jedoch Systeme mit veränderten Eigenschaften! Die hier auftauchende Frage, ob denn überhaupt ein Lernen des Umgangs mit dynamischen Systemen möglich sei, beantworten SENGE und STERMAN (1991) positiv: Am Beispiel der amerikanischen Versicherungsgesellschaft „Hanover Insurance" demonstrieren die Autoren, wie unter Einsatz eines Modellbildungssystems Führungskräfte dazu gebracht wurden, über firmeninterne Abhängigkeiten nachzudenken, diese in ein angemessenes Modell zu überführen und anschließend die Eigenschaften dieses Modells systematisch zu untersuchen. Die verwendeten Hilfsmittel (Kausaldiagramme!) sollen bei der genannten Gesellschaft inzwischen zum „commonplace" geworden sein... Die berichteten positiven Effekte sind im übrigen nicht nur für Unternehmer anzunehmen: MORECROFT (1988) bewertet in seinem Übersichtsartikel derartige Übungen zu strategischem Denken auf der Basis kleiner transparenter Modelle generell positiv für jede Art von „policymaker".

2.3.4   Arbeiten anderer internationaler Arbeitsgruppen

In MACKINNON und WEARING's (1985) System BLACK BOX geht es um die Kontrolle eines abstrakten Feedback-Systems erster Ordnung über 75 Takte. Das Verhalten des Systems wird durch eine komplizierte Formel beschrieben (vgl. MACKINNON &

WEARING, 1985, p. 165), obwohl die Zahl der Variablen sehr klein ist: der Pb muß
eine einzige endogene Variable auf einem Zielwert halten, indem er eine einzige exogene Variable manipuliert. Experimentell untersucht wurden von diesen Autoren (a)
der Einfluß einer Begrenzungsfunktion („boundary function"), der die Eingabe des Pb
entweder verstärkt oder abschwächt, sowie (b) der Einfluß von Feedback-Intensität,
operationalisiert durch zwei Grade von zeitverzögerten Effekten: entweder ist das System nur vom letzten Input-Wert oder aber von den bis zu neun letzten Inputs abhängig, wobei im letzteren Fall größere Eingabewerte „sanftere" Effekte bewirken. Hinsichtlich ihrer AV „Abweichung vom Zielwert" fanden MACKINNON und WEARING
bei 32 Pbn keinen Effekt des Verstärkungsfaktors, wohl aber hinsichtlich des Grades
an Zeitverzögerung: bei fehlender Zeitverzögerung kommt es anfangs zu großen
Zielabweichungen mit dann eintretenden Verbesserungen. Wenn zeitliche Abhängigkeiten bestehen, ist die Leistung von Anfang an besser.

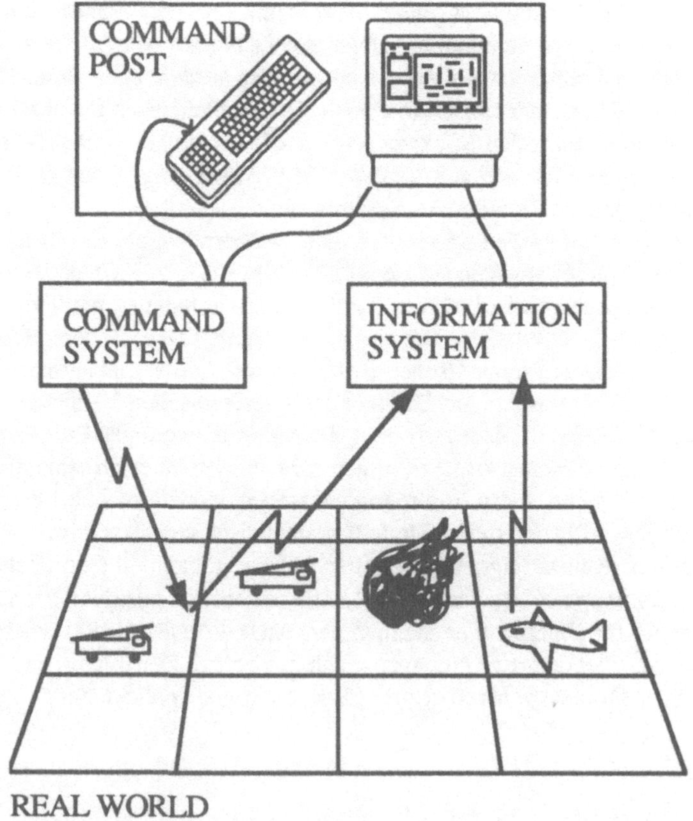

Abb. 2.7:   Allgemeine Situation der FEUER-Simulation von
BREHMER (1987, p. 116).

BREHMER (1987) interessiert sich für die mentalen Modelle, die Problemlöser beim direkten interaktiven Bearbeiten eines Systems entwickeln, das BREHMER als dynamisches Entscheidungsproblem („dynamic decision problem") bezeichnet. Darunter versteht er Probleme mit folgende Eigenschaften (vgl. BREHMER, 1989, p. 144): (a) eine Reihe voneinander abhängiger Entscheidungen ist zur Zielerreichung erforderlich, (b) die Umwelt verändert sich über die Zeit hinweg, und (c) die Entscheidungen verändern den Zustand dieser Umwelt und erzeugen dadurch neue Entscheidungssituationen. Ausgehend von einem generellen Programm zur Simulation dynamischer Entscheidungsprobleme namens DESSY („dynamic environmental simulation system") hat BREHMER ein FEUER-Szenario konstruiert, bei dem ein Pb in die Rolle eines Einsatzleiters schlüpft, der aus einem Aufklärungsflugzeug heraus die Entwicklung eines Waldbrandes beobachtet und entsprechende Löscharbeiten dirigiert (vgl. Abb. 2.7).

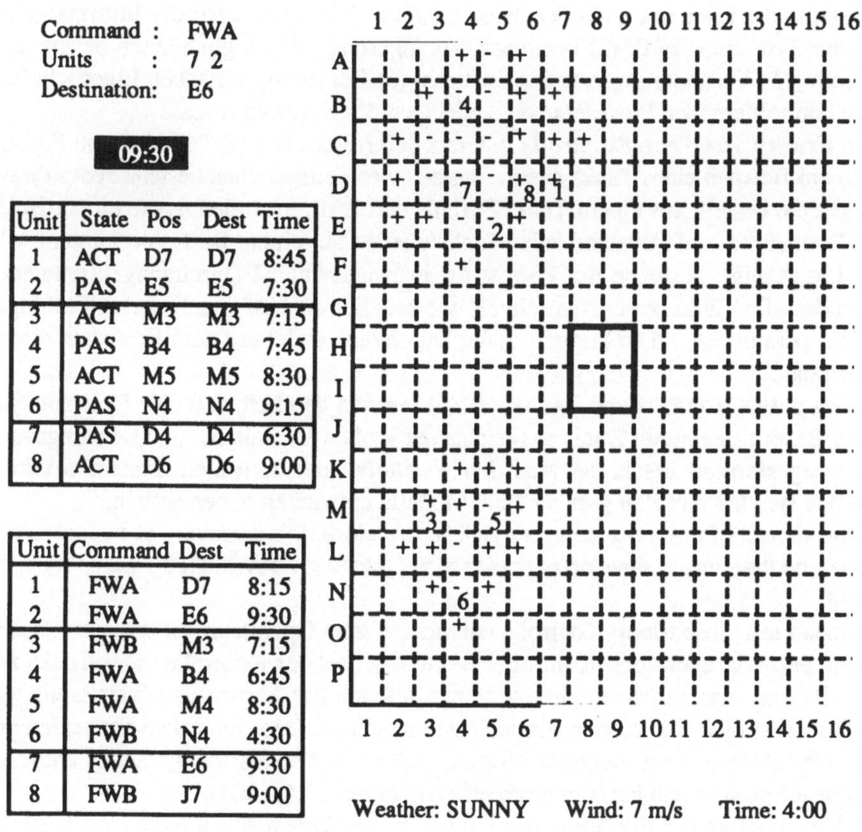

Unit	State	Pos	Dest	Time
1	ACT	D7	D7	8:45
2	PAS	E5	E5	7:30
3	ACT	M3	M3	7:15
4	PAS	B4	B4	7:45
5	ACT	M5	M5	8:30
6	PAS	N4	N4	9:15
7	PAS	D4	D4	6:30
8	ACT	D6	D6	9:00

Unit	Command	Dest	Time
1	FWA	D7	8:15
2	FWA	E6	9:30
3	FWB	M3	7:15
4	FWA	B4	6:45
5	FWA	M4	8:30
6	FWB	N4	4:30
7	FWA	E6	9:30
8	FWB	J7	9:00

Abb. 2.8: Benutzeroberfläche der FEUER-Simulation: ein „+" steht für Feuer, „-" für gelöschte Brände, die Ziffern geben die Standorte der Feuerbekämpfungseinheiten an, das Rechteck zeigt die zu schützende Basis. Links: Angaben über Standorte, Aufträge und Zeiten der einzelnen Einheiten (aus BREHMER, 1987, p. 117).

Alle Informationen werden am Bildschirm angezeigt, insgesamt acht Löscheinheiten stehen zur Verfügung, um die Ausbreitung des Waldbrandes und ein Übergreifen auf eine Siedlung zu verhindern. Abb. 2.8 demonstriert die Benutzeroberfläche. Das Szenario ist übrigens im militärischen Kontext entstanden und stellt eine Analogie zum Truppeneinsatz dar.

Die Untersuchungen BREHMER'S (1987; vgl. auch BREHMER & ALLARD, 1991) zeigen, daß Komplexität – gemessen an der Anzahl und Leistungsfähigkeit der Löscheinheiten – „had litte, or no effect on performance, so long as the total efficiency of the units as a whole is kept constant." (p. 118). Dagegen zeigten Verzögerungen selbst minimalen Feedbacks katastrophale Folgen. Nach BREHMER schaffen es die Pbn nicht, ein brauchbares Vorhersage-Modell für dieses System zu entwickeln; stattdessen basieren die Pbn-Reaktionen nur auf direktem Feedback. Folgende Kriterien nennt BREHMER (1989, p. 147f.) zur Beurteilung dynamischer Entscheidungsprobleme in Echtzeit: (1) Komplexität (Effektivität von Operatoren; Art der Kausalstruktur; Anzahl der Elemente), (2) Feedback-Qualität (Menge und Art der Informationen über den Systemzustand), (3) Feedback-Verzögerung, (4) Möglichkeiten dezentraler Kontrolle, (5) Veränderungsrate des Systems, (6) Beziehung zwischen Eigenschaften des zu kontrollierenden Prozesses und denjenigen des Kontrollprozesses.

Den *Erwerb von Prozeßkontrolle* untersuchen MORAY, LOOTSTEEN und PAJAK (1986) am Beispiel eines Tanksystems, das aus vier Teilsystemen besteht. Jedes dieser Teilsysteme besteht aus einem Tank, Zufluß- und Abflußventilen sowie einem Heizstab. Temperatur und Füllstand jedes Tanks werden auf einem Bildschirm analog wie digital angezeigt. Aufgabe der Pbn ist es, in insgesamt 12 Durchgängen entweder einen oder alle Tanks jeweils so schnell wie möglich zu einem definierten Füllungs- und Temperaturzustand zu bringen. Jeder Durchgang endet mit dem Erreichen dieses Zielzustands.

MORAY, LOOTSTEEN und PAJAK (1986) machen deutlich, daß eine Datenanalyse auf der Basis aggregierter Daten angesichts der großen Verhaltens- und Leistungsvarianz wenig sinnvoll erscheint. Aus den Verläufen der zentralen Systemvariablen schließen sie, daß ihre Pbn gute mentale Modelle entwickelt haben sollten.

„One aspect of the more complex skill is, therefore, the discovery of causal relations and their use to develop control tactics." (MORAY, LOOTSTEEN & PAJAK, 1986, p. 498).

Beginnend mit closed-loop-Kontrolle entwicklen gute Operateure zu späteren Phasen beinahe perfekte open-loop-Kontrolle. Beim Wechsel der Kontrolle eines Tanks zur Kontrolle von vier Tanks simultan verlangsamt sich das Lernen und Interferenz tritt auf. Trotz enormer Variation in den zielführenden Sequenzen entstehen Strategien unter Bezugnahme auf ein mentales Modell, „which represents the dynamics and causality of the system and leads to more efficient control." (p. 504).

Andere Ansätze zur Erklärung des Umgangs mit dynamischen Systemen basieren auf *Fehleranalysen.* RASMUSSEN (1987) zeigt, wie man typische menschliche Fehler in Bezug zu den drei von ihm postulierten Ebenen kognitiver Kontrolle setzen könnte. Die drei Verhaltensebenen „skill-based", „rule-based" und „knowledge based" gehen mit jeweils entsprechenden Informationstypen um: „signals", „signs" und „symbols". Während *Signale* raum-zeitlich gebundene Informationen ohne darüberhinausgehende Bedeutung darstellen, beziehen sich *Zeichen* auf konventionelle Verhaltensweisen oder gründen auf Erfahrung; *Symbole* beziehen sich auf Konzepte, die an funktionale Eigenschaften der Objekte gebunden sind:

„While signs refer to percepts and rules for action, symbols refer to concepts tied to functional properties and can be used for reasoning and computation by means of a suitable representation of such properties. Signs have external reference to

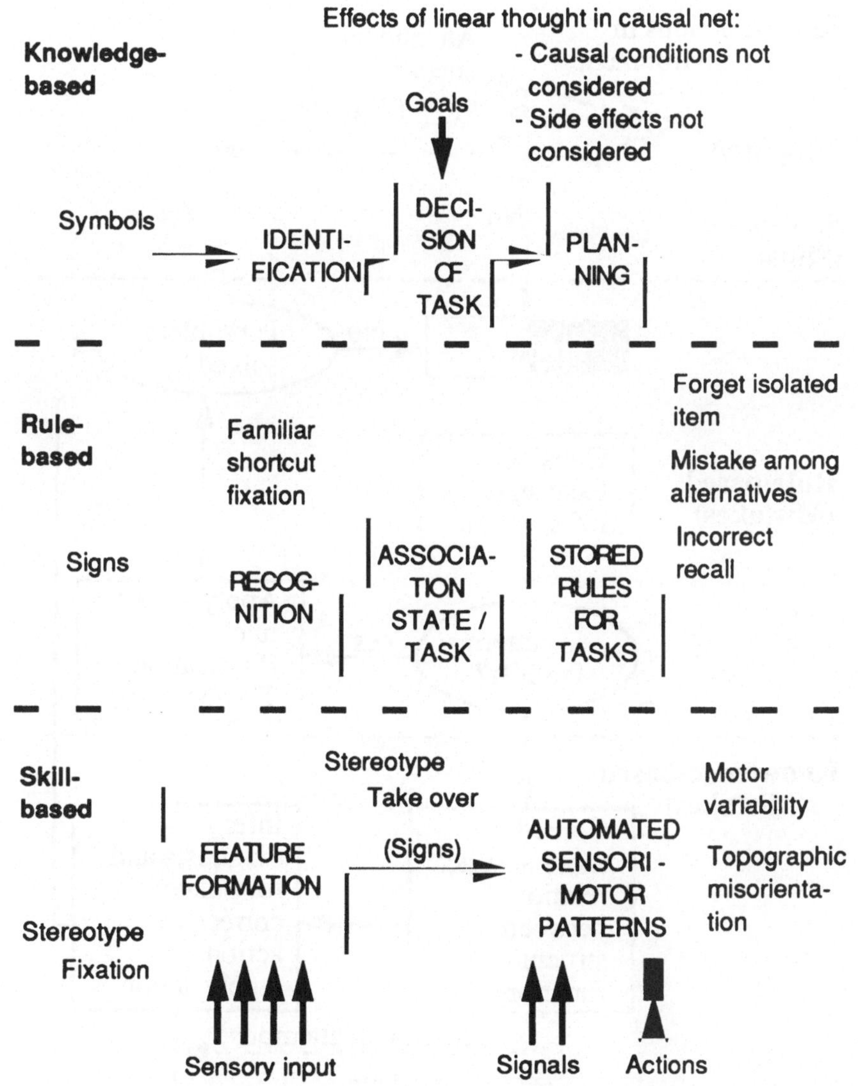

Abb. 2.9: Typische Fehlermechanismen und ihr Verhältnis zu den drei postulierten Ebenen der Verhaltenskontrolle (aus RASMUSSEN, 1987, p. 54).

states of and actions upon the environment, but symbols are defined by and refer
to the internal, conceptual representation which is the basis for reasoning and
planning." (RASMUSSEN, 1987, p. 55).
Abb. 2.9 zeigt die Verbindung der drei Verhaltensebenen zu typischen Fehlern, die bei
der Interaktion mit dynamischen Umwelten auftreten können.

Unter Bezugnahme auf das Fehlermodell von NORMAN (1981), auf eigene vorange-
gangene Arbeiten wie auch auf das eben beschriebene Drei-Stufen-Konzept von

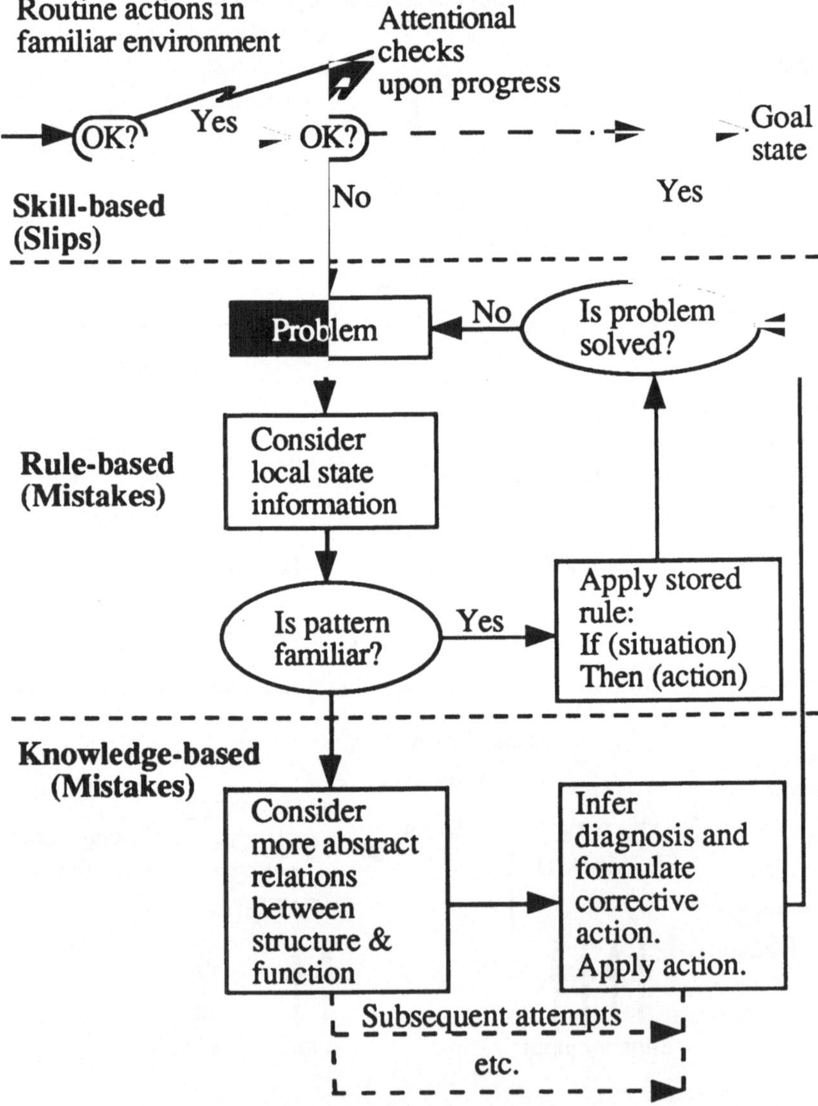

Abb. 2.10: Das „generic error-modeling system" (GEMS) unter Einbezug der
drei Verhaltensebenen (aus Reason, 1987, p. 66).

RASMUSSEN (1987) legt REASON (1987) ein allgemeines Rahmenmodell vor zur Beschreibung der prinzipiellen kognitiven Beschränkungen und Verzerrungen, die Ursachen für menschliche Fehler sein können. Sein „generic error-modeling system" (GEMS) ist in Abb. 2.10 dargestellt.

Auf der Ebene der Routinetätigkeit können „skill-based errors" (slips) auftreten (Überwachungsfehler; gehen der Entdeckung eines Problems voran). In der Folge kann ein „rule-based error" (mistake) oder ein „knowledge-based error" (mistake) auftreten (beide: Problemlösefehler; folgen der Entdeckung eines Problems). Abb. 2.11 zeigt für fünf verschiedene Dimensionen Unterschiede zwischen den drei Fehlerarten auf.

FACTORS:	SKILL-BASED SLIPS	RULE-BASED MISTAKES	KNOWLEDGE-BASED MISTAKES
ACTIVITY	Routine actions	Problem Solving	Problem Solving
FOCUS OF ATTENTION	On something other than present task	Directed at problem-related issues	Directed at problem-related issues
DETECTION	Usually fairly rapid	Hard, and often only achieved with help from others	Hard, and often only achieved with help from others
CONTROL	Mainly automatic processors (Schemata)	Mainly automatic processors (Rules)	Resource-limited conscious processes
FORMS	Largely predictable 'Strong-but-wrong' error forms (Actions)	Largely predictable 'Strong-but-wrong' error forms (Rules)	Variable

Abb. 2.11: Unterschiede der drei Fehlerarten hinsichtlich fünf verschiedener Dimensionen (aus REASON, 1987, p. 70).

2.4 Zusammenfassung

Neben einer kurzen Darstellung verschiedener Vorläuferarbeiten widmet sich das zweite Kapitel aktuellen nationalen und internationalen Arbeiten zum Thema „Umgang mit dynamischen Systemen". Ausgehend von den KÜHLHAUS-Arbeiten hat die *Bamberger Arbeitsgruppe* ein handlungsregulierendes System konzipiert, das kurz dargelegt und kritisiert wird. Die bloße Tatsache, daß Annahmen in Form eines Simulationsprogramms vorliegen, macht jedoch noch keine Theorie aus – der empirische Gehalt bleibt angesichts der Indikatorproblematik unklar. Die Arbeiten der *Bayreuther Arbeitsgruppe* mit der SCHNEIDERWERKSTATT und mit MORO beziehen sich vor allem auf Kenntnis- und Leistungsvergleiche erfahrener wie unerfahrener Personen. Allerdings tauchen hier Probleme bei der Operationalisierung von Expertise auf, die die Eindeutigkeit einiger Befunde einschränken. Die *Hamburger Arbeitsgruppe* beschäftigt sich mit Lernprozessen bei eher abstrakten Systemen und kommt zu dem Schluß, daß Pbn unterschiedliche Systemattribute erkennen und zugleich differenziert damit umgehen können.

Die *Oxforder Arbeitsgruppe* setzt erst in neuerer Zeit Systeme ein, die man in einem strengen Sinn dynamisch nennen kann. Bevorzugt werden dort überschaubare Kleinsysteme, die im Rahmen von Experimenten zu verschiedenen Lernformen eingesetzt werden. Auftretende Dissoziationsphänomene zwischen meist geringem verbalisierbaren Wissen und akzeptabler Steuerungsqualität interpretiert man dort vor dem Hintergrund verschiedener Lernbedingungen (Modellmanipulation vs. Situationsanpassung) bzw. Repräsentationsformen. Die *Brüsseler Arbeitsgruppe* folgt dieser Tradition und untersucht ebenfalls Dissoziationsphänomene anhand derselben Systeme. Hinsichtlich ihrer Modellbildung verfährt diese Gruppe analog zum Oxforder Vorgehen und unterscheiden selektive bzw unselektive Lernprozesse. Die *Arbeitsgruppe am MIT* in Cambridge (Massachusetts) untersucht Systemsteuerung bei kleinen, transparenten Systemen. Trotz beobachteter Schwächen vor allem bei der Informationsverarbeitung feedback-behafteter Systeme liegt die Annahme zugrunde, daß bei entsprechenden Lernbedingungen eine Leistungsverbesserung eintritt. Dafür sollen Modellbildungssysteme hilfreich sein. Weitere Arbeitsgruppen beschäftigen sich ebenfalls mit Fragen zeitverzögerten Feedbacks (BREHMER) oder auch mit dem Erwerb allgemeiner Prozeßkontrolle (MORAY). Auftretende Fehler werden dabei als wichtige Datenquelle herangezogen (RASMUSSEN, REASON).

Abschließen möchte ich diese Darstellung der Arbeiten verschiedener deutscher und internationaler Arbeitsgruppen zum Thema „Umgang mit dynamischen Systemen" mit einem Zitat von Bernd BREHMER, das den derzeitigen Wissensstand meines Erachtens kompakt darstellt:

„... we know very little about people's ability to control dynamic systems and the conditions that affect this ability. The main reason for this is, of course, that there has been very little research in the area. Nevertheless, the results available so far seem to have produced one important result: the nature of the feedback available is of crucial importance. Thus, subjects seem to learn to cope with those aspects about which they have direct and concrete feedback, but not with those that they need to infer from indirect information." (BREHMER, 1989, p. 149).

3 Rahmenvorstellungen zur Untersuchung des Umgangs mit dynamischen Systemen

Bevor auf eigene experimentelle Befunde zum Umgang mit dynamischen Systemen eingegangen wird, sollen in diesem Kapitel zunächst allgemeine Merkmale der für die Bonner Studien typischen Untersuchungssituation skizziert, die Grundlagen der subjektiven Repräsentation dynamischer Systeme entwickelt sowie die Konstruktion entsprechender diagnostischer Kennwerte dargelegt werden. Zuvor sind jedoch einige allgemeine Bemerkungen zur Forschungsstrategie zu machen.

3.1 Bemerkungen zur Forschungsstrategie

In der aktuellen Problemlöseforschung gibt es im wesentlichen zwei Richtungen des Vorgehens bei der Untersuchung des Handelns in Ungewißheit: Die erste – sie wird zum Beispiel von DÖRNER, KREUZIG, LÜER, PUTZ-OSTERLOH, REITHER, STÄUDEL, STROHSCHNEIDER vertreten – zeichnet sich durch den Versuch aus, möglichst realitätsnahe Simulationen zu verwenden. Exemplarisch hierfür ist folgendes Zitat aus der bereits mehrfach erwähnten LOHHAUSEN-Studie:

> „Wir schildern in diesem Buch ein Experiment, dessen Ergebnisse und die Interpretation dieser Ergebnisse. In dem Experiment verlangten wir von 48 Vpn, eine kleine Stadt als Bürgermeister 10 Jahre lang zu regieren. Die Stadt 'Lohhausen' lag dabei als Computermodell vor, d.h. sie existierte in gewisser Weise wirklich."
> (DÖRNER et al., 1983, p.17).

Die andere Richtung – durch FUNKE, HÜBNER, HUSSY, KLUWE, OPWIS, SPADA, THALMAIER vertreten – ist bestrebt, die eingesetzten dynamischen Systeme mathematisch exakt zu beschreiben, um damit die Möglichkeit für die Festlegung reliabler und valider Gütekriterien zu erhalten (vgl. OPWIS, SPADA & SCHWIERSCH, 1985, p. 6) und mit Systemeigenschaften experimentieren zu können. Auch hierfür wieder exemplarisch ein Zitat:

„Um die Güte von Eingriffen von Vpn in die durch Differentialgleichungen beschriebenen Systeme beurteilen zu können und um eine Korrespondenz zwischen dem
Lösungsverhalten der Vpn und Eigenschaften der Aufgabenstruktur zu erhalten,
ist die Kenntnis von Struktureigenschaften des Problems, etwa in Form von Ge-
winnlösungen und optimalen Strategien, unabdingbar." (THALMAIER, 1979, p. 388).

Neben diesen unterschiedlichen Meinungen über die einzuschlagende generelle Forschungsstrategie gibt es eine Reihe von Aspekten, die im Detail diskutiert werden
müssen. Meine Kritik am bisherigen Vorgehen läßt sich in wenigen Stichworten erläutern:

(a) *Die bisherige Forschungsstrategie liefert inkompatible Ergebnisse.* Durch die
teilweise unzureichende Beschreibung der Simulationssysteme kann nicht darüber
entschieden werden, worauf divergierende Ergebnisse (z.B. bezüglich des Prädik-
tionswertes der Variablen „Selbstsicherheit") zurückzuführen sind. Selbst bei einer hinreichend exakten Dokumentation scheint unklar, welche Systemeigenschaften komplexitätsbestimmende Funktionen besitzen. So stellt sich etwa die
Frage, ob das System LOHHAUSEN mit gut 2000 Variablen als „100x komplexer" konzipiert werden darf als das System TAILORSHOP mit gut 20 Variablen,
und ob das DORI-System etwa als halb so schwer wie der TAILORSHOP gelten
darf, weil es halb so viel Variablen enthält. Es ist festzuhalten, daß die bloße
Zahl beteiligter Variablen kein Kriterium für die Komplexität des vorgegebenen
Systems darstellt. Auch Kleinsysteme stellen somit sinnvolle Untersuchungsin-
strumente dar.

(b) *Die bisherige Forschungsstrategie war daten- statt theorienzentriert.* Diese Be-
hauptung stützt sich auf die Beobachtung, daß nicht-triviale Vorhersagen über den
Umgang mit komplexen Systemen bislang nicht vorliegen. Damit einher geht
die Strategie einer Schrotschuß-Datenerhebung, die unterstellt, daß sich etwaige
Effekte „irgendwo" niederschlagen, man also nur die Daten zu durchforsten habe,
um Hinweise auf relevante Beziehungen zu entdecken. Hier wäre es m.E. öko-
nomischer, weniger Daten zu erheben und diese Auswahl aus theoretischen Erwägungen heraus zu begründen. Erst eine Theoriezentrierung erlaubt auch den sinn-
vollen Einsatz experimenteller Methoden.

(c) *Die bisherige Forschungsstrategie hat die zentrale Variable „Vorwissen" nicht systematisch kontrolliert.* Gerade in den geschilderten, komplexen Szenarios, über
die vom Versuchsleiter wenig Vorinformation vermittelt wird, ist „Vorwissen"
die für eine Vp zentrale Entscheidungsgrundlage. Von daher mag über das Wohl
oder Wehe einer Vp, die etwa den TAILORSHOP steuern soll, deren Vorkenntnis
über bestimmte, zu erwartende Variablenbeziehungen entscheiden. Die bereits zu
Versuchsbeginn vorliegende mögliche Diskrepanz zwischen objektiver Systemstruktur und einer aus dem Vorwissen abgeleiteten subjektiven Struktur mag
für die Bewertung von Vpn-Leistungen eine solidere Basis abgeben als manches
bisher verwendete Maß der „Lösungsgüte".

Ähnlich kritische Bemerkungen kann man der Arbeit von EYFERTH, SCHÖMANN und
WIDOWSKI (1986) entnehmen. Sie sehen in den computersimulierten Szenarien eine
Methode mit Anspruch auf wachsende Einsatzmöglichkeit, die unter Umständen an die
Grenzen bedingungsvariierender Methodik stoße. In ihrer Übersicht trennen sie die ver-
schiedenen Arbeiten nach den Untersuchungszielen „Systemdenken", „Wissensreprä-

sentation" und „Handlungsorganisation". Diese Unterteilung soll kurz skizziert werden.

Unter *Systemdenken* werden Studien subsumiert, in denen Pbn zur Stabilisierung oder Optimierung in ein „ökologisch valides" System eingreifen sollen. Als ökologische Validität gilt das „Operieren in Bedeutungskontexten ..., die aus alltäglichen sozialen Erfahrungen stammen" (EYFERTH, SCHÖMANN & WIDOWSKI, 1986, p. 7). Zu diesen alltäglichen Erfahrungen (an anderer Stelle als „alltägliche komplexe Aktionsfelder" bezeichnet; der Deutlichkeit halber habe ich einige Szenarios eher karikierend skizziert) zählen sie: den autokratischen Bürgermeister, der z.B. über Gemeindefinanzen, Wohn- und Einkommensverhältnisse zu entscheiden hat; die Eingriffe in die Lebenswelt afrikanischer Stämme, die am Rande des Existenzminimums leben; die Bekämpfung ausgebrochener Seuchen (Grippe, Pocken); die Produktionsleitung eines frühkapitalistisch organisierten Betriebs; das absolutistische Herrschen in einem einfach strukturierten Agrarstaat mit dem Ziel, die Zahl der Hungertoten zu minimieren. Für meine Begriffe sind dies alles andere als alltägliche Situationen.

Unter *Wissensrepräsentation* subsumieren sie Arbeiten, in denen Pbn die einem System zugrundeliegenden Zusammenhänge wiedergeben sollen. Was das Spezifische der Arbeiten unter der dritten Rubrik *Handlungsorganisation*, im Unterschied zu „Systemdenken" etwa, bedeutet, wird nicht expliziert. Vom methodologischen Standpunkt aus unterscheiden EYFERTH, SCHÖMANN und WIDOWSKI (1986, p. 21f.) drei unterschiedliche Vorgehensweisen bei der Untersuchung des Umgangs mit Komplexität: (1) Variation von Aufgabenmerkmalen („task environment") im Rahmen experimenteller Pläne; (2) Suche nach differentialpsychologischen Aspekten der Komplexitätsbewältigung und Individualkonstanten der Aufgabenbewältigung bei nicht systematisch variierten Systemen; (3) Konzeption von Komplexität als Merkmal eines subjektiven, veränderlichen Problemraums („problem space") mit der Absicht, die Erfassung von Problemräumen zu verbessern („Repräsentationsansatz").

Die dritte Vorgehensweise schlagen die Autoren als alternative Forschungsstrategie in Abgrenzung zu den beiden erstgenannten Ansätzen vor, die sie als reduktionistisch einschätzen.

„Wir kritisieren, daß der Umgang mit Komplexität forschungsstrategisch reduziert wird: einerseits mittels strikt experimenteller Strategien auf Systemmerkmale und andererseits mittels differentialpsychologischer Invariantenbildung auf Kompetenzkonzepte. Die Alternative, die wir stattdessen vorschlagen, ist die Konstruktion eines allgemeinpsychologischen mentalen Modells." (EYFERTH, SCHÖMANN & WIDOWSKI, 1986, p.23).

Diesem Standpunkt kann ich mich insofern nicht anschließen, als die Konstruktion eines mentalen Modells keine *Alternative* zum experimentellen Vorgehen darstellen kann. Auch Annahmen über mentale Modelle sollten – sofern sie sich als empirisch gehaltvoll auszeichnen – der experimentellen Prüfung unterzogen werden können. Recht gebe ich EYFERTH, SCHÖMANN und WIDOWSKI jedoch in der Hinsicht, daß eine einseitige Konzentration auf System- bzw. Person-Merkmale unzureichend ist. Daß dem subjektiven „problem space" besondere Bedeutung zukommt, ist auch meine Ansicht. Diese Sichtweise führt strenggenommen zu Einzelfallstudien hin (aber natürlich lassen sich auch in Einzelfallstudien experimentelle Bedingungen realisieren, vgl. LEICHSENRING, 1987). Wie wichtig die Betrachtung des Einzelfalls sein kann (vor al-

lem in heuristischer Hinsicht beim Theorie-Entwurf), demonstriert die viel zitierte
Arbeit von ANZAI und SIMON (1979): die Theorie des „learning by doing" entstand
aus der Detailanalyse eines einzigen Problemlöseprotokolls von 90 Minuten Dauer!
Die *Prüfung* dieser Annahmen steht dagegen bis heute noch aus.

3.2   Allgemeine Merkmale der Untersuchungssituation

In Abgrenzung zu den Arbeiten anderer Forschungsgruppen (vgl. die eben gemachten
Ausführungen sowie Kap. 2) wurden von mir einige spezifische Randbedingungen
festgelegt, die nachstehend kurz beschrieben werden. Sie betreffen zum einen das verwendete Untersuchungsmaterial, zum anderen Eigenschaften der Untersuchungssituation.

Das *Untersuchungsmaterial* besteht aus dynamischen Systemen auf der Basis linearer autoregressiver Prozesse, wie sie bereits weiter oben kurz vorgestellt wurden
(vgl. Kap. 1.1). Dies impliziert die exakte Beschreibbarkeit des Systems und zugleich
auch die Möglichkeit, anzugeben, welche Interventionen das System in einen geforderten Zielzustand überführen bzw. ob ein derartiger Zielzustand (unter Beachtung von
Randbedingungen etwa) überhaupt erreichbar ist.

Die *Untersuchungssituation* weicht hinsichtlich anderer Szenarien insofern vom
Standard-Vorgehen ab, als vor der Steuerphase, in der ein (teilweise) spezifizierter Systemzustand herbeigeführt und eingehalten werden soll, eine Explorationsphase einge-
schoben wird, die dem Pb ein unbewertetes Experimentieren mit dem System zum
Zwecke der Identifikation von Systemstrukturen ermöglicht. In unseren Standard-Ex-
perimenten beträgt die Dauer der Experimentierphase („Wissenserwerb") vier Durchgänge zu je sieben Takten, die Steuerphase („Wissensanwendung") erstreckt sich über
einen Durchgang mit sieben Takten.

Auch hinsichtlich *diagnostischer Verfahren* unterscheidet sich das hier berichtete
Vorgehen von dem anderer Autoren: Zur Diagnostik des Strukturwissens werden wiederholt die Annahmen des Pb über die kausalen Verknüpfungen der Systemvariablen
in grafischer Form erhoben (Kausaldiagramm-Diagnostik; „Güte des Kausaldiagramms", GdK), zur Diagnostik der Anwendungsleistung in der Steuerphase wird ein
Abstandsmaß zwischen vorgegebenem und erreichtem Systemzustand ermittelt („Güte
der Systemsteuerung", GdS).

3.2.1   DYNAMIS: Ein allgemeines Steuerprogramm zur Simula-
tion dynamischer Systeme

Hinsichtlich der Entwicklung dynamischer Simulationsmodelle ist zu fordern, daß sie
die Bestimmung reliabler und valider Gütekriterien ermöglichen, denn nach wie vor
gilt:

„Damit Steuerprobleme wohldefinierte Denkprobleme darstellen, ist die explizite Vorgabe eines Kostenfunktionals notwendig, denn welcher von zwei vorliegenden Systemverläufen 'besser' ist, ist kein Denkproblem, sondern eine Frage des entsprechenden Wertmaßstabs." (THALMAIER, 1979, p.396).

In einem ersten Schritt werde ich inhaltliche und technische Anforderungen an derartige Systemkonstruktionen darlegen, um dann am Beispiel des Systems SINUS unsere Realisation zu erläutern.

Ein in psychologischen Untersuchungen zu verwendendes dynamisches Simulationsmodell soll meines Erachtens einer Reihe sachlicher wie technischer Anforderungen Genüge leisten. Als *sachliche Anforderungen* sind zu nennen:

(a) Das Systemverhalten muß dem Untersucher in allen Einzelheiten bekannt und für andere Forscher nachvollziehbar sein. Hierzu sind insbesondere Informationen über das Stabilitätsverhalten unter allen möglichen Eingriffsvarianten zu rechnen, d.h. es muß sichergestellt werden, daß sich an keiner Stelle des Problemraums die Problemcharakteristik in unbekannter Weise verändert.

(b) Für eine gegebene Aufgabenstellung – und diese kann durchaus polytelisch sein mit allen daraus resultierenden Implikationen wie z.B. Widersprüchlichkeit von Teilzielen – muß eindeutig angebbar sein, durch welche Sequenz oder Kombination von Maßnahmen das Ziel erreicht wird (Festlegen eines „Lösungskriteriums").

(c) Liegt ein derartiges Lösungskriterium vor, muß angegeben werden, wie man im Fall mehrerer möglicher Lösungssequenzen die verschiedenen Varianten beurteilen will.

(d) Es ist anzugeben, ob es Punkte im Problemraum gibt, von denen aus eine Lösung *nicht* mehr möglich ist, und wenn dem so ist, wo diese Punkte lokalisiert sind.

(e) Es muß angebbar sein, warum das Lösungskriterium als ein reliabler Indikator der Güte der Systemhandhabung angesehen werden kann.

(f) Es muß untersucht werden, wodurch die Validität des gewählten Lösungskriteriums anzunehmen ist. Hierzu könnte man etwa eine vergleichende Untersuchung der Systemsteuerung durch „Experten" und „Novizen" heranziehen: erzielen die Experten keine optimalen Werte auf dem Lösungskriterium oder erreichen Novizen gute Kennwerte, bestehen ernsthafte Zweifel am gewählten Indikator.

Neben diesen sachlich begründeten Anforderungen gibt es aus experimentiertechnischer Sicht weitere wünschenswerte *technische Aspekte*, über die ein Simulationsmodell verfügen sollte:

(g) Die Anzahl beteiligter Variablen (sowohl derer, die die Vp direkt beeinflussen kann, als auch derer, die nur indirekt zu verändern sind) soll manipulierbar sein.

(h) Das Zusammenhangsgefüge zwischen den beteiligten Variablen soll einfach beschreibbar und bei konstant gehaltener Variablenzahl leicht modifizierbar sein.

(i) Die semantischen Etiketten sollen einfach auswechselbar sein.

(j) Zeitverzögerte Prozesse sollen einfach eingeführt werden können.

(k) Die Systemzusammenhänge sollen beliebig verrauscht werden können.

(l) Es soll zu jedem Zeitpunkt der zur Erreichung eines vorgegebenen Ziels optimale (multivariate) Eingriff in das System angebbar sein.

Es ist klar, daß zumindest diese technischen Forderungen nicht in jedem konkreten Fall erfüllt sein müssen, da dies nur im Kontext experimenteller Arbeiten von Interesse sein dürfte. Die erstgenannten Forderungen (a) bis (f) dagegen sollten für alle Simulationsmodelle gelten, in denen man aus dem Eingriffsverhalten von Vpn Aussagen über deren Fähigkeiten zum Umgang mit unbekannten dynamischen Systemen ableiten möchte.

Als eine Möglichkeit, in dem von manchen Autoren bereits als „Sackgasse" (vgl. HUSSY, 1985) bezeichneten Weg konstruktiv fortzufahren, kann man die experimentelle Untersuchung von Systemen ansehen, die unter systematischen Gesichtspunkten konzipiert und Vpn vorgelegt werden. Zunächst einmal ist das „Reizmaterial" solcher Versuche präzise zu beschreiben; hierzu eignet sich die Theorie multivariater autoregressiver Prozesse (AR_k-Prozesse; vgl. FUNKE, 1985b, FUNKE & STEYER, 1985 sowie Kap. 1.2), die dynamische Prozesse zwischen exogenen und endogenen Variablen über die Zeit hinweg durch Parameter sog. AR_k-Matrizen beschreibt.

Bei AR_k-Prozessen handelt es sich um eine Darstellung von Zusammenhängen zwischen Variablen des Systems in Matrixschreibweise (vgl. STEYER, 1982a, b), wobei der Index k den höchsten Grad der Differenzengleichungen angibt. Dies bedeutet, daß bei k=1 die Wirkungen bestimmter Maßnahmen direkt im nächsten Zeittakt eintreten, also keine verzögerten Auswirkungen erfolgen. Ein k=2 bedeutet, daß einige oder alle dieser Wirkungen nicht nur im ersten, sondern auch im zweiten Takt auftreten. In Anlehnung an die bei FUNKE (1986b) formulierten Annahmen über subjektive Kausalmodelle ist anzunehmen, daß AR_1-Prozesse am leichtesten erkannt und am schnellsten in das subjektive Kausalmodell der Versuchsperson übernommen werden. Aus praktischen Gründen beschränken wir uns auf die Verwendung von AR_1-Prozessen.

Bei der Darstellung wollen wir zunächst eine Differenzierung einführen: Es soll zwischen endogenen und exogenen Variablen unterschieden werden. Dabei sind *exogene* Variablen solche, die höchstens von ihrem eigenen vorangegangenen Wert abhängig sind, während bei *endogenen* Variablen zu der Abhängigkeit vom vorangegangenen eigenen Wert noch eine Abhängigkeit von einzelnen oder allen anderen Variablen vorliegen kann. In der Regelungstechnik bezeichnet man die exogenen Variablen auch als Steuer- bzw. Stellgrößen, während die endogenen Variablen Meßgrößen genannt werden.

Die Strukturgleichungen, die hier zur Modellierung herangezogen werden, sind lineare Differenzengleichungen. Diese haben gegenüber linearen Differentialgleichungen (vgl. MÖBUS & NAGL, 1983) die Vorteile erhöhter Anschaulichkeit, einfacherer Methoden der Parameterschätzung sowie einfacherer Simulation auf dem Computer (vgl. ZWICKER, 1981, p. 30f). Die Nennung dieser Vorteile soll keineswegs implizieren, daß diese Modellierungsform der alternativen Form von Differentialgleichungssystemen überlegen wäre. Für viele naturwissenschaftliche Gegenstandsbereiche sind zeitkontinuierliche Differentialgleichungssysteme unverzichtbar und werden auch von einigen Modellbildungssystemen (wie z.B. DYNAMO; vgl. RICHARDSON & PUGH, 1981) ausschließlich verwendet.

Die eben aufgeführten Anforderungen werden durch das Rahmenprogramm DYNAMIS realisiert, ein Rechnerprogramm, das multivariate autoregressive Prozesse simulieren kann. Dieses Rahmenprogramm wurde bei der Konstruktion der hier zu berichtenden eigenen Experimente zugrundegelegt. Mit diesem Ansatz steht somit ein flexibles Instrument zur Beschreibung multivariater linearer Abhängigkeiten zur Verfügung. Von den Bestandteilen dieses formalen Kalküls ist zu erwarten, daß es subjektive Repräsentanten dieser Parameter in der Wissensstruktur eines Individuums geben muß, wenn die Systemrelationen voll durchschaut sind. Auf dem Weg dorthin bildet die Vp zunächst „unscharfe", unvollständige Vorstellungen über das zu bearbeitende System, die dann durch Erfahrung modifiziert werden. Bevor diese Repräsentationen näher dargestellt werden, folgt zunächst die Beschreibung des Standard-Untersuchungsszenarios, das den in Kapitel 4 beschriebenen Experimenten zugrundeliegt.

3.2.2   Das SINUS-Szenario

Unterschieden wird im DYNAMIS-Programm – wie eben erwähnt – zwischen endogenen *Zustandsvariablen* (y), die auf bestimmte Werte gebracht werden sollen, und exogenen *Eingriffsvariablen* (x), deren Werte der Pb zur Steuerung des Systems beliebig festsetzen kann. Formal kann das in mehreren Experimenten verwendete System SINUS daher durch die folgenden linearen Differenzengleichungen beschrieben werden:

$$y1_{t+1} = 1 \cdot y1_t + 10 \cdot x1_t \tag{3.1}$$

$$y2_{t+1} = 1 \cdot y2_t + 0.2 \cdot y3_t + 3 \cdot x3_t \tag{3.2}$$

$$y3_{t+1} = 0.9 \cdot y3_t + 2 \cdot x2_t + 0.5 \cdot x3_t \tag{3.3}$$

wobei: yi_{t+1} die endogene Variable i zum Zeitpunkt t+1 bezeichnet,

           xi_t die Ausprägung exogener Variablen i zum Zeitpunkt t,

           yi_t die Ausprägung endogener Variablen i zum Zeitpunkt t .

Die exogenen Variablen x1, x2 und x3 sind dabei als „Olschen", „Mukern" und „Raskeln", y1, y2 und y3 als „Gaseln", „Schmorken" und „Sisen" bezeichnet. Abb. 3.1 zeigt die dem System SINUS zugrundeliegende Kausalstruktur in grafischer Form.

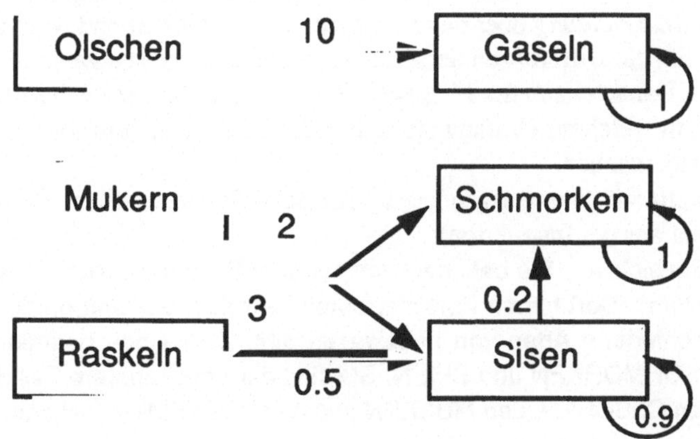

Abb. 3.1:   Kausalstruktur des Standard-Systems SINUS.

Das Standard-System wird in einer numerischen Form präsentiert, die dem Pb alle systemzugehörigen Variablen und alle „Rohdaten" zum Systemzustand zugänglich macht, um die Gedächtnisbelastung bei der Systembearbeitung so weit wie möglich zu reduzieren. Es werden fünf Durchgänge mit jeweils sieben Takten präsentiert. Abb. 3.2 gibt das Display des SINUS-Systems exemplarisch wieder, wie es dem Pbn auf dem Bildschirm erscheint.

SINUS	Durchgang 1				
Woche...	1	2	3	4	5
Zustand:					
Gaseln.....	1600	1700	1800	1900	2000
Schmorken..	900	957	1013	1055	1096
Sisen......	300	293	286	281	306
Maßnahmen:					
Olschen....	10	10	10	10	
Mukern.....	12	11	13	28	
Raskeln....	-1	-1	-5	-5	

Durch Drücken der Leertaste eine der Maßnahmen auswählen, evtl. einen neuen Wert eingeben und dann „return" drücken

Abb. 3.2: Möglicher Bildschirmaufbau von DYNAMIS bei der Präsentation des Systems SINUS nach vier Takten.

Der Pb kann durch mehrmaliges Drücken der Leertaste beliebige *Maßnahmen* ansteuern, frei wählbare numerische Werte eingeben und gegebenenfalls Korrekturen vornehmen. Nach Abschluß der Maßnahmen wird der Pb aufgefordert, *Prognosen* über den Zustand der exogenen Variablen nach seinem Eingreifen abzugeben. Anschließend erhält der Pb *Rückmeldung* über den resultierenden Systemzustand, wobei er die Möglichkeit hat, sich die Differenzen der Zustandswerte zum vorangegangenen Takt ausgeben zu lassen. Danach kann der Pb erneut eingreifen. Im übrigen ist es den Pbn freigestellt, ob und in welchem Umfang sie sich Aufzeichnungen zum Systemablauf, ihren Hypothesen etc. machen.

Den Pbn stellt sich das verwendete dynamische System namens SINUS wie folgt dar (Ausschnitt aus der Instruktion):

Stellen Sie sich vor, Sie befinden sich auf dem Planeten SINUS eines anderen Sonnensystems. Dort haben Forscher bereits vor Ihrer Ankunft entdeckt, daß es sechs verschiedene Arten von Lebewesen gibt. Zum einen befinden sich dort GASELN, SCHMORKEN und SISEN. Sie sind der unbekanntere Teil der Bewohner. Von den OLSCHEN, den MUKERN und den RASKELN ist bekannt, wie sie zu vermehren und zu vermindern sind.

Ihre **Aufgabe** ist es nun, durch die genaue Beobachtung der Entwicklung auf dem Planeten herauszubekommen, **nach welchen Regeln das**

Zusammenleben der Bewohner verläuft. Eine Eingabe von negativen Zahlen bedeutet hier die Verminderung des vorher vorgefundenen Bestandes. **Es können also sowohl negative als auch positive Werte vorkommen.**

Insbesondere ist es ihre Aufgabe, sowohl das Verhältnis der OLSCHEN, MUKERN und RASKELN zu den GASELN, SCHMORKEN und SISEN als auch den Zusammenhang der GASELN, SCHMORKEN und SISEN untereinander herauszufinden.

Auf Grund der bisherigen, umfangreichen Untersuchungen auf dem Planeten wurde es möglich, mit relativ einfachen Mitteln eine Simulation zu konstruieren, die die dortigen Verhältnisse gut abbildet. Jedem Takt der Simulation entspricht eine Woche auf dem Planeten. Wichtig ist: **jede Maßnahme** bei den OLSCHEN, MUKERN oder RASKELN **wirkt sich nur im nächsten Takt** auf die GASELN, SCHMORKEN und SISEN **aus.**

Während der ersten vier Durchgänge sollen Sie herausfinden, wie sich die Maßnahmen auf den Zustand des Planeten auswirken. Jeder dieser Durchgänge geht über sieben Wochen. Nach diesen vier Durchgängen gibt es einen weiteren, in dem Sie die GASELN, SCHMORKEN und SISEN auf bestimmte Zielwerte bringen sollen, die Sie vorher genannt bekommen. Dies können sie erreichen, indem sie die Werte der OLSCHEN, MUKERN und RASKELN entsprechend Ihren Erkenntnissen festlegen. Diese **Zielwerte sollen Sie möglichst schnell erreichen, um sie dann zu halten.** Da die Zielannäherung schwierig ist, ist es schon gut, wenn Sie es schaffen sollten, sich ihnen zu nähern.

Nach diesen fünf Durchgängen können Sie dann in einer abschließenden Prognosephase Ihre Erkenntnisse zur Anwendung bringen. Eine genauere Instruktion erhalten Sie nach dem fünften Durchgang. Sie würde jetzt wohl nur verwirren. Machen sie sich bewußt, daß es sich um eine "**Welt am Draht**" handelt, nicht um tatsächliche Lebewesen. Sie können also auch ohne moralische Skrupel eingreifen.

Damit Sie sich eine Vorstellung des zeitlichen Rahmens machen können, sei darauf hingewiesen, daß Sie sich bei der **Bearbeitung** auf **etwa zwei Stunden** einstellen können. Noch einen letzten Hinweis: Es ist kaum möglich, die exakten Regeln des Zusammenlebens bereits in den ersten Takten der Bearbeitung zu bestimmen.

Wir wünschen Ihnen nun viel Spaß beim Kennenlernen des unbekannten Planeten SINUS!

Aufgabe der Pbn ist es also, die auf SINUS geltenden Regeln mit Hilfe des ihnen vorliegenden Simulationsprogramms herauszufinden (=Wissenserwerb) und durch geschicktes Eingreifen auf dem fiktiven Planeten einen bestimmten Zielzustand herzustellen (=Wissensanwendung).

3.3 Grundlagen der Repräsentation dynamischer Systeme

Betrachtet man Wissen – wie weiter oben ausgeführt – als Sammlung interner, subjektiver Repräsentationen über Teile der Außenwelt, als Sammlung von Gedächtnisinhalten also, kann man im Kontext dynamischer Systeme genauer angeben, welche Arten von Wissen eine Rolle spielen, da die Teile der Außenwelt, auf die sich die internen Repräsentationen beziehen müssen, genau spezifiziert werden können.

Wollte man ein künstliches System erzeugen, das die von uns beschriebene Aufgabenstellung zu lösen hätte (also einen Automaten zur Identifikation der zugrundeliegenden Prozesse eines dynamischen Systems und zur gezielten Steuerung solcher Prozesse), sind im Symbolverarbeitungsansatz mindestens folgende drei Bereiche aus der Sicht der Repräsentationsfrage voneinander zu trennen: (1) die Repräsentation der Rohdaten sowie daraus abgeleiteter Daten (die Datenbasis), (2) Hypothesen über die Variablenzusammenhänge (das subjektive Kausalmodell bzw. das mentale Modell) sowie (3) Regeln über den Umgang mit einem dynamischen System (das Regelwissen). Bei allen drei Bereichen handelt es sich um verschiedene Formen von Wissen im eben angeführten Sinn, wobei allerdings manche dieser Gedächtnisinhalte – (1) und Teile von (2) – erst aktuell während der Bearbeitung eines Systems entstehen, andere dagegen – (3) und Teile von (2) – schon vor Beginn der Bearbeitung vorliegen.

Kommen wir wieder auf die eingangs genannte Idee zurück, einen Automaten zur Identifikation dynamischer Systeme zu konstruieren. Nachfolgend sollen die minimalen Voraussetzungen für einen solchen Automaten genannt werden mit der Zielsetzung, aus diesen Informationen Hinweise über die Minimalausstattung eines menschlichen Problemlösers zur Bewältigung derartiger Problemstellungen zu erhalten. Diese theoretischen Überlegungen können zugleich als Fortentwicklung einer Theorie der Repräsentation dynamischer Systeme gelten, deren erste Fassung bei FUNKE (1986b, Kapitel 5) unter dem Titel „subjektive Kausalmodelle" dargestellt wurde.

Was hier als Minimalausstattung eines Automaten bezeichnet wird, stellt nichts anderes als den Versuch dar, präzisere Aussagen über Wissensformen zu machen, die natürlich für den Menschen Gültigkeit besitzen sollen. *Ein* Prüfschritt derartiger theoretischer Überlegungen stellt deren Implementierbarkeit auf einem Rechner dar. Daß daraus keinerlei Schlüsse auf die Validität solchermaßen geprüften Annahmen für den Kontext menschlicher Wissensverarbeitung gezogen werden dürfte, braucht nicht sonderlich betont werden. Ernstzunehmende Prüfinstanzen stellen experimentell kontrollierte Situationen dar, in denen empirisch prüfbare Annahmen mit der Realität konfrontiert werden. Darauf gehe ich an späterer Stelle noch ein.

Der Umgang mit einem dynamischen System soll einem Pb Wissenserwerb ermöglichen, es findet also *Lernen* statt. Folglich muß der *Prozeß des Wissenserwerbs* durch eine Lerntheorie beschreibbar sein, die das Zustandekommen von Erfahrung auf der Grundlage äußerer Ereignisse bzw. Kontingenzen charakterisiert. In diesem Abschnitt soll daher auch der Versuch unternommen werden, die beim Umgang mit unbekannten dynamischen Systemen auftretenden Lernprozesse zu präzisieren. Diese beziehen sich vor allem auf Hypothesen über die Zusammenhänge von Systemvariablen.

3.3.1 Repräsentation von Daten

Zunächst geht es um (1) die *Repräsentation der Daten*, die die Grundlage für jede weitere Verarbeitung darstellt. Daten sind das Ausgangsmaterial, auf das sich alle Überlegungen des Problemlösers beziehen. Neben Rohdaten sind hierzu auch abgeleitete Daten zu rechnen. Dem Problemlöser in einem dynamischen (Klein)-System stehen prinzipiell folgende *Rohdaten* zur Verfügung:

(1.1) *Zustandsdaten* des Systems zu t verschiedenen Zeitpunkten. Als Zustand wird die Ausprägung einer endogenen Variable zu einem bestimmten Zeitpunkt bezeichnet. Hierbei ist jedoch zu berücksichtigen, daß neben der (exakten) numerischen Repräsentation der Zustandswerte auch eine Repräsentation in Form qualitativer Angaben (wenig – viel, niedrig – hoch, usw.) berücksichtigt werden sollte.

(1.2) *Eingriffsdaten* zu t verschiedenen Zeitpunkten in das System. Als Eingriff wird der vom Pb für eine bestimmte exogene Variable festgelegte Wert bezeichnet.

(1.3) *Zusatzdaten* in Form von Angaben, die in der Instruktion gemacht wurden. Hierzu sind etwa die zu erreichenden Zielwerte zu nennen oder auch andere Konstanten.

Diese Rohdaten bilden die Grundlage für die Repräsentation *abgeleiteter Daten*, die vor allem für die Konstruktion und Prüfung von Hypothesen von Bedeutung sind. Hierzu sind zu zählen:

(1.4) *Differenzwerte* als Maße der (durch Eingriffe) erzielten Zustandsveränderungen. Hierbei dürfte es sich überwiegend um Differenzen erster Ordnung handeln, was als Erklärung dafür angesehen werden könnte, warum die Einschätzung exponentieller Variablenverläufe schwer fällt.

(1.5) *Prognosedaten* über die Entwicklung des Systemzustands auf der Basis des jetzigen Zustands und der Kenntnis der getroffenen Eingriffe. Derartige Prognosedaten müssen nicht in quantitativer Form vorliegen, sondern hier sind – zumal in den Anfangsphasen – qualitative Daten zu erwarten („wird steigen", „wird fallen", usw.). Sie leiten sich aus der Anwendung der Hypothesen auf die Rohdaten ab.

3.3.2 Hypothesen

Die Repräsentation der Daten bildet die Grundlage für (2) *die Entwicklung von Hypothesen über Variablenzusammenhänge*, die in ihrer Gesamtheit als „subjektives Kausalmodell" (FUNKE, 1986a) oder „mentales Modell" (z.B. OPWIS, 1985) des Problemlösers über das dynamische System bezeichnet werden. Dieser Teil der Repräsentation des Variablengefüges betrifft in entscheidender Weise Wissenserwerb und Wissensanwendung. Wie kein anderer ist er Gegenstand permanenter Veränderung durch den Problemlöser – ja man kann sagen: an dieser Stelle spiegelt sich der Prozeß der Informationsverarbeitung am deutlichsten! Daher sei erlaubt, hierauf etwas ausführlicher einzugehen.

Unter *Hypothesen* versteht man Erwartungen über bestimmte Zusammenhänge. Solche Erwartungen begegnen einem häufig in Form von „wenn-dann"-Aussagen, gewichtet mit einer Angabe über die Sicherheit dieser Aussage. In den von uns durchgeführten Untersuchungen kommen etwa Hypothesen derart vor: „Wenn ich Olschen hinzufüge, erhöht sich die Zahl der Gaseln". Solche Hypothesen bilden das Grundgerüst für das mentale Modell, das „operative Abbild", die interne Repräsentation des beobachteten Systems. Repräsentiert werden die Zusammenhänge zwischen Variablen; das Repräsentat dieser Zusammenhänge nennt man Hypothese.

Aus dieser Sicht kann man den Vorgang des Wissenserwerbs über ein zunächst unbekanntes dynamisches System als *Prozeß der Hypothesengenerierung und der Hypothesenprüfung bezeichnen*. Um zu empirisch gehaltvollen Aussagen vorzudringen, müssen die beiden Aspekte der Erzeugung und der Prüfung jedoch präzisiert werden, zusätzlich zu den Angaben über das Repräsentationsformat und über darauf zulässigen Operationen. Eine Theorie über den Prozeß des Wissenserwerbs – Wissen hier als Hypothesenkonglomerat verstanden – muß also zu folgenden vier Fragen Stellung beziehen:

(1) Welche Form nehmen derartige Hypothesen an, genauer gesagt: aus welchen Bestandteilen setzt sich eine Hypothese zusammen?

(2) Wie kommt es zur Bildung einer einzelnen Hypothese? Aufgrund welcher Beobachtungen/äußerer Ereignisse kommt eine derartige Abstraktionsleistung zustande?

(3) Wie können verschiedene Einzelhypothesen zu einem Hypothesen-„Ensemble" zusammengefaßt werden, das wir unter dem Begriff des mentalen Modells fassen?

(4) Welche kognitiven Operationen sind auf derartigen Hypothesen bzw. Hypothesen-Ensembles erlaubt? Wie erfolgen z.B. Modifikation und Löschung?

Zumindest zu (1) soll bereits jetzt ein Antwortversuch unternommen werden. Nach den bisherigen Ausführungen wird angenommen, daß Hypothesen über Zusammenhänge zwischen den Variablen eines dynamischen Systems die Grundlage für das mentale Modell des Akteurs bilden. Die *einfachste Form einer Hypothese H* besteht aus vier Komponenten (*„Quadrupelmodell"*):

$$H := < V_1, V_2, Z, S > \tag{3.4}$$

Die in Definition (3.4) dargestellten Komponenten V_1 und V_2 bezeichnen zwei Variablen, über die in Hypothese H ein Zusammenhang Z mit Sicherheit S formuliert wird. Diese paarweise Verknüpfung von Variablen wird auch als *bivariate Repräsentationshypothese* bezeichnet.

Die *Variablenangaben V* stammen aus der Menge der vorgegebenen bzw. vom Pb als wirksam angenommenen Variablen. In aller Regel – sofern keine Intransparenzbedingung vorliegt – handelt es sich um eine Kombination einer exogenen mit einer endogenen Variable oder um eine von einer endogenen Variablen mit einer anderen endogenen Variable. Die an erster Stelle genannte Variable V_1 stellt dabei die mögliche Ursache, die an zweiter Stelle genannte V_2 die mögliche Wirkung dar. Eine Kombination von endogener V_1 mit exogener V_2 widerspräche zwar der Definition einer exogenen Variablen (als von nichts anderem abhängig als höchstens ihrem eigenen vorherigen Zustand), könnte aber empirisch realisiert werden, da nicht jeder Problemlöser ein entsprechendes Kausalitätsprinzip befolgen muß.

Die *Zusammenhangsangabe* Z stammt aus der Menge aller möglichen Zusammenhangsformen, die ein Individuum kennt bzw. in einer gegebenen Situation für möglich hält. Diese Zusammenhangsformen können vielfältiger Art sein: neben abstrakten Zusammenhangsbeschreibungen etwa in Form mathematischer Modelle können auch konkrete Angaben in Form von Propositionen sowie Mischformen aus quantitativen wie qualitativen Beschreibungen vorliegen. Angaben zu zeitlichen Qualitäten des Zusammenhangs (z.B. zeitverzögerter Effekt) finden sich ebenfalls an dieser Stelle. Die Annahme verschiedener Stufen der Repräsentation (z.B. bei PLÖTZNER et al., 1990: qualitativ, semiquantitativ-relational, quantitativ-relational und quantitativ-numerisch) trägt zum einen dem schrittweisen *Aufbau* von Wissen Rechnung, andererseits auch der Flexibilität bei der Nutzung bereits vorliegenden Wissens.

Die *Sicherheitsangabe* S einer Hypothese H hebt auf ihren Bewährungsgrad ab: Je mehr empirische Instanzen gegeben sind, die sich mit der fraglichen Hypothese in Einklang bringen lassen, umso sicherer ist die Annahme ihrer Richtigkeit. Dabei spielt der Präzisionsgrad der Zusammenhangsform Z eine wichtige Rolle: Je präziser Z formuliert ist – unter sonst gleichen Bedingungen –, umso leichter dürfte die Gültigkeit der Hypothese H überprüft werden können. Die Angabe S setzt also die Existenz eines (impliziten oder expliziten) Feedbacks voraus, einer Bewertung also, die den Grad der Richtig- bzw. Falschheit einzuschätzen hilft.

Aus schematheoretischer Sicht könnte man sagen: Eine Hypothese ist ein Schema mit vier „slots" – den oben angeführten Bestandteilen V_1, V_2, Z und S – wobei die Kenntnis der semantischen Etiketten von V_1 und V_2 Standardwerte („defaults") für die Zusammenhangsform Z und die dafür anzunehmende Sicherheit S bereitstellt. Gibt man etwa die Etiketten „Umsatz" und „Gewinn" vor, so wird die vermutete Zusammenhangsform (z.B. „positiv verknüpft") zugleich eine hohe Sicherheit besitzen; diese könnte etwa abnehmen, wenn man Z präzisierte (z.B. „linear wachsend"), da mit wachsender Präzision empirische Ereignisse denkbar sind, die der Vermutung widersprechen könnten.

Ausgehend vom „Quadrupel"-Format von Hypothesen stellen sich wiederum Fragen, auf die eine Theorie des Wissenserwerbs in unbekannten dynamischen Systemen antworten können sollte:

(1) Wie erfolgt die Auswahl einer aktuell vorliegenden Hypothese H_{akt} aus dem Gesamtrepertoire aller möglichen Hypothesen H_{tot} („Strategiefrage")?

(2) Wie kommt für ein bestimmtes Paar (V_1, V_2) von Variablen die vermutete Zusammenhangsform Z zustande („Detektionsfrage")?

(3) Wie bestimmt sich der Sicherheitsgrad S, der an eine bestimmte Hypothese H geknüpft ist („Bekräftigungsfrage")?

Darauf wird im folgenden Abschnitt einzugehen sein, der sich mit den Regeln zur Modellbildung und -prüfung beschäftigen wird. Hypothesen der eben beschriebenen Art können in verschiedener Form anfallen:

(2.1) *Bivariate Zusammenhangshypothesen.* Diese beziehen sich auf den Zusammenhang zwischen je zwei Systemvariablen (wobei es sich auch um eine Variable zu zwei Zeitpunkten handeln kann) und stellen die einfachste Form der Zusammenhangsrepräsentation dar. V_1 und V_2 aus Definition (3.4) stellen dabei jeweils eine einzige Variable dar. Es wird zu zeigen sein, daß aus diesen Basishypothesen unter Verwendung geeigneter Regeln komplexere Hypothesen gebildet werden können, wie sie der nächste Punkt beschreibt.

(2.2) *Multivariate Zusammenhangshypothesen*, bei denen V_1 und/oder V_2 Mengen von Variablen sein dürfen. Diese können in der Form von Dependenzhypothesen („von welchen Variablen hängt eine endogene Variable y ab?", zielorientierte Perspektive) oder in Form von Effektanzhypothesen („auf welche Variablen wirkt eine exogene Variable x ein?", maßnahmenorientierte Perspektive) vorliegen. Die Klassifikation greift auf die bei DÖRNER et al. (1983, p. 420) dargelegte Unterscheidung von Dependenz- und Effektanzanalysen zurück, die dort als Kausalanalysen „vorwärts" bzw. „rückwärts" bezeichnet wurden.

Der gesamte Bereich sonstiger Hypothesen (etwa über die Untersuchungsabsichten des Forschers) wird hier ausgeklammert, da er nur schwer eingrenzbar ist und für die verfolgte Fragestellung (Repräsentation eines dynamischen Systems) ohne Bedeutung ist.

3.3.3   Regeln

Neben den unter (1) und (2) beschriebenen Repräsentationen muß der Problemlöser über (3) Regeln zur Modellbildung und -prüfung verfügen. Dieses Regelwissen kann in verschiedene Formen unterteilt werden, wobei die Unterscheidung eher akzentuierenden als klassifizierenden Charakter besitzt:

(3.1) *Regeln zur Modellbildung.* Diese dienen in einem Zustand von Unsicherheit zur Erzeugung von Daten, die für die Modellbildung (genauer: die Hypothesenbildung) brauchbar sind. Diesen Teil könnte man daher als Hypothesengenerierung bezeichnen.

(3.2) *Regeln zur Modellprüfung.* Diese dienen dazu festzustellen, wie groß der Abstand zwischen erwarteten und beobachteten Zustandsdaten ausfällt. Da unterstellt wird, daß die Prüfung sich auf Ausschnitte des Modells bezieht, könnte man hier präziser von Hypothesenprüfung sprechen.

(3.3) *Regeln zur Modellkorrektur.* Diese Regeln beschreiben, wie im Anschluß an eine festgestellte Abweichung mit der als unzureichend erkannten Hypothese zu verfahren ist.

Diese Regeln könnten in Anlehnung an ANDERSON (1983) in Form von Produktionsregeln gefaßt sein. Auch die von HOLLAND, HOLYOAK, NISBETT und THAGARD (1986) beschriebenen Regeln über induktive Prozesse können hierunter subsumiert werden.

Exkurs: Zum Vorschlag von DÖRNER et al. (1983) über die Dominanz von Dependenzanalysen

Für die in Kapitel 3.3.2 beschriebenen Zusammenhangshypothesen findet man bei DÖRNER et al. (1983, p. 423 f.) auch eine Regel, die die Richtung der Kausalanalyse und zugleich die Dominanz der Dependenzanalyse gegenüber der Effektanzanalyse sicherstellen soll:

„Setze die Dependenzanalyse solange fort, bis befriedigende Manipulationsmöglichkeiten für die kritische Variable gefunden sind. Sodann betreibe eine Effektanzanalyse, um etwaige unerwünschte Nebenwirkungen festzustellen. Werden solche gefunden, ändere das Maßnahmenspektrum zur Minimierung der unerwünschten Nebenwirkungen und führe dafür u.U. weitere Dependenzanalysen durch."

Leitlinien für den *Abbruch* solcher Kausalanalysen sehen DÖRNER et al. (1983) vor allem darin, angesichts der zumeist begrenzten Zeit den Kausalbeziehungen mit den stärksten Gewichten zu folgen.

„Da in komplexen Realitätsausschnitten direkt oder indirekt fast immer alles mit allem zusammenhängt, erhebt sich die Frage, wie weit die Dependenz- und Effektanzanalysen jeweils zu treiben sind. Eine Fortsetzung dieser Analysen bis zur völligen Aufklärung des gesamten Netzes wird sich meist aus Zeitgründen verbieten. Wie weit ist die Analyse zu treiben? Bei der Beantwortung dieser Frage ist zu beachten, daß gewöhnlich in einem Netzwerk von Variablen von Station zu Station eine gewisse Wirkungsabschwächung stattfindet." (DÖRNER et al., 1983, p. 422).

Während die Autoren 1983 eine Abschwächung der Wirkung über die Zeit hinweg als „gewöhnlich" gegeben betrachten, wird genau die Beachtung dieser Regel von DÖRNER (1986b, p. 7) am Beispiel der AIDS-Erkrankungsraten kritisiert:

„Man sieht die jetzt vorhandene Zahl (von Erkrankten, J.F.) und hat nur eine vage Vorstellung von der tatsächlichen Entwicklung. Diese bekommt man allerdings auch nicht intuitiv – hier muß man rechnen!".

Der Autor, der hier Kausalanalyse in aller Breite und Ausführlichkeit betreibt („die sich aus Zeitgründen meist verbietet", siehe oben), wirft damit der Öffentlichkeit vor, nicht ebensolche Kausalanalysen zu betreiben, deren Ausführlichkeit er drei Jahre zuvor für nicht unbedingt erforderlich hielt. Interessant ist in diesem Zusammenhang eine Bemerkung von KAHNEMAN und TVERSKY (1973), die sich im Zusammenhang mit der von Ihnen postulierten Verfügbarkeitsheuristik mit der Frage nach der Anwendung dieser Heuristik in „real-life"-Situationen beschäftigen. Sie stellen dabei fest, daß alltägliche Szenarien ebenfalls nach dem Grad ihrer Plausibilität beurteilt werden:

„Many of the events whose likelihood people wish to evaluate depend on several interrelated factors. Yet it is exceedingly difficult for the human mind to apprehend sequences of variations of several interacting factors. We suggest that in evaluating the probability of complex events only the simplest and most available scenarios are likely to be considered. In particular, people will tend to produce scenarios in which many factors do not vary at all, only the most obvious variations take place, and interacting changes are rare. Because of the simplified nature of imagined scenarios, the outcomes of computer simulations of interacting processes are often counter-intuitive..." (KAHNEMAN & TVERSKY, 1973, p. 229).

Vielleicht erklärt diese, von KAHNEMAN und TVERSKY bereits 1973 geäußerte Vermutung über die Unzulänglichkeit menschlicher Bewertungsprozesse das Unbehagen Dörners über die unzulängliche Einschätzung der AIDS-Problematik.

(Ende des Exkurses)

3.4 Entwicklung von Maßen für die Güte von Strukturwissen

Untersuchungen zum Wissenserwerb beim Umgang mit dynamischen Computersimulationssystemen der eben beschriebenen Art machen es erforderlich, den Grad der Übereinstimmung zwischen der objektiv richtigen und der subjektiv angenommenen Zusammenhangsstruktur zu ermitteln. Der vorliegende Abschnitt behandelt zunächst grundsätzliche Fragen und herkömmliche Formen einer Diagnostik von Wissen, behandelt dann die Methode der Kausaldiagramm-Analyse sowie einige der bei dieser Art von Wissensdiagnostik auftretenden Probleme und schildert schließlich Lösungsmöglichkeiten.

3.4.1 Traditionelle Zugänge zur Wissensdiagnostik

TERGAN (1986, p. 4) stellt fest, daß die Wissensdiagnostik derzeit über kein ausreichendes Inventar an Methoden verfüge, das der kognitiven Theorieentwicklung gerecht werde und das zur empirischen Erfassung von Wissensstrukturen herangezogen werden könnte. Dies liege vor allem an den meist pragmatischen Zielsetzungen bei der Entwicklung derartiger Erhebungsverfahren. Dieses Desiderat einer theorie-orientierten Wissensdiagnostik dürfte unumstritten sein. In seiner Monographie über „Modelle der Wissensrepräsentation als Grundlage qualitativer Wissensdiagnostik" geht TERGAN (1986) auf drei Typen von Repräsentationssystemen ein, aus denen diagnostische Bemühungen ableitbar sind: (1) semantische Raum-Modelle (psychometrischer, Netzwerk- und Schema-Ansatz), (2) Produktionssysteme und (3) analoge Repräsentationssysteme. Eine ähnliche Struktur legen OPWIS und LÜER (im Druck) ihrem Beitrag über Repräsentationssysteme zugrunde.

In einem Übersichtsreferat beschreibt KLUWE (1988) vier prinzipiell verschiedene diagnostische Zugänge zu Wissensbeständen: (a) die Methode des Lauten Denkens, (b) Befragungsmethoden, (c) Kategorisierungsverfahren und (d) die mittels freier Reproduktion feststellbaren Organisationsformen von Wissenselementen. Alle vier Zugänge entsprechen mit ihren derzeitig vorliegenden Instrumenten im übrigen nur entfernt den hochgesteckten Anforderungen, die SPADA und REIMANN (1988) an eine „Wissensdiagnostik auf kognitionswissenschaftlicher Basis" stellen: dort wird die automatisierte Erfassung von deklarativen Wissensstrukturen und prozeduralen Wissenskomponenten auf der Grundlage von formalen computerisierten Modellen verlangt, mittels derer die beobachteten Leistungen nicht nur beschrieben, sondern auch erzeugt werden können. Kriterium für die Güte einer derartigen Wissensdiagnostik ist – so SPADA und REIMANN – die Vorhersagbarkeit von Antworten der diagnostizierten und modellierten Pbn auf Fragen des jeweiligen Gegenstandsbereichs. Auf diese Grundsatzfragen soll hier nicht näher eingegangen werden. Auch wenn die nachfolgend vorgestellten diagnostischen Bemühungen nicht den strengen Anforderungen dieser Autoren folgen, halten wir unsere Überlegungen damit nicht für wertlos. Da es sich bei der von mir verwendeten Kausaldiagramm-Analyse um eine standardisierte Befragungstechnik handelt, soll dieser Bereich etwas näher dargestellt werden.

Befragungstechniken sind ein häufig verwendetes Instrument der Diagnostik von Strukturwissen (vgl. KLUWE, 1988). BERRY und BROADBENT (1987) verwenden z.B. im Kontext ihrer Untersuchungen mit der Simulation SUGAR FACTORY einen Fragebogen über Systemzusammenhänge als Instrument der Wissensdiagnostik. Ein qualitativer Teil der Fragen fragt nach Veränderungen des Systemzustands unter wohldefinierten Bedingungen (z.B. „Wenn die Arbeitskraft erhöht wird und ansonsten alles gleich bleibt, erhöht sich die Zuckerproduktion / bleibt gleich / vermindert sich / keine Ahnung"). Im quantitativen Teil werden die gleichen Fragen gestellt, allerdings ist hier die Situationsbeschreibung numerisch spezifiziert und der Pb gibt eine numerische Antwort, aus der sich letztlich der subjektiv verwendete Parameter ermitteln läßt. Das zuletzt genannte Vorgehen entspricht der Methode „Vorhersage von Systemzuständen", wie sie bei FAHNENBRUCK, FUNKE und MÜLLER (1987) beschrieben wird. Im Vergleich zu Techniken des lauten Denkens bietet die gezielte Befragung nach Ansicht von MELCHIOR (1988, p.76) die Vorteile beschränkter, aber relevanter Informationsgewinnung wie auch die Verhinderung des auf seiten des Pbn möglichen „Vergessens" ihm bekannter Wissensinhalte.

JUNGERMANN, SCHÜTZ und THÜRING (1988) erfassen im Rahmen von Untersuchungen über Arznei-Beipackzettel die bereichsspezifischen mentalen Modelle von Lesern dieser Beipackzettel. Dabei verwenden sie das von LUGTENBERG (1989) entwickelte Computerprogramm GETMO, bei dem der Benutzer zunächst bereichsspezifisch relevante Konzepte eingibt, deren Relationen untereinander dann in einer zweiten Phase mittels eines vollständigen Paarvergleichs abgefragt werden. Über die mit dieser Technik erzielten Ergebnisse wird in der zitierten Arbeit allerdings nicht berichtet (vgl. hierzu LUGTENBERG & PFISTER, 1987). Für unsere Zwecke ist der erhebungstechnische Aufwand allerdings zu hoch, daher kommt dieses Verfahren aus praktischen Erwägungen nicht in Frage.

STROHSCHNEIDER (1988) beschäftigte sich mit der möglichst reinen Untersuchung von Wissenserwerbsprozessen beim Umgang mit einem komplexen Problem namens VEKTOR (eine Variante der SIM00X-Systeme aus der Hamburger Arbeitsgruppe um KLUWE), das folgenden Anforderungen entsprach: (a) es war semantikfrei, um Vorwissenseffekte zu reduzieren; (b) Handlungsziele waren den Pbn vorgegeben; (c) es handelte sich um ein Kleinsystem mit bekannten Eigenschaften; (d) es sollte Diagnostik ermöglichen. Diese bestand zum einen in freien Befragungen, die dreimal im Abstand von einer Stunde während der Bearbeitung vorgenommen wurden, zum anderen in der Bestimmung von zwei Gütekriterien (Sollwerterreichung und Systemstabilität) über jeweils ein halbstündiges Intervall zu Versuchsbeginn, -mitte und -ende. Aus gruppenstatistischen Analysen über die Daten von 20 Pbn ergaben sich mangelnde Korrelationen zwischen der Menge verbalisierbaren Wissens und dem Handlungswissen, wie es sich in Steuerung und Stabilität niederschlägt. In Einzelfallbetrachtungen kann STROHSCHNEIDER allerdings dokumentieren, daß derartige Zusammenhänge sehr wohl vorliegen können, aber durch individuelle Variation im Vorgehen (aktionsvs. wissenserwerbsorientiert) verwischt werden. Die Dissoziationseffekte beschreibt er

daher als Scheinphänomen aufgrund der Nichtbeachtung unterschiedlicher Steuerungs-
strategien. Diesem Hinweis wird in Analysen zum Zusammenhang zwischen Systemwissen und Steuerungsleistung nachgegangen werden müssen.

ROUSE und MORRIS (1986) halten Befragungsmethoden („verbalization methods"
wie Verbalprotokoll, Interview, Fragebogen) dort für angezeigt, wo die Aufgabenstellung explizite Manipulation erfordert. Dabei verweisen sie auf die Schwierigkeit, die
nach COHEN und MURPHY (1984) darin besteht, daß man „Approximationen von Approximationen der Realität" untersucht, eine Unterscheidung, die LE NY (1988) als das
Problem der Repräsentation zweiten Grades bezeichnet. Der Hinweis auf die explizite
Manipulation ist für uns bedeutsam: da die Pbn eine gezielte Systemsteuerung vornehmen sollen, scheint eine Datenerhebung via Befragung gerechtfertigt.

Die Erfassung von Verbaldaten stellt nicht erst heutzutage einen gewichtigen Zugang zur Diagnostik individuellen Wissens dar. In ihrer umfangreichen Monografie
„Protocol analysis – Verbal reports as data" gehen ERICSSON und SIMON (1984) auch
auf die Geschichte dieses diagnostischen Zugangs ein (p. 48-61). Allerdings beginnt
diese Geschichte für ERICSSON und SIMON erst mit dem Ende des 19. Jahrhunderts
und beschränkt sich – mit Ausnahme eines kurzen Absatzes über WUNDT – ausschließlich auf die Stellungnahmen amerikanischer Autoren wie COMSTOCK, JAMES,
TITCHENER, WATSON und WOODWORTH zu dieser Thematik. Doch auch die im
deutschen Sprachraum ausgetragene Diskussion um die methodischen Probleme intro-
spektiver Verfahren ist zu erwähnen. Die zwischen WUNDT (1907, 1908) und
BÜHLER (1908) ausgeführte Kontroverse zu diesem Thema wurde durchaus lebhaft geführt und mit einem Eklat beendet. WUNDT schreibt abschließend:

> „Also, es bleibt dabei: 'Man muß nicht jeden Autor, der über einen Gegenstand ge-
> schrieben hat, lesen; aber wenn man ihn kritisiert, so sollte man ihn immerhin auch
> gelesen haben.' Doch, wie es auch andere mit diesem probaten Sprüchlein halten
> mögen, ich gedenke es zu befolgen. Nach den Aufschlüssen, die ich aus den seit-
> herigen Ausfrageexperimenten geschöpft habe, werde ich mir die Lektüre künfti-
> ger Arbeiten dieser Gattung erlassen; ich glaube mich aber auch fernerer kriti-
> scher Erörterungen über diesen Gegenstand enthalten zu können." (WUNDT, 1908,
> p. 459).

Worin bestand die genannte „Ausfragemethode" und was waren die Argumente
WUNDT's gegen sie? BÜHLER beschreibt das Verfahren so:

> „... es handelt sich in den meisten Fällen um Fragen, die der Vp. zur Beantwortung
> vorgelegt wurden: Verstehen Sie? oder: Ist es richtig? dann folgte ein Satz, den
> der Versuchsleiter vorlas. Die Vp. antwortete mit 'ja' oder 'nein' und beschrieb dar-
> auf die Erlebnisse, die zu dem 'ja' oder 'nein' geführt hatten." (BÜHLER, 1907, p.
> 93/94).

Es handelt sich also um die *retrospektive* Schilderung kognitiver Vorgänge aus der
Sicht des Pb. Hiergegen führt Wundt vor allem gedächtnispsychologische Argumente
an: in der Retrospektion sei den *„Erinnerungstäuschungen* Tür und Tor geöffnet"
(p.452). Gemäß seiner Typologie (WUNDT ,1907, p.311f.) von Experimenten in
„vollkommene", „unvollkommene" und „Scheinexperimente" könne die Bezeichnung
der BÜHLER'schen Studien eigentlich nur unter dem Begriff des Scheinexperiments erfolgen. Nach WUNDT'S Ansicht seien derartige Untersuchungen nur unter Heranzie-
hung objektiver Kontrollmittel sinnvoll, was für ihn gleichbedeutend ist mit Reak-

tionszeitmessung und Erfassung physiologischer Indikatoren (Sphygmo- und Pneumographie), letztere zur Feststellung begleitender „Ausdruckssymptome der Gefühle und Affekte in Puls und Atmung" – ein recht moderner Standpunkt, der eine Verbindung zwischen Kognition und Emotion impliziert.

Zusammenfassend: Es gibt keine Standard-Diagnostik zur Erfassung von Wissen. Allerdings hat sich die Verwendung von Verbaldaten trotz der Kritik von WUNDT weitgehend etabliert. Dabei kommen fast ausschließlich direkte Meßverfahren zum Einsatz; indirekte Meßverfahren, wie sie bevorzugt in der neueren Gedächtnispsychologie eingesetzt werden (siehe z.B. RICHARDSON-KLAVEHN & BJORK, 1988), sind für dynamische Systeme nur insofern als erprobt zu bezeichnen, als die Messung der Steuerungsleistung (vgl. Kapitel 3.5) hierunter subsumiert werden könnte.

3.4.2 Diagnostische Möglichkeiten bei dynamischen Kleinsystemen: Allgemeines

Verwendet man conputersimulierte dynamische Kleinsysteme der bezeichneten Art, stellt sich auch die Frage nach den neuen diagnostischen Möglichkeiten dieses Instruments. Aus dieser Sicht heraus interessiert man sich weniger für die allgemeinen Gesetzmäßigkeiten, nach denen der „kognitive Apparat" des Menschen beim Umgang mit derartigen Systemen funktioniert, als vielmehr für diejenigen Merkmale, hinsichtlich derer sich Pbn unterscheiden. Diagnostisch erscheinen vor allem diejenigen Merkmale interessant, die mit anderen Verfahren *nicht* diagnostizierbar sind. In erster Linie handelt es sich hierbei um strategische Momente, die den *Prozeß* des Wissenserwerbs charakterisieren sollen. DÖRNER (1986a) nennt diesen Gesichtspunkt „operative Intelligenz".

Was sind nun die Leistungen, die nach DÖRNER (1986a) zum Bearbeiten eines dynamischen Szenarios erforderlich sind und die er unter dem Begriff der *operativen Intelligenz* zusammenfaßt? Hierzu liefert er zwar keine Definition, aber wenigstens werden einige notwendige Bestandteile aufgeführt:

> „*Umsicht* (als Antizipation von Neben- und Fernwirkungen), *Steuerungsfähigkeit* der kognitiven Operationen ..., *Verfügbarkeit* über *Heurismen* (hängt natürlich eng mit der Steuerungsfähigkeit zusammen) ..." (DÖRNER, 1986a, p. 294).

Hinzu kommen für ihn „Weisheit" im Sinn von DITTMANN-KOHLI (1984) sowie „Verlaufsqualitäten von Elementaroperationen" im Sinn von LOMPSCHER (1976). Die operative Intelligenz sei das, was auf der durch Intelligenztests gemessenen Geschwindigkeit und Genauigkeit elementarer Intelligenzprozesse aufbaue: diese seien zwar notwendige, aber keineswegs hinreichende Bedingungen für Intelligenz. Operative Intelligenz entspräche einem „strategischen Moment" (DÖRNER, 1986a, p. 293). Daß mit diesen Ausführungen keineswegs ein neues Intelligenzkonzept entworfen ist, sieht der Autor selbst:

> „Ich bin mir darüber im klaren, daß sowohl der Begriff der 'operativen Intelligenz' noch weiterer Elaboration bedarf, als auch, daß die Frage, welche Parameter man zur Messung derselben am besten benutzt, keineswegs erschöpfend beantwortet werden kann." (DÖRNER, 1986a, p. 294f.).

Traditionelle Leistungsdiagnostik im Bereich kognitiver Funktionen richtet sich auf Genauigkeit und Geschwindigkeit bestimmter, isolierter Teilleistungen. STERNBERG (1982, 1983) bezeichnet letztere als „Komponenten". Für deren Diagnostik ist u.a. die Reaktionszeit-Methodologie von entscheidender Bedeutung, wobei die Annahme serieller Verarbeitung nicht notwendig gemacht werden muß. Die Zeitvariable ist im Kontext der Bearbeitung dynamischer Systeme zum einen nicht einfach erfaßbar in Hinblick auf eine feine Auflösung (hier könnten Blickbewegungsstudien interessante Daten liefern, die sich allerdings nicht nur auf Zeiten, sondern auch auf Abfolgen richten müßten), zum anderen ist ihr Stellenwert ein anderer: natürlich wird die zur Verfügung stehende Zeit bei der Identifikation etwa der zugrundeliegenden Systemstruktur von maßgeblicher Bedeutung sein, wegen der vielen ablaufenden Teilprozesse liefert aber eine Beschreibung bestimmter Leistungen in termini von Zeiteinheiten häufig nur unzureichende Angaben über die zu diagnostizierenden Vorgänge.

Ein Zugang zur Beschreibung neuer diagnostischer Möglichkeiten durch den Einsatz dynamischer Systeme besteht darin, möglichst explizit die zu erbringenden Leistungen aufzuführen. Eine derartige Aufgabenanalyse hat PUTZ-OSTERLOH (1981, p. 83) für komplexe Systeme in allgemeiner Form durchgeführt. Sie nennt als charakteristisch für diese Art von Problemstellungen (1) das Aufstellen und Ableiten von Problemlösezielen, (2) die Auswahl von Handlungen zum Erreichen der Ziele sowie (3) die aktive Suche nach Informationen über relevante Systemvariablen. Weiterhin zählt sie die – im Unterschied zu den eben genannten auch bei Intelligenztests geforderten – Leistungen hinzu: (4) die Analyse der Veränderung von Variablen, (5) die Analyse des Zusammenhangs zwischen Variablen, (6) das Ziehen von Analogieschlüssen sowie (7) das Aufstellen von Regeln zur Beschreibung von Veränderungen.

Generell gesehen bieten sich bei dynamischen Systemen somit vielfältige Aspekte zur Diagnostik an. Um hier Ordnung zu schaffen, scheint die vorgeschlagene Beschränkung auf die beiden großen Klassen „Wissensdiagnostik" und „Könnensdiagnostik" zunächst einmal sinnvoll. Der folgende Abschnitt geht auf die standardisierte Erfassung des Wissens ein, Kapitel 3.5 dann auf die Erfassung des Könnens.

3.4.3   Methode und Zielsetzung der Kausaldiagramm-Analyse

Im Kontext von (dynamischen) Systemen lassen sich wie oben bereits dargestellt zwei Klassen von Systemvariablen unterscheiden, die als exogene und endogene Variablen bezeichnet werden. Exogene Variablen (=Eingriffsvariablen) können von außen beliebig festgesetzt werden, stehen somit unter völliger Kontrolle eines Pbn. Auf die endogenen Variablen (=Zustandsvariablen) kann nicht direkt zugegriffen werden; ihre Ausprägungen hängen von ihren eigenen früheren Zuständen, vom Wert anderer endogener Variablen sowie vom Wert der exogenen Variablen ab. Die Aufgabe eines Pbn, der ein ihm unbekanntes Strukturgleichungssystem mit exogenen und endogenen Variablen identifizieren soll, läßt sich somit in folgende drei Teilaufgaben zerlegen: (1) Erfassung der Effekte der exogenen Variablen auf die endogenen Variablen („exogene Einfach- und Mehrfachwirkungen"); (2) Erfassung der Effekte endogener Variablen auf sich selbst („Eigendynamik"); (3) Erfassung der Effekte von endogenen Variablen auf andere endogene Variablen („Nebenwirkungen").

Die verschiedenen kausalen Effekte müssen vom Pbn durch entsprechende Analysen seiner Eingriffe und deren Wirkungen ermittelt werden. Auf diese Art und Weise entsteht im Verlauf der Bearbeitung eine subjektive Kausalstruktur über Ursache-Wirkungs-Verhältnisse, die zu erfassen und mit der tatsächlich vorhandenen Struktur zu vergleichen ist.

Die spezielle Form der Strukturwissensdiagnostik, die in allen Untersuchungen des DYNAMIS-Projekts Verwendung findet, ist die „Kausaldiagramm-Analyse". Dies heißt: Pbn werden zu verschiedenen Zeitpunkten der Bearbeitung eines dynamischen Systems gebeten, die von ihnen vermutete Kausalstruktur zwischen den beteiligten Variablen in graphischer Form anzugeben. Grafische Form bedeutet: Für jede beteiligte exogene und endogene Variable steht auf einem Formblatt ein Kästchen zur Verfügung, zwischen den Kästchen können Pfeile eingezeichnet und bei Bedarf auch noch mit näheren Angaben zur Art der Beziehung beschriftet werden. Die *Instruktion* zu diesem Verfahren macht den Pbn deutlich, daß (1) entweder bloß Pfeile gemalt werden, wenn man die Art der Beziehung noch nicht genau kennt, aber einen Zusammenhang vermutet, oder daß (2) bereits die Richtung einer Wirkung (positiv bzw. negativ) erkannt wurde, was durch Vorzeichen an den Pfeilen symbolisiert werden kann, oder daß (3) der genaue Wirkfaktor bekannt ist und neben den Pfeil eingetragen werden kann. Mit dieser Art der Befragung werden übrigens in kompakter Weise die nach dem Qua-

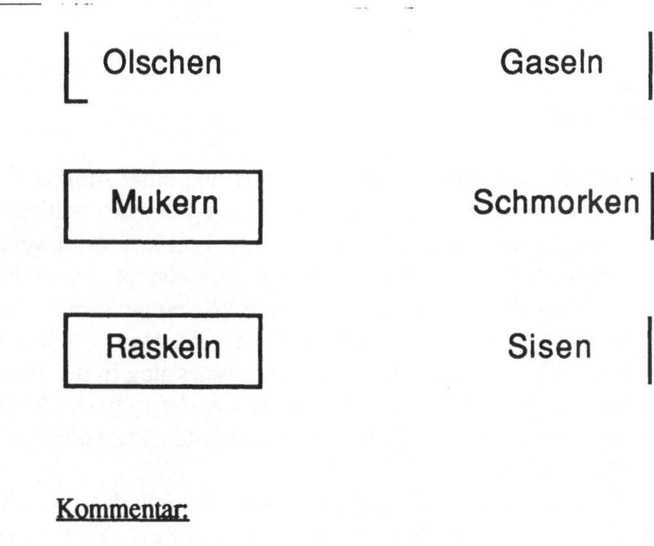

Abb. 3.3: Leeres Formblatt für die graphische Angabe von Kausalbeziehungen im System SINUS.

drupelmodell der Hypothesen postulierten Größen V_1, V_2 sowie Z erfaßt. Abb. 3.3 zeigt ein Beispiel für ein leeres Kausaldiagramm.

Per definitionem können Kausalbeziehungen nur von exogenen (Olschen, Mukern, Raskeln) auf endogene (Gaseln, Schmorken, Sisen) oder von endogenen auf endogene Variablen ausgehen, nie aber von endogenen auf exogene. – In neueren Programm-Varianten wird die Erfassung des Kausaldiagramms on-line vorgenommen: auf einem zweiten, zusätzlich zu den Simulationsdaten verfügbarem Fenster wird das aktuelle Kausaldiagramm des Pbn angezeigt, das über Funktionstasten einfach erstellt werden kann und wie in der Papierform von der einfachen Relationsanzeige über die Vorzeichenanzeige auch vermutete Wirkstärken anzeigt. Das zunächst leere Bildschirm-Formular entspricht ziemlich exakt dem in Abb. 3.3 gezeigten Bild.

Kausaldiagramme der hier beschriebenen Form stellen somit eine spezielle Repräsentation eines linearen Strukturgleichungsmodells dar: Um den Pbn eine formale mathematische Schreibweise zu ersparen, sollte die grafische Form eine erleichterte Angabe der verschiedenen linear additiven Komponenten ermöglichen. Natürlich ist diese Wissenserfassung alles andere als non-reaktiv; KLUWE (1988, p. 370) macht darauf aufmerksam, daß diese Art des Befragens die Aufmerksamkeit der Pbn auf genau die Aspekte richtet, um die es dem Untersucher geht – nicht zwangsläufig müssen dies die natürlichen Kategorien sein, mit denen jemand an derartige Aufgabenstellungen herangeht. Insbesondere im Fall wiederholter Erfassungen von subjektiven Kausalstrukturen ist ein Instrumenten-Effekt nicht auszuschließen. Dieser Einwand gilt aber prinzipiell für alle Verfahren, die wiederholt appliziert werden und zu einer „set"-Bildung bei den Pbn führen können.

3.4.4   Probleme

Die auf den ersten Blick einfache Aufgabe der Erfassung einer subjektiven Kausalstruktur und ihre Bewertung hinsichtlich der tatsächlich geltenden Verhältnisse wird bei näherer Betrachtung durch eine Reihe unangenehmer Probleme erschwert:

(1) Pbn sind unterschiedlich auskunftsfreudig bzw. risikobereit. Bei gleichem Wissensstand gibt es Pbn, die nur das absolut sichere Wissen preisgeben, während für andere Pbn bereits schwächste Vermutungen mitteilenswert erscheinen. Dieses Phänomen ist aus Untersuchungen zur Schwellenmessung in der Psychophysik bestens bekannt; unter dem Stichwort *„Antworttendenz"* bzw. „Reaktionsneigung" wird diese Person-Eigenschaft durch signalentdeckungstheoretische Auswertungsverfahren kontrolliert.

(2) Pbn sind in der Lage, auch mit einem inkorrekten Modell, das vom objektiv implementierten *abweicht*, innerhalb gewisser Grenzen korrekte Vorhersagen zu treffen und das betreffende System gut zu steuern. Dieses Problem beruht auf der möglichen Äquivalenz verschiedener Modelle, ein Problem, das aus dem Kontext der statistischen Modellanpassung bekannt ist. Der Vergleich zwischen dem subjektiven Modell und einem normativ vorgegebenen reflektiert daher nicht die *Funktionalität* eines subjektiven Modells.

(3) Es gibt nicht nur eine Art von strukturellem Wissen, sondern eine ganze Palette unterschiedlichster *Differenzierungen*. Pbn können einen Zusammenhang zwischen zwei Variablen als „vorhanden" betrachten, sie können von einer „positiven Relation" der Beziehung sprechen, wenn sie einen Anstieg bei Variable x mit einem Anstieg bei Variable y in Verbindung bringen, oder gar sagen, „Variable x wirke mit Faktor z auf Variable y ein". Das Auflösungsniveau, auf dem über eine Variablenbeziehung gesprochen wird, kann also sehr unterschiedlich ausfallen und sollte bei einer Bewertung differenziert werden.

(4) Es gibt bestimmte *„Selbstverständlichkeiten"*, die von Pbn im Rahmen der Wissensdiagnostik nicht verbalisiert werden, aber als vorhanden unterstellt werden müssen. Hierzu zählen insbesondere Gewichte von 1 für eigendynamische Effekte (ein Gewicht von 1 bedeutet, daß sich der Wert der betreffenden endogenen Variable – ceteris paribus – von einem zum nächsten Takt nicht ändert), die Pbn durchgängig nicht explizieren. Lediglich Abweichungen von 1 werden angegeben.

(5) Es ist keineswegs sicher, ob zu einem gegebenen Zeitpunkt nur ein Modell vom Bearbeiter verfolgt wird oder ob er nicht *mehrere konkurrierende Modelle* (mit jeweils unterschiedlichen Wahrscheinlichkeiten) simultan verfolgt. Letzteres könnte sich auch darin niederschlagen, daß einzelnen Relationen unterschiedliche Wahrscheinlichkeiten zugeordnet werden. Im Rahmen unserer theoretischen Überlegungen entspräche dies der Sicherheit, die einzelnen Teilen eines komplexen Hypothesengefüges zugeordnet würde.

Angesichts der geschilderten Probleme (und angesichts bisheriger Lösungsversuche) soll noch einmal stichwortartig festgehalten werden, über welche Eigenschaften ein ideales Maß für das Ausmaß strukturellen Wissens – erfaßt mit dem Instrument der Kausaldiagramme – verfügen soll:

(a) *Elimination etwaiger Antworttendenzen* auf seiten des Pb, Berücksichtigung von Ratewahrscheinlichkeiten und etwaigen Selbstverständlichkeiten;

(b) *Vergleichbarkeit* über verschiedene Systeme hinweg, unabhängig von der Anzahl exogener und endogener Variablen sowie von der Zahl realisierter Relationen;

(c) simultaner Einbezug verschiedener *Stufen von Wissen* (im Sinne von Genauigkeit der Angaben: quantitativ, qualitativ, relational; eventuell mit fragestellungsabhängiger Gewichtung der verschiedenen Komponenten).

Im folgenden Abschnitt werden Lösungsvorschläge dargestellt, die einige dieser kritischen Einwände berücksichtigen und somit in die Nähe des idealen Maßes führen sollten.

3.4.5   Lösungsvorschläge

Zur Abhilfe der oben erwähnten Probleme (1) und (3) wurden folgende Lösungen vorgeschlagen:

(a) Um dem Problem (1) – Antworttendenzen – zu entgehen, wurde ein Maß GS („Güte des Systemwissens") vorgeschlagen, bei dem die Anzahl der richtigen Annahmen ins Verhältnis zur Gesamtzahl aller angenommenen Beziehungen und die

Zahl richtiger Beziehungen zur Gesamtzahl möglicher richtiger Relationen ins
Verhältnis gesetzt wird (vgl. FUNKE, 1985b, p. 456):

$$GS = \frac{R}{R+F} \cdot \frac{R}{R_{max}} \tag{3.5}$$

wobei R = Anzahl richtiger Elemente,
     F = Anzahl falscher Elemente,
     R_{max} = maximale Zahl richtiger Elemente.

GS kann Werte zwischen Null (=kein richtiges Element erkannt) und Eins (=alle richtigen Elemente ohne zusätzliche Fehlerelemente erkannt) annehmen. Gibt jemand gar
kein Element an, ist GS nicht definiert bzw. wird auf Null gesetzt. Das Maß GS be-
straft „Viel-Anstreicher" durch die erste von zwei multiplikativ verknüpften Komponenten, die die richtigen im Verhältnis zu den insgesamt gemachten Angaben relativiert. Um Vergleichbarkeit zwischen Systemen mit unterschiedlich vielen objektiv
richtigen Relationen herzustellen, führte die zweite Komponente von GS eine Relati-
vierung der Anzahl korrekt erkannter Pfeile an der Gesamtzahl möglicher zu erkennen-
der Pfeile durch.

 Simulationsstudien ergaben jedoch, daß mit dem eben beschriebenen Maß das Problem der Antworttendenzen nicht gelöst wurde, da gezeigt werden kann, daß das Maß
zu einer ungerechtfertigten positiven Bewertung von „Viel-Anstreichern" führt, wenn
die Zahl korrekter Relationen in einem Modell steigt. Eine Maß-Bildung, die von diesen Antworttendenzen frei ist, wird weiter unten beschrieben.

(b) Zur Lösung des Problems (3) – Auflösungsniveau – bestand das Vorgehen von
  FUNKE (1985b) darin, drei verschiedene Arten von Wissen zu unterscheiden (Re-
  lations-, Vorzeichen- und Wirkstärkenwissen) und die Auswertung jeweils unter
  einer der drei Sichtweisen vorzunehmen. Bei Relationswissen erhielt ein Pb einen
  Punkt, wenn es eine Korrespondenz zwischen einem (wie auch immer gearteten)
  Pfeil des subjektiven Kausaldiagramms und einer objektiv existierenden Relation
  gab. Bei Vorzeichenwissen wurde der Punkt nur vergeben, wenn zusätzlich das
  Vorzeichen der Relation übereinstimmte, Stärkewissen wurde nur identifiziert,
  wenn auch noch der Parameter exakt übereinstimmte. So konnte es vorkommen,
  daß ein Pb ein hohes Relationswissen, aber nur geringes Wirkstärkenwissen aufwies. Hohes Wirkstärkenwissen implizierte umgekehrt hohes Relations- und
  Vorzeichenwissen.

Zur Lösung von Problem (2) – Funktionalität falscher Modelle – haben MÜLLER,
FUNKE und RASCHE (1988) erste Vorschläge sowie empirische Prüfungen unterbrei-
tet:

(c) In der erwähnten Arbeit wird eine „Kompensationshypothese" vorgestellt, nach
  der falsche Annahmen über endogene Wirkungen zumindest partiell (für einen bestimmten Wertebereich) durch falsche Annahmen über exogene Effekte ausgegli-
  chen werden können. Empirisch konnte nachgewiesen werden, daß sich Versuchsbedingungen (unterschiedliche Grade von Nebenwirkung und Eigendynamik)
  auch an solchen Stellen auswirken, die überhaupt nicht verändert wurden. Ein
  Maß für die Funktionalität falscher Modelle liegt bis jetzt jedoch nicht vor. Allenfalls kann die erreichte „Güte der Systemsteuerung" als ein indirekter Indikator
  betrachtet werden.

Für das Problem (4) – Selbstverständlichkeiten – wurde in der bisherigen Arbeit ebenfalls eine Lösung entwickelt, die jedoch noch Optimierungsmöglichkeiten enthält:

(d) MÜLLER, FUNKE, FAHNENBRUCK und RASCHE (1987, p. 20) weisen darauf hin, daß der Begriff der Wirkung im Alltag meistens mit Veränderungen verknüpft wird, eine Eigendynamik von 1 daher nicht als Wirkung, sondern als selbstverständliche Erhaltung über die Zeit wahrgenommen werde. Als Konsequenz daraus wird eine nicht geäußerte Eigendynamik als Gewicht von 1 interpretiert, während ansonsten nicht geäußerte Relationen als Null-Gewichte gedeutet werden. Dieses Vorgehen hat sich insofern nicht als optimal herausgestellt, als nach dem bisher beschriebenen Auswertungsverfahren dem Pbn damit schon vor jeder weiteren Überlegung Treffer „geschenkt" werden, die sein Gütemaß bereits vor jeder Leistung positiv beeinflussen, sofern im System Eigendynamiken mit Wert 1 vorkommen. Dieser Nachteil der Geschenke verschärft sich, wenn – wie etwa in Experiment 2 geschehen – Eigendynamiken zu experimentell manipulierten Größen werden: Je nach Bedingung würden dadurch unterschiedlich viele Treffer bereits apriori verschenkt. Eine Lösung dieses Problems besteht darin, Treffer nur für Eigendynamik-Angaben von ungleich Eins zu vergeben.

Problem (5) – unterschiedliche (Teil-)Modelle – ist eher theoretischer Natur: soll man annehmen, daß zu einem bestimmten Zeitpunkt das vom Bearbeiter angegebene Modell tatsächlich das einzige Modell ist, das er derzeit verfolgt? Kommt jeder einzelnen Angabe des Bearbeiters die gleiche Bedeutung zu oder gibt es nicht vielmehr Relationen, hinsichtlich der sich ein Bearbeiter völlig sicher ist, während andere Relationsangaben noch mit Unsicherheiten verbunden sind? Dieses Problem läßt sich nur dadurch lösen, daß eine andere Form der Kausaldiagramm-Diagnostik gewählt wird, in der neben der Angabe über Vorliegen oder Nicht-Vorliegen von einzelnen Relationen auch zugleich eine Information über die subjektive Sicherheit eingeholt wird. Dies würde gut zum Quadrupelmodell der Hypothesen passen, ist aber in der Vergangenheit von uns noch nicht geleistet worden.

3.4.6   Das Maß „Güte der Kausaldiagramme" (GdK) [5]

Zum Zweck der differenzierten Bewertung von Angaben, die ein Pb über vermutete Zusammenhangsstrukturen macht, kann eine Zerlegung dieser Angaben vorgenommen werden. Die bei x exogenen und y endogenen Variablen resultierenden $(x+y) \cdot y$ möglichen Zellen der Systemmatrix (die Parameter des Strukturgleichungssystems) werden in Trefferzellen und Fehlerzellen unterteilt. Als Trefferzelle zählt jeder Parameter ungleich Null (mit Ausnahme der Eigendynamik: bei den Diagonalelementen der A_{yy}-Teilmatrix sind Trefferzellen auch bei Null-Einträgen möglich), als Fehlerzellen der verbleibende Rest. Das in mehreren Untersuchungen verwendete Standard-System SI-

---

[5] Die in diesem Abschnitt dargelegten Überlegungen entstammen großenteils aus Diskussionen mit Horst MÜLLER, dem ich an dieser Stelle für seine Diskussionsfreude noch einmal danken möchte.

NUS besitzt somit acht Treffer- und zehn Fehlerzellen (vgl. Tabelle 3.2 weiter unten).
Die Pbn-Angaben werden nach drei Komponenten hin ausgewertet:
(1) *Richtige und falsche Relationen*. Richtige Relationen werden kodiert, wo ein Pb
    eine nicht näher spezifizierte Angabe über das Vorliegen einer Variablenbezie-
    hung macht und eine Beziehung auch tatsächlich existiert. Falsche Relationen
    sind Angaben sowohl über Relationen, Vorzeichen als auch Wirkstärken, die sich
    auf die Fehlerzellen des objektiven Modells beziehen, also Relationen betreffen,
    die nicht realisiert wurden (die entsprechenden Parameter sind im objektiven Mo-
    dell Null). Eine falsche Relation ist einem falschen Alarm vergleichbar, während
    der Entscheid für eine Trefferzelle einer korrekten Entscheidung entspricht.
(2) *Richtige und falsche Vorzeichen*. Diese Angaben beziehen sich nur noch auf Tref-
    ferzellen: Die Kategorie „richtiges Vorzeichen" betrifft diejenigen Pb-Angaben,
    die nur die *Richtung* einer Relation charakterisieren, dies aber korrekt.
(3) *Richtige und falsche Wirkstärken*. Auch hier werden nur die Trefferzellen betrach-
    tet: Richtige Wirkstärken liegen dann vor, wenn ein Pb den entsprechenden Pa-
    rameter numerisch exakt angegeben hat. Derartige Treffer werden auch als *Nume-
    riktreffer* bezeichnet.
Die nachfolgende Tabelle zeigt, welche Angaben überhaupt vorkommen können. Erkennbar wird daraus, daß jede Angabe des Pb eindeutig einer von insgesamt acht Kategorien zugeordnet werden kann.

Tabelle 3.1:   Kategorisierungsmöglichkeiten für die von Pbn gemachten Anga-
                 ben in einem Kausaldiagramm.

Fehlerzellen	Trefferzellen
(1) Relationsangabe	(4) Relationsangabe
(2) Vorzeichenangabe	(5) Vorzeichenangabe falsch
(3) Wirkstärkenangabe	(6) Vorzeichenangabe richtig
	(7) Wirkstärkenangabe falsch
	(8) Wirkstärkenangabe richtig

Während die Bedingungen (1) bis (3) in jeweils verschärfter Form Fehler repräsentieren, geben Bedingungen (4) bis (8) in aufsteigender Reihenfolge die korrekten Identifi-
kationsleistungen wieder. Die allgemeine Formel (3.6) zur Bestimmung einer Komponente – Relation, Vorzeichen bzw. Wirkstärken – lautet wie folgt:

$$\text{GdK}_{\text{komp}} = (1\text{-}p)\cdot\text{Treffer/Max(Treffer)} - p\cdot\text{Fehler/Max(Fehler)}, \qquad (3.6)$$
$$-p \leq \text{GdK}_{\text{komp}} \leq (1\text{-}p),$$

wobei   p=Ratewahrscheinlichkeit,
        Treffer=Übereinstimmung in Trefferzelle,
        Fehler=Angabe in Fehlerzelle,
        Max(Treffer,Fehler)=maximale mögliche Zahl an Treffern
        bzw. Fehlern.

Der Ratewahrscheinlichkeit p kommt in dieser Formel eine besondere Bedeutung zu:
Mit ihr wird festgelegt, welches Vertrauen man in entsprechende Angaben des Pbn

setzt. In gewisser Hinsicht reflektiert (1-p) so etwas wie die Reliabilität der Pbn-Angaben. Mit p wird zugleich der mögliche Wertebereich des Maßes festgelegt: Der mögliche Range beträgt immer 1, jedoch ist das Minimum je nach p anders. Nur wenn p=0 gesetzt ist, liegt das Minimum tatsächlich bei Null und der Maximalwert bei 1; je größer p gewählt wird, umso mehr wird das Minimum in den negativen Bereich verschoben.

Die eben vorgestellte allgemeine Formel (3.6) nimmt für die drei verschiedenen Komponenten „Relationen", „Vorzeichen", „numerische Angaben" jeweils eine leicht veränderte Form an:

$$GdK_{rel} = (1-p_{rel}) \cdot \text{Relationstreffer}/\text{Max}(\text{Relationstreffer}) \\ - p_{rel} \cdot \text{Relationsfehler}/\text{Max}(\text{Relationsfehler}) \qquad (3.7)$$

$$GdK_{vor} = (1-p_{vor}) \cdot \text{Vorzeichentreffer}/\text{Max}(\text{Vorzeichentreffer}) \\ - p_{vor} \cdot \text{Vorzeichenfehler}/\text{Max}(\text{Vorzeichenfehler}) \qquad (3.8)$$

$$GdK_{num} = (1-p_{num}) \cdot \text{Numeriktreffer}/\text{Max}(\text{Numeriktreffer}) \\ - p_{num} \cdot \text{Numerikfehler}/\text{Max}(\text{Numerikfehler}) \qquad (3.9)$$

Für Relations- und Vorzeichentreffer wird beim Standard-System SINUS eine Ratewahrscheinlichkeit von 0.5 unterstellt; es wird dabei angenommen, daß bei zufälliger Entscheidung darüber, ob in einer Zelle eine Relation vorliegt oder nicht, kein „bias" zugunsten einer bestimmten Form vorliegt. Ähnlich ist die Argumentation hinsichtlich der Ratewahrscheinlichkeit von 0.5 für die Vorzeichen: auch hier ist anzunehmen, daß beide Vorzeichenarten vom Pb als gleichwahrscheinlich angesehen werden. Dagegen wird für Numeriktreffer angesichts des Universums möglicher Werte diese Ratewahrscheinlichkeit auf Null gesetzt wird. Somit resultieren die Werte $p_{rel}=0.5$, $p_{vor}=0.5$ und $p_{num}=0.0$.

Das resultierende Maß GdK_{sum} wird dann als gewichtete Summe der insgesamt drei Komponenten wie folgt bestimmt:

$$GdK_{sum} = G1 \cdot GdK_{rel} + G2 \cdot GdK_{vor} + G3 \cdot GdK_{num} \qquad (3.10)$$
$$\text{wobei } G1, G2, G3 = \text{Gewichtungen.}$$

Als Gewichtung der jeweiligen Komponenten im Standard-System SINUS wird für G1, G2 und G3 jeweils der Wert 1 gewählt. Diese Gewichtung bewirkt, daß jede Komponente mit maximal einem Punkt in den Summenwert einfließt, eine Ratewahrscheinlichkeit von p=0 vorausgesetzt; somit ist die vorgeschlagene Gewichtung eine, die die Gleichbehandlung aller drei Komponenten impliziert. Dies gilt im übrigen auch dann, wenn eine von 0 abweichende Ratewahrscheinlichkeit gewählt wird.

Ein *Beispiel* möge die Berechnung der beschriebenen Maße illustrieren. Wir nehmen hierfür an, daß ein Pb die Standard-Version des Systems SINUS zu bearbeiten hat, dessen Treffer- und Fehlerzellen in Tabelle 3.2 aufgeführt sind (Tabelle 3.2 ist nichts anderes als die dem System zugrundeliegende korrekte Parametermatrix).

Tabelle 3.2:   Treffer- und Fehlerzellen im Standard-System SINUS: Die leeren Tabelleneinträge sind Fehlerzellen, die mit Parametern ungleich Null gefüllten sind Trefferzellen.

(t+1)	Olschen (t)	Mukern (t)	Raskeln (t)	Gaseln (t)	Schmorken (t)	Sisen (t)
Gaseln	10			1		
Schmorken			3		1	0.2
Sisen		2	0.5			0.9

Wie weiter oben bereits erwähnt, besteht dieses System aus acht Treffer- und zehn Fehlerzellen. Man nehme nun weiter an, ein Pb habe das in Tabelle 3.3 wiedergegebene subjektive Kausalmodell auf dem Formblatt eingezeichnet.

Tabelle 3.3:   Beispiel für ein subjektives Kausaldiagramm des Systems „SINUS": die vom Pb auf das Formblatt (vgl. Abb. 3.3) eingezeichneten Pfeile wurden in Tabelleneinträge umkodiert (ein „*" bedeutet Relations-, ein „+" bzw. „-" Vorzeichenangabe, Zahlen bedeuten angegebene Wirkstärken; die Buchstaben qualifizieren die Angaben als Treffer bzw. Fehler auf den Ebenen Relation, Vorzeichen und Numerik).

(t+1)	Olschen (t)	Mukern (t)	Raskeln (t)	Gaseln (t)	Schmorken (t)	Sisen (t)
Gaseln	10 TN			1 TN		2 FR
Schmorken			+ TV		1 TN	
Sisen		2.5 TV	* TR			+ TV

Für das in der Tabelle gezeigte Zahlenbeispiel gibt es auf der Relationsebene 7 von maximal 8 Treffern und 1 von maximal 10 Fehler; auf der Vorzeichenebene liegen 6 von maximal 8 Treffern in der richtigen Richtung, keiner in der falschen Richtung; auf Numerikebene sind 3 von maximal 8 Angaben Treffer und 1 von 8 ein Fehler. Aufgrund der Logik des Maßes sind – wie hieran erkennbar ist – numerische Treffer auch zugleich Vorzeichen- und Relationstreffer, Vorzeichentreffer sind immer auch zugleich schon Relationstreffer. Diese Eigenschaft des GdK-Maßes wird im folgenden Kapitel näher dargelegt.

Die Werte für die drei Komponenten GdK_{rel}, GdK_{vor} und GdK_{num} für den Beispielsfall betragen somit nach Formeln 3.7 bis 3.9 und unter Zugrundelegung der genannten p-Werte (0.5, 0.5 und 0.0): 0.39 (max: 0.50), 0.37 (max: 0.50) und 0.37 (max: 1.0). GdK_{sum} beträgt für das Beispiel also 1.15 von maximal 2.0 Punkten.

In Kapitel 4 wird – solange keine differenzierteren Analysen mit den Komponenten vorgenommen werden – der Variablenname GdK abkürzend für die gewichtete Summe GdK_{sum} verwendet.[6] Diese gewichtete Summenbildung über verschiedene Repräsentationsebenen reflektiert nach unseren Erfahrungen das globale Wissensniveau eines Pbn

---

[6] Die in früheren Arbeiten (z.B. FAHNENBRUCK, FUNKE & MÜLLER, 1987) eingeführten Maße GdK_a und GdK_m werden genauso wie das Maß GS durch das hier vorgestellte Maß GdK abgelöst.

recht gut und erweist sich nach Untersuchungen von MÜLLER (in press) als reliabler Indikator (vgl. Kap. 3.6). Je nach Untersuchungsabsicht ist zu entscheiden, ob mit dem globalen GdK_{sum}-Indikator oder den differenzierten Indices für die drei Ebenen gearbeitet werden soll.

3.4.7 Implikationen

Mit der vorgeschlagenen Komponentenzerlegung wird zugleich eine *Theorie der Wissensrepräsentation* wie auch eine *Theorie des Wissenserwerbs* impliziert. Hinsichtlich Repräsentation wird unterstellt, daß es (mindestens) drei verschiedene Arten von Wissen über strukturelle Abhängigkeiten gibt (Relations-, Vorzeichen- und numerisches Wissen). Hinsichtlich des Wissenserwerbs wird unterstellt, daß jeder Bearbeiter eines dynamischen Systems bei der Identifikation von Systemrelationen die drei Wissensstufen in einer klaren Sequenz durchläuft: zunächst wird das Vorliegen einer wie auch immer gearteten Relation zwischen zwei Variablen erkannt, dann kann die Richtung dieser Wirkbeziehung und schließlich ihre absolute Stärke identifiziert werden. Diese Entwicklungslogik ist sachlogisch notwendig. Wissenserwerb über dynamische Systeme muß aus logischen Gründen diese drei Stufen in der angegebenen Folge durchlaufen, wobei über das Verweilen in den verschiedenen Stadien allerdings keine verbindlichen Angaben gemacht werden können. In einigen Fällen mag das Entdecken einer Relation fast direkt auch zur Identifikation eines Vorzeichens führen; logischerweise kann aber nie erst ein Vorzeichen erkannt und dann auf die Existenz einer Relation geschlossen werden. Somit sind die drei Komponenten voneinander in der beschriebenen Art abhängig und sollten entsprechend positiv korrelieren.

Die vorgestellte Entwicklungslogik besitzt Parallelen zu der von SPADA (1989, vgl. auch PLÖTZNER et al., 1990) vorgestellten. Dort wird folgende Progression von Stufen von Bereichswissen im Realitätsbereich „elastische Stoßvorgänge" (Mikrowelt DiBi, „Disk Billiard") unterschieden: (1) *qualitative* Stufe („welche Variable hängt von welcher anderen ab?"), (2) *semi-quantitative* Stufe (Repräsentation monoton zunehmender bzw. fallender Beziehungen), (3) *quantitative relationale* Stufe (Repräsentation unter Verwendung proportionaler und invers proportionaler Beziehungen), (4) *quantitative* Stufe (Repräsentation in Form quantitativer Gleichungen).

„The main instructional idea with regard to the computerized microworld DiBi is that different levels of mental representation are adressed by different levels of presentation of information." (SPADA, 1989, p. 2).

Der Pb kann in DiBi entsprechend seinem Wissensstand unterschiedlich differenzierte Informationen anfordern und so sein Wissen erweitern. Die von SPADA beschriebene Stufenfolge differenziert den quantitativen Bereich stärker als die von uns vorgeschlagene Entwicklungslogik. Vor dem Hintergrund seiner experimentellen Studie zum System APFELBAUM kommt BECKMANN (1990) ebenfalls zu dem Gedanken, zwischen der Stufe des Vorzeichen- und Wirkstärkenwissens noch eine Stufe des „semiquantitativen Relationswissens" einzuführen. Diese Überlegungen zeigen, daß die Idee einer Komponentenzerlegung der subjektiven Repräsentation über ein dynamisches System sehr naheliegend scheint. Was die angemessene Stufung darstellt, ist dagegen nicht leicht zu entscheiden. Je nach Gegenstandsbereich und Fragestellung können unterschiedlich feine Auflösungen sinnvoll sein.

3.5 Maße für die Güte von Steuerungswissen

Das klassische Maß für die Steuerungsleistung ist der Abstand zwischen Ist- und Soll-Zustand. Das hier verwendete Maß GdS („Güte der Systemsteuerung") gibt daher den über Takte und abhängige Variablen gemittelten Abstand zwischen vorgegebenem und erreichten Wert in der Steuerungsphase wieder. Während in früheren Auswertungen die Abstände ungewichtet in dieses Maß eingingen (City-Block-Metrik), führten neuere Überlegungen zu einer Revision dieser Vorgehensweise.

Ausgangspunkt dieser Revision war die Beobachtung, daß die so ermittelten Rohwerte eine linksschiefe Verteilung mit Ausreißern im oberen Skalenbereich aufwiesen (vgl. MÜLLER, FUNKE & RASCHE, 1988, p.10f.). Dies ist nicht nur für die Anwendung parametrischer Verfahren problematisch, sondern reflektiert auch die Tatsache, daß große Abweichungen unreliablere Messungen darstellen könnten: je ungenauer das Wissen eines Pbn, umso größer wird der Range möglicher Abstandswerte; umgekehrt: bei hohem Wissensstand dürfte das Abstandsmaß ein ungleich zuverlässigerer Indikator sein. Diese Argumentation differentieller Reliabilität der Messung legt eine von uns gewählte Prozedur nahe, nämlich die *Logarithmierung des Abstandsmaßes*. Dadurch werden – übrigens im Gegensatz zum „root-mean-squares"-Kriterium (RMS-Kriterium; vgl. BÖSSER, 1983) – unreliable große Abweichungen abgeschwächt, während die zuverlässigeren kleineren Distanzen stärker bewertet werden.

MÜLLER (1989) hat darauf hingewiesen, daß man nicht den über Variablen und Takte gemittelten Abstandswert logarithmieren sollte, sondern diese Transformation bereits auf der Ebene jedes einzelnen Abstandes vornehmen und anschließend die gemittelten logarithmierten Abstände als Indikator für die Steuerungsqualität verwenden sollte. Mit diesem Vorgehen wird der Grundgedanke, der hinter dieser Transformation steht, direkt am „Ort des Geschehens" umgesetzt. Dies scheint mir die derzeit beste Bestimmung der Steuerungsleistung zu ermöglichen. Der naheliegende Gedanke[7], anstelle des logarithmierten Abstandes das logarithmierte *Verhältnis* zwischen erreichtem und vorgegebenem Wert als Maß zu verwenden (analog etwa zu in der Psychophysik gebräuchlichen Täuschungsmaßen; vgl. z.B. BREDENKAMP, 1984), erweist sich zumindest in den Fällen als problematisch, wo Zielwerte von Null zu erreichen sind, da ein derartiges Maß dann nicht definiert wäre.

Ein letzter Gedanke zur Gütebestimmung bei der Steuerungsleistung (vgl. BECKMANN, 1990): Neben einer auf die Zielwerte fixierten Abstandsbestimmung (GdS_y) ist natürlich auch eine Abstandsbestimmung in Hinblick auf den jeweils „idealen Eingriff" möglich (GdS_x). Dieses letztgenannte Maß dürfte insbesondere in den Fällen zu bevorzugen sein, wo durch eine Beschränkung des Wertebereichs für die Steuergrößen

---

[7] Dieser Vorschlag wurde von Jürgen BREDENKAMP gemacht.

ein Zustand erreicht wird, aus dem eine direkte Zielerreichung nicht mehr möglich ist. Die an den Meßgrößen orientierte Abstandsbestimmung GdS_y würde in einem derartigen Fall Abweichungen anzeigen, obwohl aus Sicht der Steuergrößen der Pb das Optimum gewählt haben kann. Eine Bewertung mittels GdS_x zeigte dann die Optimalität des Eingriffs an.

3.6   Zur Reliabilität und Validität der Maße

Reliabilität und Validität sind zwei in der Forschung zum komplexen Problemlösen schon frühzeitig diskutierte Konzepte. Der von DÖRNER und Mitarbeitern aufgestellten These mangelnder Validität traditioneller Intelligenztests (vgl. KREUZIG, 1979, 1983) wurde recht bald die These mangelnder Reliabilität der Indikatoren des komplexen Problemlösens (vgl. FUNKE, 1983) und der noch nicht nachgewiesenen Validität von Bearbeitungsmaßen computersimulierter Szenarien entgegengestellt („...Schecks, deren Deckung noch aussteht..."; vgl. JÄGER, 1986). Ein paar Zitate sollen diese z.T. lebhaft geführte Kontroverse unterstreichen:

„... die Tatsache des völligen Versagens der klassischen Intelligenzdiagnostik bei der Vorhersage komplexer Problemlöseleistungen ... sollte ... zu einer kritischen Überprüfung des Intelligenzkonzeptes Anlaß geben." (KREUZIG, 1979, p. 209).

„Methoden, die ihre Validitätsansprüche nur aus theoretischen Überlegungen, oder ihrer mutmaßlichen Ähnlichkeit mit Real-Life-Situationen beziehen (Assessment-Center, Arbeitsproben, Simulationen komplexer Problemstellungen, etc.), können bis zum empirischen Nachweis ihrer Validität nur als face-valide gelten. Augenscheinliche Situationsähnlichkeit und andere Evidenzen sind prinzipiell kein Ersatz für empirische Validitätsbelege." (JÄGER, 1986, p. 274).

„Die Computersimulation eröffnet zunächst einmal der *Beliebigkeit* Tür und Tor: beliebiger als relevant erachteter *Realitätsausschnitte* bei der Konstruktion des Systems, beliebiger *Kriterien* für die Fragestellung, bei beliebiger Namensgebung. Die schon bislang mageren Angaben zur *Validität* in den Testmanualen läßt nichts Gutes ahnen für die – ungleich aufwendigeren – Simulationen." (KREUZIG, 1983, p. 150f).

Die in der Vergangenheit vorgelegten Reliabilitäts- und Validitätsstudien sind nicht sonderlich zahlreich (vgl. HASSELMANN & STRAUB, 1988; MÜLLER, 1989; SCHOPPEK, 1991; STROHSCHNEIDER, 1986) und nicht durchgängig ermutigend.

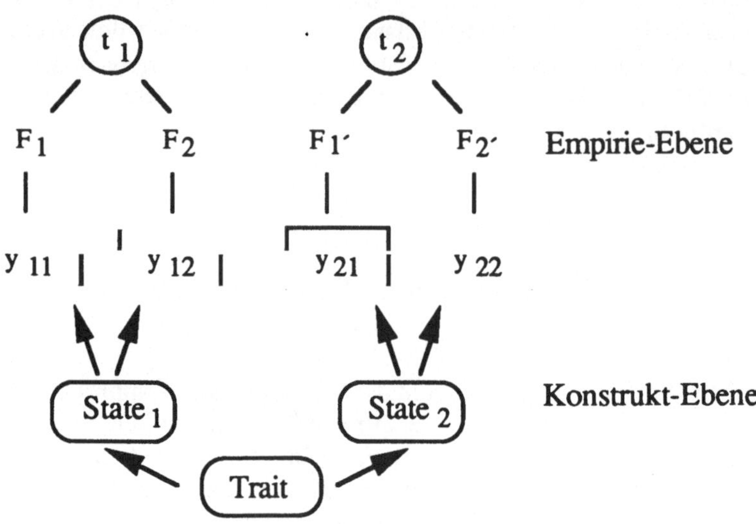

Abb. 3.4: Design von MÜLLER (1989, in press) in Anlehnung an STEYER (1987) zur Ermittlung von Konsistenz („Trait") und Spezifität („State") der Gütemaße durch Messung zu zwei Zeitpunkten (t_1, t_2) mit je zwei unterschiedlichen Parallelformen (F_1, F_2 und $F_1´$, $F_2´$). Die manifesten Variablen sind y_{11}, y_{21}, y_{12} und y_{22} benannt.

Aufbauend auf den Arbeiten in der Bonner Arbeitsgruppe haben FAHNENBRUCK und STRELOW (1991) im Rahmen der Flugzeugführerauswahl einen „Instrument Failure Simulator" konstruiert, bei dem ein Bewerber am Bildschirm ein simuliertes Flugzeug nach Instrumenten steuern muß. Insgesamt fünf ca. dreiminütige Durchgänge gibt es, jeder Durchgang besteht aus zwei Teilabschnitten (Geradeaus- bzw. Kurven- und Sinkflug). Während die ersten zwei Durchgänge ohne Störung ablaufen, fallen in drei restlichen Durchgängen jeweils vier von insgesamt dreizehn Instrumenten aus; dies muß der Bewerber so schnell wie möglich entdecken. Gemessen wird die „Güte der Systemsteuerung" (GdS) und die „Güte der Fehlererkennung" (GdF) analog zu dem hier vorgestellten GdS- und GdK-Maß. Die Reliabilität dieser Indikatoren erreicht nach vorläufigen Untersuchungen an 60 Bewerbern Werte oberhalb von 0.80, Validitätshinweise ergeben sich aus Korrelationen zu anderen Testverfahren der Auswahlbatterie wie auch durch Untersuchung unterschiedlicher Gruppen (erfahrene Flieger, Bewerber mit Privatpilotenschein).

Horst MÜLLER, der im Rahmen des DYNAMIS-Projekts maßgeblich an der Indikatorkonstruktion mitgewirkt hat, untersuchte im Rahmen des Modells von STEYER (1987) zur Konsistenz und Stabilität von Merkmalen die von uns verwendeten Gütemaße (vgl. MÜLLER, 1989, in press). Seine experimentelle Untersuchung bestand darin, zu zwei Meßzeitpunkten t_1 und t_2 den gleichen 78 Pbn (Luxemburger Schüler) je zwei Parallelformen (F_1 und F_2 zum Zeitpunkt 1 sowie $F_1´$ und $F_2´$ zum Zeitpunkt 2) eines dynamischen Systems vorzulegen, die präsentiert wurden als abstraktes System von Reglern, mittels derer Instrumente beeinflußt werden konnten. Jede der insgesamt vier Formen realisierte ein System bestehend aus den beiden folgenden Strukturgleichungen:

$$y1_{t+1} = y1_t + a \cdot x1_t + b \cdot x2_t \tag{3.11}$$

$$y2_{t+1} = y2_t + c \cdot x2_t + d \cdot y1_t \tag{3.12}$$

Für jedes der vier Systeme wurden leicht veränderte Werte für die Parameter a bis d verwendet. Dieses Design liefert für jeden Pb und für jede Art von Gütemaß (hier: GdS und GdK) vier Datenpunkte y_{11}, y_{12}, y_{21} und y_{22} (der erste Index steht für die Parallelform, der zweite für den Meßzeitpunkt). Abb. 3.4 veranschaulicht diesen Plan, wobei die obere Hälfte die Empirie-Ebene anzeigt, darunter die Konstrukt-Ebene.

Mit diesem Design können auf der Basis von Kovarianzen sowohl *trait*- („Konsistenz") als auch *state*-spezische („Spezifität") Anteile des gemessenen Konstrukts geschätzt werden. Zugleich kann auch die Reliabilität über die Korrelation der Parallelformen für jeden Zeitpunkt geschätzt werden. Erste Datenanalysen weisen auf sehr zufriedenstellende Kennwerte hin, die in Tabelle 3.4 summarisch dargestellt sind.

Tabelle 3.4: Konsistenz, Spezifität und Reliabilität für die Gütemaße GdS und GdK zu zwei Meßzeitpunkten mit jeweils zwei Parallelformen nach den Analysen von MÜLLER (in press).

	GdK		GdS	
	t_1	t_2	t_1	t_2
Konsistenz	.78	.61	.58	.49
Spezifität	.14	.25	.28	.34
Reliabilität	.92	.86	.86	.83

Aus dieser Tabelle ist ersichtlich, daß vergleichsweise gut ausgeprägte Konsistenzwerte vorliegen, die auf einen zugrundeliegenden Trait verweisen. Die situationsspezifischen Anteile, die im Spezifitätsmaß abgebildet werden, sind zwar nicht null, aber doch eher gering. Die Reliabilitätskennwerte sowohl für GdK als auch für GdS sind mit Werten zwischen 0.83 und 0.92 erfreulich hoch.

3.7 Zusammenfassung

Die in diesem Kapitel vorgestellten Rahmenvorstellungen betreffen zunächst einmal forschungsstrategische Fragen. Es wird dargelegt, daß anstelle einer unsystematischen Systemkonstruktion und ungebremsten Datenerhebungen ein planvolles Vorgehen zu setzen ist. Hierfür wird der Ansatz linearer Strukturgleichungssysteme vorgeschlagen und am Beispiel des Standard-Szenarios SINUS das untersuchungstechnische Vorgehen illustriert. Im Sinne einer minimalen Repräsentation werden sodann die verschiedenen Gedächtnisinhalte differenziert, über die ein Problemlöser verfügen sollte: Datenbasis, subjektives Kausalmodell und Regelwissen werden zu diesem Zweck unterschieden. Die als Quadrupelmodell der Hypothesen vorgestellte Repräsentationsform leitet über zu den Möglichkeiten ihrer Erfassung etwa mittels Befragungstechniken. Für die Methode der Kausaldiagramm-Analyse wird dann genauer beschrieben, welche Probleme sich bei der Diagnostik subjektiver Kausalstrukturen ergeben und welche Lösungsmöglichkeiten hierfür in Frage kommen. Das vorgestellte Maß „Güte der Kausaldiagramme" (GdK) erfaßt Wissen auf drei qualitativ verschiedenen Ebenen. Es wird dargelegt, daß es sich dabei nicht nur um verschiedene Arten der Repräsentation handelt, sondern daß dadurch eine sachlogisch begründete Theorie des Wissenserwerbs impliziert wird. Schließlich werden Hinweise zur Bestimmung der „Güte der System-steuerung" (GdS) gegeben und Angaben zur Reliabilität und Validität dieser Maße vor-gestellt.

4 Experimentelle Untersuchungen zum Einfluß von Systemmerkmalen auf Wissenserwerb und -anwendung

Im Rahmen eines von der DFG geförderten Vorhabens innerhalb des Schwerpunktprogramms „Wissenspsychologie" wurden in der Zeit von Juli 1986 bis Oktober 1989 von meiner Forschungsgruppe fünf Experimente zur Frage der Wirkung bestimmter Systemeigenschaften auf den Umgang mit diesen Systemen konzipiert und durchgeführt (zum Forschungsprogramm vgl. FUNKE, 1986a, sowie Kapitel 3.1), über die hier zusammenfassend berichtet werden soll. Die im Rahmen des Vorhabens erstellten Projektberichte bilden die Grundlage dieses Kapitels. Im Zentrum des Interesses stand dabei die Frage, wie Individuen Wissen über ein ihnen zunächst unbekanntes dynamisches System erwerben, wie sie dieses Wissen in Abhängigkeit von Systemeigenschaften ausbilden und wie sie es für eine nachfolgende Steuerungstätigkeit verwenden.

4.1 Experiment 1: Eingreifen vs. Beobachten

Das erste Experiment befaßt sich mit den Effekten unterschiedlicher Aktivitätsanforderungen an Pbn bei der Identifikation und Steuerung dynamischer Systeme. Im Unterschied zu vielen realen Systemen, die von ihren Bedienern lediglich Überwachung und Prozeßkontrolle erwarten (und damit besondere Probleme aufwerfen, vgl. BAINBRIDGE, 1987), wird in den meisten Simulationsstudien denkpsychologischer Herkunft der aktive Eingriff in das System verlangt. Es dürfte unbestritten sein, daß derartige Aktivitäten eine wichtige Voraussetzung für die Bildung eines adäquaten mentalen Modells über den simulierten Realitätsbereich darstellen. In welcher Form jedoch Individuen die Möglichkeiten zum Testen von Zusammenhangshypothesen nutzen, ist weniger klar. Auch das Verhältnis zwischen Wissen und Können bedarf näherer Klärung.

4.1.1   Methodisches Vorgehen

Zunächst wird das eingesetzte Simulationssystem beschrieben. Darauf folgen die Darstellungen des realisierten Versuchsplans, der handlungsleitenden Hypothesen, der untersuchten Stichprobe sowie der konkreten Versuchsdurchführung.

Simulationssystem. Zum Einsatz kam das bereits beschriebene Standardsystem SINUS (vgl. Kapitel 3.2.2), das für die speziellen Erfordernisse dieses Experiments angepaßt wurde (vgl. dazu die Beschreibungen weiter unten).

Versuchsplan. In diesem Abschnitt wird zunächst der Versuchsplan des Experiments skizziert. Dies geschieht durch eine ausführliche Beschreibung der unabhängigen und abhängigen Variablen.

Unabhängige Variablen. Geprüft werden soll der Zusammenhang zwischen der Aktivität des Pb bei der Systembearbeitung und seinen Leistungen bei der Systemerkennung und der Systemsteuerung. Die beiden ausgewählten unabhängigen Variablen (UVn) realisieren jeweils zwei unterschiedliche Aktivitätsanforderungen bzw. -möglichkeiten.

(1) UV *„Eingriffsmöglichkeit"*: Eine Versuchsbedingung (E+) erlaubt bzw. verlangt den aktiven Eingriff in das System, die andere Bedingung fordert bzw. gestattet nur Systembeobachtung (E-).

(2) UV *„Prognoseforderung"*: Eine Versuchsbedingung (P+) verlangt vom Pb nach dem Durchführen bzw. Beobachten von Systemeingriffen die Vorhersage des resultierenden Systemzustands, die andere Bedingung (P-) fordert keine expliziten Prognosen.

Die Wahl der UVn begründet sich folgendermaßen. In fast allen bekannten Untersuchungen zu dynamischen Systemen sollen Pbn in Szenarios eingreifen, wobei meist implizit oder mitunter auch explizit angenommen wird (sofern das Lernen des Pbn überhaupt thematisiert wird), daß der *aktive* Umgang mit dem System eine entscheidende Lernbedingung ist, also „learning by doing" stattfindet (vgl. KLUWE, MISIAK, RINGELBAND & HAIDER, 1986). Ob die aktive Handlungsmöglichkeit tatsächlich so entscheidend ist, ist eine der Fragen, die unser Experiment beantworten soll. Es sei darauf verwiesen, daß EYFERTH et al. (1982) diese Frage bereits mit ihrem System WELT untersuchten, jedoch – wohl aufgrund von System- und Darbietungsmöglichkeiten – diesbezüglich zu keinem interpretierbaren Ergebnis kamen.

Das Interesse an der Wirkung von Prognosen, die der Pb machen soll, ist pragmatischer begründet. In einigen Experimenten sollen Vorhersagen des Pb als prozeßdiagnostischer Zugang zu seinem aktuellen Wissen verwendet werden. Hier ist vorab zu prüfen, inwieweit eine so beschaffene Prozeßdiagnostik die Güte und Art der Systembearbeitung verändert und inwieweit Prognosen zur Abbildung des Wissenserwerbs geeignet sind. Ein sehr ähnliches Vorgehen verwenden übrigens SPADA, REIMANN und HÄUSLER (1983) bei der Erhebung der Erwartungskomponente ihrer „WEIV"-Sequenzen.

Entsprechend den geforderten Versuchsbedingungen wurden neben der bereits kurz beschriebenen Standard-Ausführung zwei Varianten des DYNAMIS-Programms erstellt, die mit ihren Besonderheiten nachfolgend dargestellt werden.

Die (E-)-Bedingung: Das DYNAMIS-Programm ist normalerweise so konzipiert, daß die Pbn in das System eingreifen können und somit das Systemgeschehen selbst steuern. Diese (Standard-)Version entspricht also der (E+)-Bedingung. Die (E-)-Bedingung wird dadurch realisiert, daß den zugehörigen Pbn je eines der Systeme vorgegeben wird, die von der (E+)-Gruppe produziert wurden. So gibt es zu jedem Pbn der (E+)-Gruppe einen „experimentellen Zwilling" der (E-)-Gruppe, der die Systemeingriffe seines Vorgängers als experimentelle Bedingung antrifft. Ein derartiges Vorgehen wird im allgemeinen als Parallelisieren oder auch als Zwillingsmethode bezeichnet („yoked control design"; vgl. auch HAGER, 1987, p. 63f.). Die Systemabläufe von je zwei Pbn in (E+)- und (E-)-Gruppe sind somit identisch und vergleichbar: Die Pbn der (E-)-Bedingung werden nicht mehr zum Eingriff aufgefordert, sondern beobachten stattdessen zu jedem Zeittakt die drei Maßnahmen ihres experimentellen Zwillings aus der (E+)-Bedingung. Nach der Darstellung des Systemzustands und der Differenzwerte werden also auf Tastendruck die drei Eingriffe des Zwillings angezeigt, anschließend – wiederum auf Tastendruck des Pbn – der resultierende Systemzustand, der natürlich identisch ist mit dem Verlauf, den der Zwilling erzeugt und beurteilt hat, und so fort.

Die (P+)-Bedingung: Diese Versuchsbedingung verlangt vom Pb nach Eingabe oder Beobachtung von Maßnahmen, daß er den Zustand der endogenen Variablen im kommenden Takt prognostiziert, ehe er die Resultate des Eingreifens beobachten kann. Während der ersten Systemtakte können von den Pbn keine exakten numerischen Vorhersagen erwartet werden. Daher erhalten sie die Möglichkeit, auf einer dreistufigen Skala anzugeben, in welcher Richtung sie Änderungen der endogenen Variablen erwarten. Wenn der Pb es wünscht, kann er natürlich den erwarteten Wert der AV exakt angeben; will oder kann er überhaupt keine Vorhersage machen, teilt er dies durch die Eingabe eines Fragezeichens mit.

Abhängige Variablen. Verwendet werden drei abhängige Variablen, die den zwei Leistungsbereichen *Systemerkennung* und *Systemsteuerung* zuzuordnen sind: einmal interessiert – wie bei Untersuchungen mit komplexen dynamischen Systemen üblich – die „Güte der Systemsteuerung" (GdS), also wie gut ein Pb das System zielgerichtet steuern kann; zum anderen ist es wichtig, den zweifellos stattfindenden Wissenserwerb zu erfassen und Zusammenhänge zwischen Wissens- und Handlungsqualität aufzuzeigen. Im durchgeführten Experiment werden dafür zwei Maße verwendet, die das Wissen der Pbn einschätzen sollen: die „Güte des Kausaldiagramms" (GdK) und die „Güte der Vorhersagen" (GdV). Da die Maße GdK und GdS bereits in den Kapiteln 3.3 und 3.4 vorgestellt wurden, muß hier nur kurz auf die Güte der Vorhersagen eingegangen werden.

Die AV „Güte der Vorhersagen" (GdV). Dieser Indikator ist neben GdK ein weiteres Maß der Systemerkennung, bei dem der Pb sein Wissen nicht wie beim Pfeildiagramm in Form eines Wirkungsgefüges äußern muß, sondern in Form von quantitativen Vorhersagen des Systemverhaltens. So werden allen Pbn in diesem Experiment nach der Bearbeitung des Systems SINUS und nach der Erhebung der Maße GdS und GdK zehn mal verschiedene Systemzustände und -eingriffe vorgegeben und jeweils Vorhersagen der Ausprägung der Zustandsvariablen zum nächsten Takt verlangt. In dieser abschließenden Vorhersage-Phase erhalten die Pbn keine Rückmeldung über das Systemverhalten, so daß ein weiteres Lernen ausgeschlossen werden kann. Aus den resultierenden Daten wird ein Maß GdV abgeleitet, das analog zum oben beschriebenen

Maß GdS den Abstand der taktweise abgegebenen Vorhersagen von den wahren, tatsächlich resultierenden Zustandswerten repräsentiert und das möglicherweise implizite Wissen des Systembearbeiters ohne die beim Pfeildiagramm erforderliche Identifikation der Kausalstruktur erfassen soll. Da GdK zeitlich *vor* GdV erhoben wird und eine gute Leistung im Kausaldiagramm auch zu einer guten Vorhersage-Leistung führen sollte, wird GdV als ein von GdK abhängiges Maß betrachtet.

Hypothesen. Die Kreuzung der beiden genannten zweistufigen Faktoren „Eingreifen" und „Prognostizieren" führt zu einem Versuchsplan mit vier Zellen, wobei die beiden folgenden Hypothesen formuliert werden, die sich varianzanalytisch gesehen jeweils auf Haupteffekte der UVn beziehen.

Bezüglich des *Haupteffekts „Eingriffsmöglichkeit"* besteht folgende Hypothese. Die

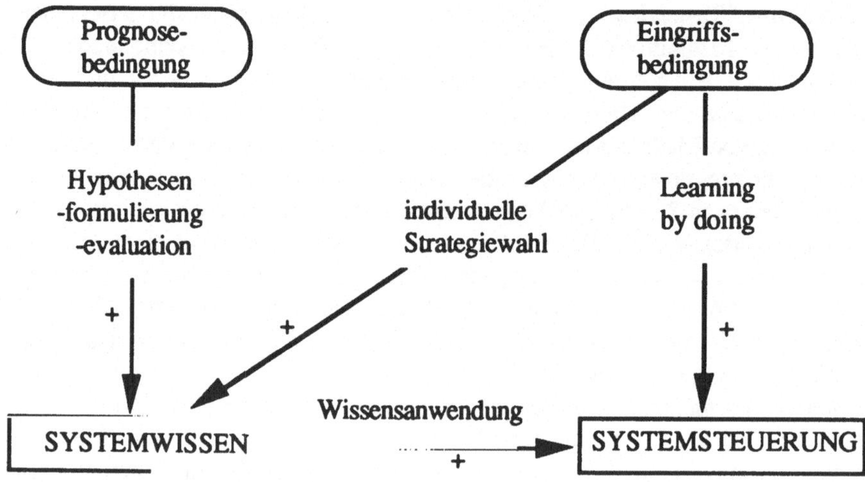

Abb. 4.1:   Pfadmodell der Hypothesen von Experiment 1.

Möglichkeit des Eingreifens in das Szenario (E+) erlaubt es, individuelle Annahmen über Systemeigenschaften zu testen. Auch wenn die Pbn über keine idealen experimentellen Strategien verfügen, so können sie doch „naive" Experimente durchführen, einfach etwas ausprobieren. Die Möglichkeit, während der Wissenserwerbs-Phase durch Eingriffe in das System *aktiv* eigene Erfahrungen zu sammeln, sollte zu einer besseren Systemerkennung und Systemsteuerung führen als eine reine Systembeobachtung (E-), bei der aktive Datenerzeugungs-Strategien nicht angewendet werden können. Unter dieser passiven Bedingung kommt der Auswertung der präsentierten Daten entscheidende Bedeutung zu, strategische Überlegungen können zwar angestellt, jedoch nicht in die Tat umgesetzt werden. Die Eingriffs-Bedingung sollte sich also auf Wissen *und* Steuerung der Pbn positiv auswirken. Die bessere Steuerung sollte nicht allein aufgrund elaborierteren explizierbaren Wissens zustandekommen, sondern auch durch direktes „learning by doing".[8]

Hinsichtlich des Haupteffekts *„Prognosebedingung"* wird angenommen, daß sich die Aufforderung zu Vorhersagen in erster Linie auf das Systemwissen der Pbn positiv auswirkt. Die geforderte Formulierung von Hypothesen und die Möglichkeit ihrer anschließenden empirischen Prüfung sollte den Pbn unter der Versuchsbedingung mit Prognoseanforderung zu einem besser elaborierten kognitiven Modell von den Verhältnissen auf SINUS verhelfen. Einen direkten Effekt auf die Qualität der Systemsteuerung sollte diese Variable nicht ausüben, wohl aber einen indirekten über die elaboriertere Systemrepräsentation. Zusammenfassend lassen sich diese Erwartungen in dem in Abb. 4.1 angegebenen Pfadmodell darstellen.

Stichprobe. Untersucht wurden 32 Pbn, so daß pro Zelle des Versuchsplans 8 Pbn zur Verfügung standen. Bei diesem Stichprobenumfang können nur große Effekte nach herkömmlichen Signifikanz-Kriterien ($\alpha=\beta=0.10$) bestätigt bzw. verworfen werden (vgl. BREDENKAMP, 1980). Wir beschränkten uns darauf, bei allen Pbn das Abitur vorauszusetzen. Männer und Frauen sollten in jeder Zelle des Versuchsplans gleich häufig und in jeder Zelle die Paarungen Frau-Frau, Frau-Mann, Mann-Frau und Frau-Frau als Zwillingspaare Eingreifer-Beobachter gleich häufig, also jeweils zweimal, vorkommen. Außerdem sollte keiner der Pbn älter als 30 Jahre alt sein. So setzt sich die hier untersuchte Stichprobe aus 16 Frauen und 16 Männern zusammen, ein großer Teil waren Studenten und Studentinnen der Psychologie in niedrigen Semestern. Diese wurden durch Bescheinigungen über abgeleistete Versuchspersonen-Stunden entlohnt, die restlichen Pbn erhielten eine Aufwandsentschädigung in Höhe von zehn DM.

Durchführung der Untersuchung. Das Experiment wurde in Einzelsitzungen durchgeführt. Bis zu zwei Pbn konnten von der Versuchsleiterin (Vl) simultan im gleichen Raum betreut werden. Nach kurzer Information über den Versuchsablauf wurden einige Kontrollvariablen erhoben. Jeder Pb bearbeitete zunächst das erste Set des APM („Advanced Progressive Matrices") von RAVEN und anschließend den PLF (Problemlöse-Fragebogen) von KÖNIG, LIEPMANN, HOLLING und OTTO (1985). Die Handhabung des Systems SINUS erfolgte am Personalcomputer. Die Vl erklärte den Gebrauch der Tastatur, gab dem Pb die schriftlich gefaßte Instruktion zum Lesen und beantwortete etwaige Fragen. Auch beim weiteren Verlauf blieb die Vl anwesend und legte dem Pb nach jedem der insgesamt fünf Durchgänge ein leeres Kausaldiagramm zur Bearbeitung vor. Nach Beendigung des fünften Durchgangs wurden schließlich die Vorhersage-Daten zur Bestimmung von GdV erhoben.

Die Pbn wurden den einzelnen Versuchsbedingungen randomisiert zugeordnet mit der Einschränkung, daß ein Pb der Bedingung „Beobachten" erst dann zugewiesen werden konnte, wenn mindestens ein anderer Pb vorher die Bedingung „Eingreifen" bearbeitet hatte und damit als experimenteller Zwilling zur Verfügung stand. Die Dauer des Versuchs bestimmten die Pbn selbst durch die Geschwindigkeit ihrer Systembearbeitung. Im Schnitt dauerte dies etwa zwei Stunden.

---

[8] Die in diesem Abschnitt beschriebenen Varianten (E+) bzw. (E-) entsprechen im übrigen – so ein Hinweis von Jürgen BREDENKAMP – dem Selektions- bzw. Rezeptionsparadigma der klassischen Konzeptforschung.

Hypothesenprüfung. Wenn man das Pfadmodell aus Abb. 4.1 in die Sprache der Regressionsanalyse übersetzen will, um es einer statistischen Prüfung unterziehen zu können, müssen die bisher noch ungenau spezifizierten Effekte präziser formuliert werden.

Aus einer ersten Datenanalyse für N=20 Pbn ergab sich der Hinweis, daß die Versuchsdauer sich möglicherweise negativ auf GdS auswirkt. So wurde die Variable „Zeit" als weiterer Prädiktor in das Pfadmodell aufgenommen. Die erhobenen Kontrollvariablen (APM-Wert, PLF-Werte, Alter, Geschlecht und Vorerfahrung der Pbn) erbrachten im Zusammenhang mit der hier vorgestellten Pfadanalyse keine zusätzlichen Aufschlüsse und bleiben daher im weiteren unerwähnt (vgl. dazu genauer MÜLLER et al., 1987).

Die beiden unabhängigen Variablen Eingriffs- und Prognosebedingung wurden als Dummy-Variablen E und P kodiert. Das Systemwissen wurde mit der oben beschriebenen Variablen GdK erfaßt. Da GdS-Werte Abweichungen von einem Optimalwert darstellen, wir jedoch von *Güte*-Maßen sprechen, wurden alle Werte von GdS für die statistische Auswertung mit negativen Vorzeichen versehen, so daß Abbildungen und Tabellen leichter verständlich werden. – Der Datensatz ist vollständig, so daß sich Probleme bei der Behandlung fehlender Werte von vornherein nicht stellten.

4.1.2   Ergebnisse

Zunächst werden die Ergebnisse der pfadanalytischen Auswertung unserer Hypothesen berichtet. Daran schließt sich eine Analyse der „experimentellen Zwillinge" sowie eine Betrachtung des Verlaufs der drei verschiedenen Wissenskomponenten.

Tabelle 4.1:   Ergebnisse von drei Regressionsanalysen mit unterschiedlichen Prädiktoren für die AVn „Güte des Kausaldiagramms" (GdK aus viertem bzw. fünftem Durchgang) und „Güte der Systemsteuerung" (GdS). In Klammern sind hinter den standardisierten Pfadkoeffizienten die zugehörigen t-Werte aufgeführt. Für alle Analysen gilt N=32.

Prädiktor	abhängige Variable		
	GdK4	GdK5	GdS
Eingriff (E)	-.17 (-1.04)	-	.29 (1.79)[*]
Prognose (P)	-.47 (-2.92)[*]	-	-
GdK4	-	.81 (7.47)[*]	.54 (3.29)[*]
Zeit	-	-	-.02 (-0.12)
df	29	30	28
F	4.78	55.76	6.33
adj. mult. R^2	.20	.64	.34

[*]$p \leq 0.10$

Ergebnisse der Pfadanalyse. Die numerischen Ergebnisse der Pfadanalyse sind in Tabelle 4.1 dargestellt. Im Unterschied zu früheren Auswertungen (z.B. FUNKE & MÜLLER, 1988) werden hier wie auch nachfolgend die Ergebnisse für die gemäß Kapitel 3.4.6 revidierten GdK-Maße mitgeteilt. – In Abb. 4.2 sind die Ergebnisse der Pfadanalyse in grafischer Form veranschaulicht.

Wie aus der Ergebnisdarstellung hervorgeht, muß das hypothetisch angenommene Pfadmodell aus Abb. 4.1 angesichts der Befunde verworfen werden. Die nach dem Pfadmodell formulierte Hypothese (vgl. Abb. 4.1), wonach die Prognosebedingung einen positiven Effekt auf das Systemwissen hat, wurde nicht bestätigt: bezüglich GdK zeigt sich im Gegenteil ein starker negativer Effekt. Die Eingriffsbedingung erweist sich nicht wie erwartet als signifikanter Prädiktor von GdK. Das Gewicht für die Wirkung der Bearbeitungszeit auf GdS wird nicht signifikant. Konform mit unseren Annahmen zeigt sich, daß GdK4 ein starker Prädiktor von GdK5 ist. Der standardisierte Pfadkoeffizient ß beträgt 0.81 und ist damit mit Abstand der höchste Gewichtungsfaktor in unserem Modell. Weiter finden wir den für unser Experiment zentralen Eingriffseffekt auf GdS bestätigt. Auch das Regressionsgewicht für die Wirkung von GdK4 auf GdS ist hypothesenkonform deutlich positiv von 0 verschieden.

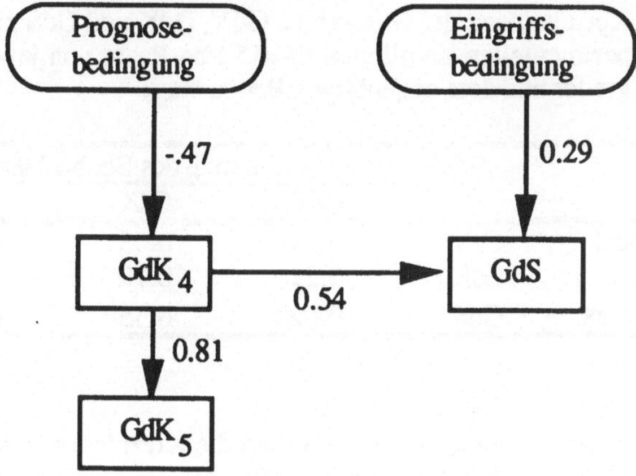

Abb. 4.2: Ergebnisse der pfadanalytischen Auswertung von Experiment 1.

Damit finden wir unser hypothetisches Pfadmodell nicht bestätigt: auf GdK scheint das Treatment „Prognoseforderung" gegenüber unseren Erwartungen umgekehrt zu wirken. Wir werden in der Diskussion eine plausible Interpretation dieses überraschenden Ergebnisses zu geben versuchen.

Der Vergleich experimenteller Zwillinge. Wie oben dargelegt realisierten wir unsere UV Eingriffsmöglichkeit so, daß zu jedem Eingreifer genau ein Beobachter existiert, also für jeden objektiven Systemverlauf der ersten vier Durchgänge *zwei* Versuchspersonen vorliegen, denen *exakt gleiche Informationen* über das System zur Verfügung standen. Für diese beiden Vpn verwenden wir den Begriff „Zwillinge", so daß bei 32 Vpn 16 Zwillingspaare vorliegen. Wir gehen davon aus, daß der objektive Systemverlauf und damit auch Eingriffsstrategien für den Wissenserwerb von Relevanz sind – eine Ansicht, die wohl von den meisten Autoren geteilt wird. Z.B. sollte es geschickte und weniger geschickte, informationsträchtige und redundante Eingriffe geben, es sollte schwer zu analysierende Systemverläufe – z.B. bei zufälligen Eingriffen – und leicht zu analysierende Systemverläufe geben.

Da die Zwillinge nun während der ersten vier Durchgänge genau die gleiche Sequenz von Eingriffen und Systemzuständen als Informationsgrundlage besaßen, verfügen wir in unserem Experiment über einen direkten Weg, die Annahme zu überprüfen, daß Strategien einen Einfluß auf den Wissenserwerb haben: Wir können Zwillinge mit Nicht-Zwillingen hinsichtlich verschiedener Maße vergleichen und erwarten, daß sich die Zwillinge ähnlicher sind als die Nicht-Zwillinge, da sie auf einer identischen Sequenz von Eingriffen und Zuständen beruhen.

Eine zunächst naheliegende Möglichkeit des Vergleichs besteht darin, die Korrelation zwischen den oben bereits verwendeten drei Güte-Maßen GdV, GdK und GdS unter den Zwillingen zu berechnen, wobei wir annehmen, daß ein gutes Kausaldiagramm des Eingreifers ein gutes Kausaldiagramm des Beobachters nach sich ziehen sollte und das Analoge für GdV und GdS gilt. Da bei diesem Vergleich Werte innerhalb eines Zwillings*paares* verglichen werden, schrumpft unser N auf 16 Zwillingspaare bei 32 Pbn. Wir errechneten die in Tabelle 4.2 wiedergegebenen Korrelationen.

Tabelle 4.2:   Korrelationen der Güte-Maße GdV, GdK und GdS zwischen den experimentellen Zwillingen (N=16 Pbn-Paare von jeweils einem Eingreifer und dem zugehörigen Beobachter).

		Gütemaß des Beobachters		
		GdV	GdK	GdS
Gütemaß	GdV	0.24	0.03	0.01
des	GdK	0.21	0.10	0.46[*]
Eingreifers	GdS	0.02	0.35	0.26

[*] $p \leq 0.10$

Von den Korrelationen in Tabelle 4.2 ist lediglich die Korrelation zwischen GdK des Eingreifers und GdS des Beobachters auf dem 10%-Niveau signifikant. Da wir vorher keine entsprechende Hypothese formuliert hatten und es bei neun berechneten Korrelationen und einem α-Risiko von 0.10 recht wahrscheinlich ist, daß eine dieser Korrelationen „zufällig" signifikant wird, wird auf eine Interpretation dieses Befundes verzichtet.

Bezüglich unserer vorher formulierten drei Hypothesen, wonach die Diagonalelemente in Tabelle 4.2 signifikant positiv von 0 verschieden sein sollten, können wir zunächst festhalten, daß die entsprechenden Korrelationen nicht signifikant sind; andererseits sind sie nicht klein genug, um die H_0 annehmen zu können, die besagen würde, daß diese Korrelationen in der Population 0 betragen. Immerhin sind alle drei Korrelationen positiv und haben damit das erwartete Vorzeichen. Insbesondere die Korrelationen von 0.26 zwischen GdS des Eingreifers und GdS des Beobachters könnte durchaus „substantiell" sein und nur wegen des kleinen N nicht signifikant werden. So liefert uns die durchgeführte Korrelationsanalyse wenig befriedigende Resultate: mit Hilfe dieser Methode kann weder für noch gegen Ähnlichkeit zwischen den Zwillingen entschieden werden.

Aufgrund dieser Überlegungen führten wir eine Reihe von weiteren statistischen Analysen durch, in denen wir prüften, ob die Kausaldiagramme *in ihrer Struktur* bei Zwillingspaaren ähnlicher ausfallen als bei anderen Paarungen. Die genaue Beschreibung unseres Vorgehens würde an dieser Stelle zu viel Platz einnehmen, so daß wir hier nur darauf verweisen möchten, daß auch diese Analysen keinen Beleg für eine „Zwillings-Ähnlichkeit" erbrachten (vgl. dazu genauer MÜLLER et al., 1987).

Tabelle 4.3: Korrelation der drei drei Komponenten untereinander und mit dem Summenmaß (Daten aus Experiment 1, N=32).

Correlation Matrix for Variables:

	rel	vor	num	sum
rel	1			
vor	.672	1		
num	.672	.809	1	
sum	.836	.913	.946	1

Analyse des Wissenserwerbs auf verschiedenen Stufen. Der aufmerksame Leser wird sich fragen, warum im Verlauf der bisherigen Analysen nur das Gesamtmaß für die Güte des Strukturwissens (GdK$_{sum}$) berücksichtigt wurde, nicht aber die Teilkomponenten GdK$_{rel}$, GdK$_{vor}$ und GdK$_{num}$, die in Kapitel 3.4.6 dargestellt wurden. Wir haben jede der Teilkomponenten isoliert in die oben durchgeführten Regressionsanalysen

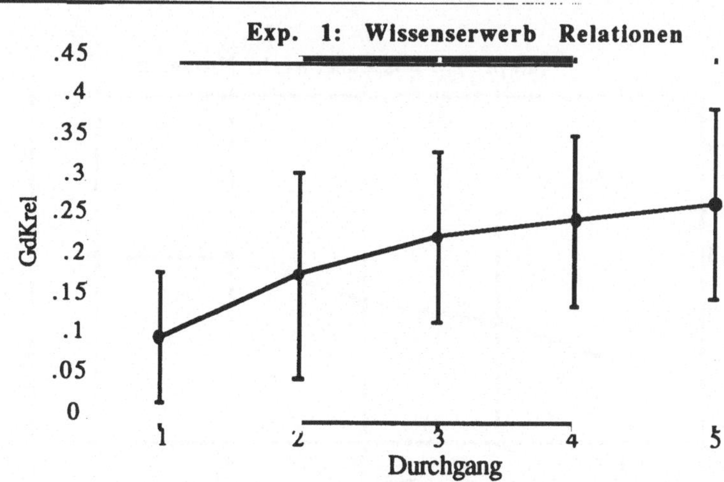

Abb. 4.3: Wissenserwerb auf Relationsebene über fünf Durchgänge (N=160 Kausaldiagramme aus Experiment 1).

eingesetzt und in keinem Fall signifikante Ergebnisse erhalten. Ein solcher Befund hätte auch gegen die Verwendung des summarischen Maßes gesprochen: wenn eine oder mehrere Teilkomponenten den gleichen oder einen annähernden Prädiktionswert besitzen, wäre die Verwendung eines mehrstufigen Maßes sachlogisch nicht gerechtfertigt. Tabelle 4.3 zeigt die Pearson-Korrelationen der drei Komponenten untereinander sowie mit dem Summenmaß.

Um den Verlauf des Wissenserwerbs wenigstens exemplarisch zu belegen, wird in den drei Abb. 4.3, 4.4 und 4.5 der Zuwachs der drei Teilkomponenten über den Verlauf von fünf Durchgängen aus Experiment 1 gezeigt.

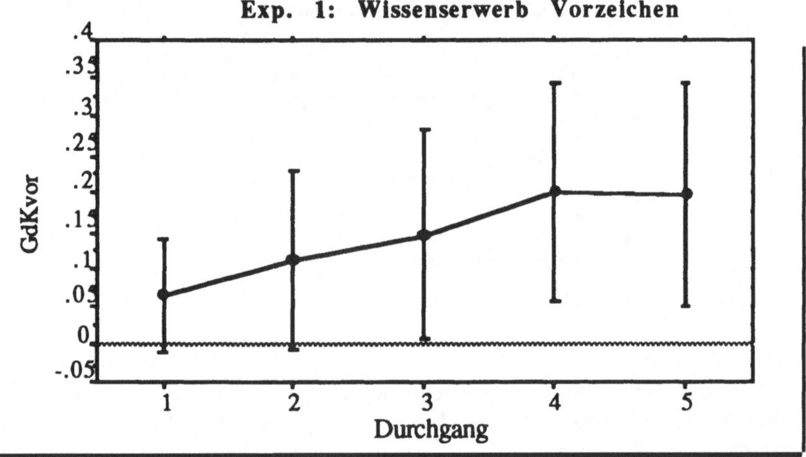

Abb. 4.4: Wissenserwerb auf Vorzeichenebene über fünf Durchgänge (N=160 Kausaldiagramme aus Experiment 1).

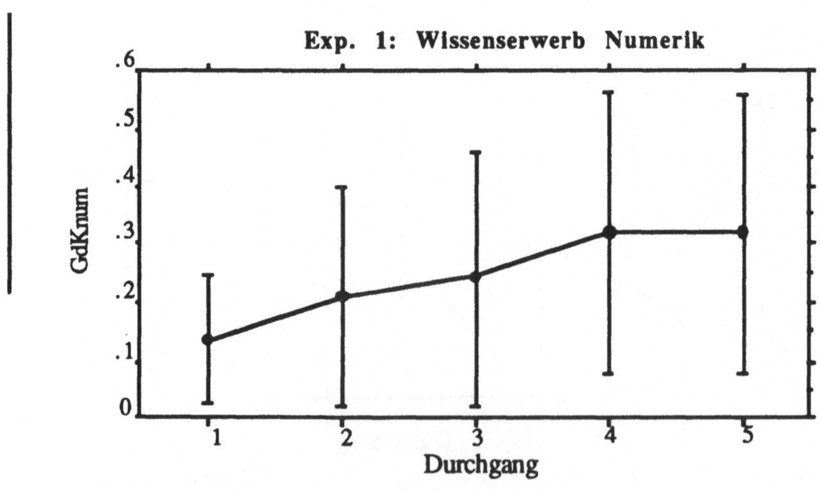

Abb. 4.5: Wissenserwerb auf Numerikebene über fünf Durchgänge (N=160 Kausaldiagramme aus Experiment 1).

Auf allen drei Ebenen findet ein allmählicher Zuwachs statt, der jedoch mit hohen Streuungen einhergeht (vgl. die in den Abb. 4.3 bis 4.5 eingezeichneten senkrechten Linien). Solange es um die generellen Fragen der Auswirkungen experimenteller Treatments auf die Güte des Wissenserwerbs geht, scheint daher die Verwendung des summarischen GdK-Maßes (aus dem vierten bzw. fünften Durchgang) sinnvoll zu sein.

4.1.3 Diskussion

Die Diskussion der berichteten Befunde wird sich zum einen auf die Ergebnisse der Pfadanalyse beziehen, zum anderen auf die Ergebnisse der Zwillingsanalyse.

Diskussion „Pfadmodell": Der Variable GdK4 scheint in obigem Modell eine gewisse Schlüsselrolle zuzufallen. Sie steht in einem positiven Zusammenhang mit der Kriteriumsvariable GdS. Das Prognose-Treatment wirkt jedoch negativ auf GdK4. Dies bedarf weiterer Erklärung. Alle anderen Wirkungen in obigem Modell decken sich mit unseren ursprünglichen Annahmen.

Da die Begründungen für die positiven Wirkungen bereits im Zusammenhang mit den Hypothesen gegeben wurden, soll im folgenden eine plausibel erscheinende Erklärung der negativen Treatmenteffekte auf GdK versucht werden. Dies ist vielleicht möglich, wenn man sich fragt, welchen Vorteil ein „Nicht-Eingreifer" und ein „Nicht-Prognostiker" möglicherweise haben. Das negative Vorzeichen für Prognostiker entsteht ja erst im Vergleich mit diesen Referenzgruppen. Wir halten es für wahrscheinlich, daß unsere Pbn ihr Aufgabenverständnis nicht nur aus der Instruktion konstruieren, sondern auch während des Versuchsablaufs modifizieren. Unter dieser Annahme liegt folgende Interpretation nahe:

(1) *Eingreifer messen der Steuerung des Systems hohen Wert bei* – es ist dies die Aufgabe, die sie während jedes Durchgangs bei jedem der sieben Takte zu erfüllen haben.

(2) *Prognostiker sehen im Erstellen guter Prognosen ihre Hauptaufgabe.*

(3) *Beobachter und Nicht-Prognostiker schenken der Erstellung der Kausaldiagramme vermehrt Aufmerksamkeit.* Für Pbn, die weder eingreifen noch prognostizieren können, sind die Kausaldiagramme während der ersten vier Systemdurchgänge von durchschnittlich zwei Stunden Dauer die einzige Leistung, die ihnen abverlangt wird.

Obige Interpretation bedeutet, daß Pbn ihre Ziele und damit die Art der Bearbeitung von SINUS möglicherweise entscheidend am jeweiligen Präsentationsmodus orientieren.

Wenn die eben ausgeführten Überlegungen richtig sind, so sollten sich bei Eingreifern wie Prognostikern auch Unterschiede in der *Art* der Bearbeitung von Kausaldiagrammen finden lassen, nicht nur in der Güte. Da Eingreifer nach unseren Erwartungen die Kausaldiagramme nicht so gründlich bearbeiten wie Beobachter, stellen wir also die Hypothese auf, daß in der Eingriffsbedingung mehr nicht-numerische Angaben im Kausaldiagramm gemacht werden als in der Beobachterbedingung und weniger numerische. Wir können annehmen, daß sich auch die Prognostiker durch einen spezifischen Bearbeitungsstil der Kausaldiagramme auszeichnen, können diesbezüglich jedoch vorerst keine exakte Hypothese formulieren. Tabelle 4.4 gibt die mittlere Anzahl numerischer und nicht-numerischer Angaben und deren Quotient für jede Kombination der beiden unabhängigen Variablen Eingriff und Prognose wieder. Dabei wurde für jeden Pbn die entsprechende Anzahl über alle fünf erhobenen Kausaldiagramme hinweg aufsummiert und anschließend die Werte in den einzelnen Gruppen gemittelt.

Tabelle 4.4 zeigt im oberen Teil mit den Haupteffekt-Befunden deutliche Unterschiede zwischen Eingreifern (E+) und Beobachtern (E-), die in der erwarteten Richtung ausfallen: Eingreifer machen häufiger nicht-numerische und damit nicht exakte Angaben, Beobachter bestimmen demgegenüber häufiger numerische Faktoren. Besonders deutlich wird dieser Unterschied im Quotienten, der so zu interpretieren ist, daß bei den Eingreifern mit einem Wert von 0.53 gegenüber den numerischen Angaben fast doppelt so viele nicht-numerische Relationen angegeben werden und bei den Beobachtern mit einem Wert von 1.17 deutlich mehr numerische Angaben als nicht-numerische gemacht werden. Man kann dieses Ergebnis so interpretieren, daß Eingreifer möglicherweise auf eine exakte numerische Ausarbeitung ihrer Kausaldiagramme verzichten und demgegenüber verstärkt ihr Steuerungsgeschick verbessern. Die Prognostiker machen insgesamt weniger Angaben in den Kausaldiagrammen (Summe numerischer und nicht-numerischer Angaben: 17.38) als Nicht-Prognostiker (22.56), was möglicherweise als reduziertes Bemühen der Prognostiker um die Kausaldiagramme verstanden werden kann.

Tabelle 4.4:   Unterschiede in der Bearbeitung der Kausaldiagramme zwischen den je zwei Stufen der Haupteffekte „Eingriffsmöglichkeit" (E+, E-) und „Prognoseforderung" (P+, P-; oberer Teil) sowie zwischen den vier Zellen des Versuchsplans im Detail (unterer Teil): Mittelwerte (x) und Streuungen (s) für die Anzahl numerischer (NUM) und nicht-numerischer (N-NUM) Angaben sowie Quotient der Mittelwerte (QUOT).

	numerisch		nicht-numerisch			
	x	s	x	s	QUOT	N
E+	7.19	5.4	13.63	8.5	0.53	16
E-	10.31	6.7	8.81	6.2	1.17	16
P+	7.00	5.8	10.38	5.6	0.67	16
P-	10.50	6.2	12.06	9.5	0.87	16
E-P-	11.50	5.66	8.75	7.29	1.31	8
E+P-	9.50	6.99	15.38	10.77	0.62	8
E-P+	9.13	7.74	8.88	5.41	1.03	8
E+P+	4.88	1.55	11.88	5.77	0.41	8

Im unteren Teil von Tabelle 4.4 befinden sich die Ergebnisse detailliert für die vier Zellen des Versuchsplans. Betrachtet man die Zelle „E+P-" als „reine Eingreiferbedingung", die Zelle „E-P+" als „reine Prognosebedingung", lassen sich deren Kennwerte auf die Zelle „E-P-" als einer Kontrollbedingung beziehen, in der keines der beiden Treatments vorliegt. Auch unter dieser Betrachtungsweise zeigt sich: (a) reine Eingreifer machen im Mittel deutlich mehr nicht-numerische und weniger numerische Angaben als die Kontrollgruppe, (b) reine Prognostiker machen annähernd gleichviele numerische wie nicht-numerische Angaben und insgesamt weniger Angaben als die Kontrollgruppe und die reinen Eingreifer.

Diskussion „Zwillingsbefunde" : Die erwartete Ähnlichkeit zwischen Zwillingen konnte *nicht* demonstriert werden. Dies gilt sowohl für die Korrelationen der Gütemaße als auch für den Vergleich der Struktur der Kausaldiagramme. An diese Beobachtung muß sich die Frage anschließen, wie dies zu erklären sei. Wir können an dieser Stelle keine empirisch gesicherte Interpretation vorlegen, wollen aber vier Argumentationslinien darlegen, die unseres Erachtens den beobachteten Phänomenen Rechnung tragen könnten, wieso gleiche objektive Information über das System (und damit gleiche Eingriffsstrategie) keine Ähnlichkeit der Kausaldiagramme von Zwillingen zwingend nach sich zieht.

Argumentation 1: Eingriffsstrategien und Systemverläufe sind von entscheidender Bedeutung für die Entwicklung subjektiver Kausalmodelle; in der vorliegenden Untersuchung waren lediglich Novizen am Werk, so daß die Unterschiede in den Strategien und Verläufen so gering waren, daß das Ausbleiben eines Zwillingseffekts nicht als Bedeutungslosigkeit von Strategien interpretiert werden kann.

Argumentation 2: Eingriffsstrategien und Systemverläufe haben einen systematischen Einfluß auf die Systembearbeitung. Allerdings *nicht* auf die vorgelegten Kausaldiagramme. Kausaldiagramme bilden sehr spezielle explizierbare kognitive Modellstrukturen ab, die im wesentlichen eine abstrahierende Eigenleistung des Pbn darstellen, die durch Strategie und Systemablauf nicht determiniert ist. Argumentation 2 verweist darauf, daß die aus den Kausaldiagrammen abgeleiteten Maße GdK und das oben nicht näher beschriebene Maß der Strukturähnlichkeit nicht die Meßverfahren sind, in denen sich eine Zwillingsähnlichkeit niederschlagen sollte.

Argumentation 3: Die ausbleibende Ähnlichkeit der Zwillinge in der Struktur der Kausaldiagramme bei einer natürlichen Variation dieses Merkmals ist zur Kenntnis zu nehmen. Zu fragen ist, ob bei der Bearbeitung dynamischer Systeme interpretative, schlußfolgernde und evaluierende Prozesse *im* Pbn nicht wichtiger sind als seine Eingriffsweise. Argumentation 3 betont den internen Prozeß der Daten*verarbeitung* gegenüber dem externen, beobachtbaren Prozeß der Daten*generierung*.

Argumentation 4: Ähnlichkeit zwischen Zwillingen ist nur dann zu erwarten, wenn die Daten jedem Individuum eine bestimmte Interpretation nahelegen. Möglicherweise verfügt jeder Pb über eigene Interpretationsmuster, die nur durch für speziell dieses Individuum geeignete Eingriffsstrategien und Systemverläufe optimal genutzt werden, so daß unterschiedliche Deutungen gleicher Reizvorlagen nicht verwundern. Argumentation 4 betont die notwendige Passung von Eingriffsstrategie und subjektivem Modell.

4.2   Experiment 2: Eigendynamik

Häufig wird berichtet, daß Pbn Schwächen beim Umgang mit der Eigendynamik eines Systems zeigen. Es existieren aber auch gegenteilige Befunde und es fehlt eine präzisere Beschreibung dieses angeblichen Phänomens (vgl. FUNKE, 1986a, p. 12). Das folgende Experiment zur Wirkung von Eigendynamik soll klären, inwieweit bei der Bearbeitung eigendynamischer Systemkomponenten Schwierigkeiten auftreten und wo möglicherweise Ursachen dieser Probleme zu suchen sind.

Wie beim vorangegangenen Experiment wird auch hier das Standard-System SINUS mit entsprechenden experimentellen Variationen verwendet, auf die weiter unter genauer eingegangen wird.

4.2.1   Hypothesen

Wenn man wie im ersten Experiment (vgl. MÜLLER et al., 1987) zwischen Wissen und Können, spezieller formuliert zwischen Systemerkennung und Systemsteuerung, unterscheidet, so stellt sich die Frage, ob eigendynamische Komponenten eines Systems schlechter identifiziert und/oder schlechter gesteuert werden. Damit sind neben der UV „Eigendynamik" wie im Experiment 1 als AV die bekannten Indikatoren des Wissens und Könnens zu unterscheiden: Als Wissensmaße dienen wiederum die Güte der Kausaldiagramme (GdK) und die Güte der Vorhersagen (GdV), die Steuerungsleistung des Pb wird als Güte der Systemsteuerung (GdS) bezeichnet.

Das Maß *GdK* (=„Güte der Kausaldiagramme") resultiert aus dem Kausaldiagramm, das jeder Pb nach jedem Durchgang auf einem vorgegebenen Formular erstellt und das seine Annahmen über die Systemzusammenhänge erfassen soll. Wir verfügen damit über prozeßbegleitende Informationen über die Modellentwicklung der Pbn („Prozeßdiagnostik" im Sinne von SPADA & MANDL, 1988, p. 3f; in der Terminologie von KLUWE, 1988, p. 369f, handelt es sich um eine Befragungsmethode).

Vier Durchgänge mit jeweils sieben Takten dienen der Exploration des Systems, im fünften Durchgang ist das System auf vorgegebene Zielwerte hinzusteuern. Die negative *Abweichung von den Zielwerten* im fünften Durchgang bezeichnen wir mit *GdS* (=„Güte der Systemsteuerung").

Nach dem letzten Durchgang der Systembearbeitung werden den Pbn zehn isolierte Systemzustände und Eingriffe vorgegeben, wobei es Aufgabe der Pbn ist, den im nächsten Takt resultierenden Systemzustand vorherzusagen (eine Variante der bei KLUWE, 1988, p. 371, erwähnten Methode der Zustands-Eingriffs-Diagramme). *GdV* (=„Güte der Vorhersagen") bezeichnet die negative *Abweichung der vorhergesagten von den tatsächlich resultierenden Werten.*

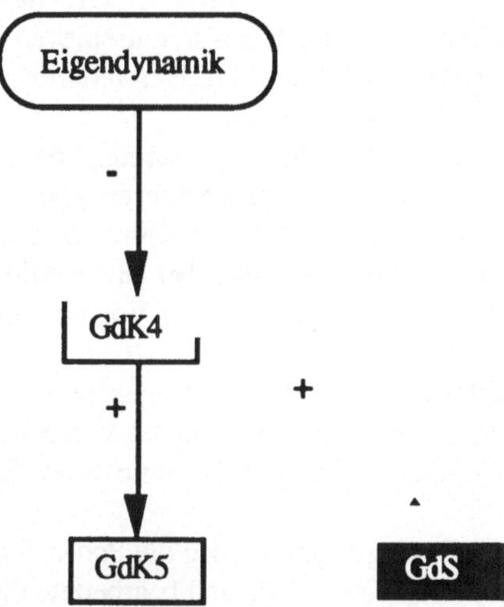

Abb. 4.6:   Pfeildiagramm der Hypothesen des zweiten Experiments: Die Wirkung von Eigendynamik auf Systemwissen (GdK$_4$ und GdK$_5$) und Systemsteuerung (GdS).

Analog zum Vorgehen im ersten Experiment stellen wir ein Pfadmodell zur Wirkung der UV Eigendynamik auf die abhängigen Variablen GdK, GdV und GdS auf. Bezüglich GdK unterscheiden wir GdK$_4$, mit dem das Kausalwissen nach der Experimentierphase (nach dem vierten Durchgang) erfaßt wird, und GdK$_5$, mit dem das Kausalwissen nach der Steuerphase (fünfter Durchgang) erhoben wird. Wenn man davon ausgeht, daß eigendynamische Komponenten eine adäquate Modellbildung des Pbn erschweren, so ist zu erwarten, daß sich die UV in erster Linie auf das Wissen um kausale Zusammenhänge nach der Treatmentphase und damit auf GdK$_4$ *direkt* und negativ auswirkt. Die Güte der Steuerung (GdS) sollte in unserem experimentellen Design mit zunehmender Eigendynamik ebenfalls schlechter werden, wir nehmen jedoch an, daß dieser Effekt der UV über GdK$_4$ vermittelt eintritt. GdS sollte demnach *nicht direkt* von der UV Eigendynamik abhängen, sondern allein von GdK$_4$. Die Güte der Kausaldiagramme am Ende der Bearbeitung von SINUS (GdK$_5$) sollte durch GdK$_4$ gut prädiziert werden. Eine zusammenfassende grafische Darstellung dieser Annahmen gibt Abb. 4.6 wieder.

Neben dieser Pfadanalyse mit relativ globalen Variablen, die sich im ersten Experiment bis zu einem gewissen Grad bewährt hat, sollen jedoch auch wiederum differenziertere Analysen vorgenommen werden.

4.2.2   Stichprobe und Durchführung der Untersuchung

Insgesamt 24 Pbn wurden untersucht, so daß für jede der drei nachfolgend beschriebenen Versuchsbedingungen acht Pbn zur Verfügung standen. Da aufgrund der Ergebnisse des ersten Experiments ein Effekt der Variable „Geschlecht" auf die erhobenen Gütemaße nicht grundsätzlich auszuschließen war, entschieden wir uns für eine diesbezüglich homogene Stichprobe männlicher Pbn. Desweiteren war es unser Anliegen, eine nicht-studentische Gruppe zu untersuchen.

So wählten wir als Stichprobe 21 Zivildienstleistende, von denen 14 zum Zeitpunkt der Untersuchung an einem Rettungssanitäterlehrgang des Malteser-Hilfsdiensts (MHD) teilnahmen bzw. sieben in einer Bonner Klinik tätig waren; drei weitere Pbn waren Studenten. Das Alter der Pbn schwankte bei einem Mittelwert von 23,5 Jahren zwischen 19 und 31 Jahren. Kein Pb verfügte über Vorerfahrung im Umgang mit dynamischen Systemen.

Bei den 14 Lehrgangsteilnehmern wurden die Versuche in den Schulungsstätten des MHD in den Abendstunden durchgeführt. Die anderen Versuche fanden im Psychologischen Institut statt. Die Versuchsleiterin (Vl) betreute in der Regel zwei Pbn im gleichen Raum.

Den drei experimentellen Bedingungen wurden die Pbn vollständig randomisiert zugeteilt. Jeder Pb erhielt zunächst einen Code und bearbeitete die begleitend eingesetzten Instrumente PLF (vgl. KÖNIG, LIEPMANN, HOLLING & OTTO, 1985) und RA-VEN. Nach Vorgabe der Instruktionen bearbeitete jeder Pb das System SINUS in direkter Interaktion mit einem Personal-Computer. Die Vl erklärte den Gebrauch der Tastatur, betreute das Ausfüllen der Kausaldiagramme und stand für Fragen der Pbn zur Verfügung. Die Dauer des Versuchs bestimmten die Pbn mit ihrer Geschwindigkeit der Systembearbeitung selbst.

Im Anschluß an die Bearbeitung erhielten die Pbn eine Aufwandsentschädigung in Höhe von zehn DM. Außerdem wurde ihnen eine kurze Erklärung des Untersuchungshintergrundes gegeben. Einige Pbn äußerten spielerische Freude am Umgang mit dem System SINUS, bei anderen Pbn wiederum hatte die Vl Frustration und Unmut auszugleichen.

4.2.3   Realisierung der unabhängigen Variablen

Das Konzept der *Eigendynamik* eines Systems wurde im vorliegenden Experiment wie folgt operationalisiert und in seiner Ausprägung variiert:

(1) Operationalisierung: Eigendynamische Komponenten des System SINUS sind dadurch gekennzeichnet, daß eine Zustandsvariable auf sich selbst verändernd wirkt. Dies ist genau dann der Fall, wenn Diagonalelemente der A_{yy}-Matrix (vgl. FUNKE, 1986a; in Kapitel 1.2, Gleichung 1.2, als B-Matrix bezeichnet) ungleich 1 sind. Werte kleiner als 1 führen zu eigendynamischer Verringerung, Werte größer als 1 führen zu eigendynamischem Wachstum (vgl. MÜLLER et al., 1987, p. 6).

(2) Bedingungsvariation: Zur Prüfung des Einflußes der Eigendynamik auf die Systembearbeitung wurde die Anzahl eigendynamischer Komponenten im System SINUS variiert. Drei experimentelle Bedingungen wurden geschaffen, in denen keine (ED=0), eine (ED=1) und zwei (ED=2) eigendynamische Komponenten in das System SINUS aufgenommen wurden. In der (ED=0)-Bedingung sind die Pa-

rameter a und b (siehe Abb. 4.7) gleich eins. In der (ED=1)-Bedingung erhält Faktor b den Wert 0.9, in der (ED=2)-Bedingung zusätzlich Faktor a den Wert 1.1.

Abb. 4.7 gibt die drei Systeme der unterschiedlichen experimentellen Bedingungen in Form eines Kausaldiagramms wieder, das die unveränderten Gewichte als numerische Konstanten und die experimentell manipulierten Gewichte als Parameter a und b anzeigt.

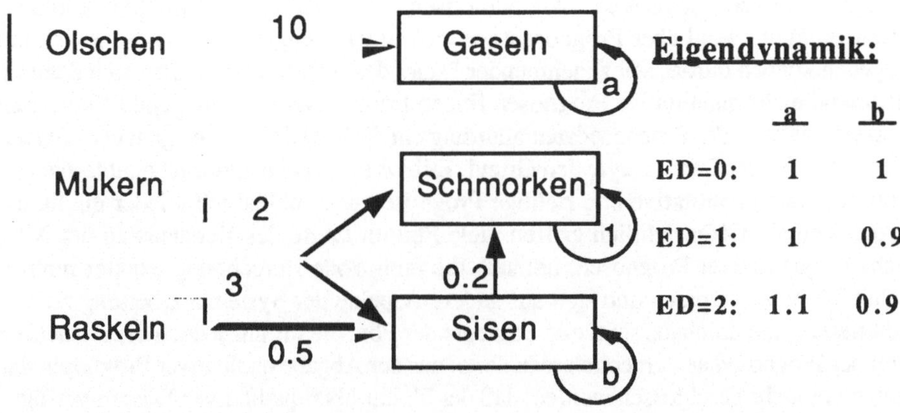

Abb. 4.7: Kausaldiagramm der in Experiment 2 implementierten Wirkungen.

4.2.4 Deskriptive Ergebnisse

Da GdS und GdV den mittleren Abstand der Zustände von einem Idealzustand erfassen, ist die Skala dieser Werte ursprünglich bei 0 abgeschnitten und nach oben offen. In solchen Fällen resultiert häufig eine linksschiefe Verteilung der Rohwerte mit Ausreißern im oberen Bereich der Skala, die die statistische Ermittlung von Mittelwert und Streuung bis hin zur Regressionsanalyse entscheidend und fragwürdig beeinflußen. Eine sinnvolle Korrektur besteht darin, die Rohdaten logarithmisch zu transformieren. Dies ist kein Allheilmittel, entschärft jedoch die angesprochene Problematik zumindest. Daher wählten wir dieses Vorgehen und versahen die resultierenden Werte zusätzlich mit einem negativen Vorzeichen, um die Polung der Skalen für GdS und GdV der Polung der Begriffe „Güte der Steuerung" bzw. „Güte der Vorhersagen" anzugleichen.

Exkurs: Prognosedaten und ihre Interpretierbarkeit

Der aufmerksame Leser vermißt vielleicht Daten zu den *während* der einzelnen Durchgänge von den Pbn abgegebenen Prognosen. Wir möchten hier kurz unsere Gründe dafür angeben, auf eine ausführlichere Darstellung dieser Daten zu verzichten.

Wir erlaubten den Pbn, während der Systembearbeitung entweder qualitative Prognosen oder exakte und quantitative Angaben zu machen; unsere Intention dabei war es, durch diese Antwortmöglichkeiten der Tatsache Rechnung zu tragen, daß ein Pb zu Beginn des Experiments die exakte numerische Entwicklung der Variablen kaum abschätzen kann, wohl aber Prognosen zur groben Richtung der Zustandsentwicklung abgeben können dürfte. Mit zunehmender Dauer des Experiments sollten sich dann zunehmend mehr quantitative Prognosen finden lassen. Diese naheliegende Vermutung ließ sich anhand der Prognosedaten allerdings nicht bestätigen. Eine genauere Inspektion individueller Daten zeigte den Grund: Etliche Pbn gaben zunächst qualitative Prognosen, dann quantitative und richtige Prognosen und schließlich wieder qualitative Prognosen ab. Offensichtlich griffen viele Pbn im Laufe des Versuchs zu der Möglichkeit qualitativer Prognosen, um sich die mühevolle Berechnung exakter numerischer Werte zu ersparen und sich auf andere Aspekte der Systembearbeitung zu konzentrieren; eine durchaus sinnvolle Strategie der Pbn, die für uns jedoch die Brauchbarkeit der Prognosedaten erheblich reduzierte: aus der Abgabe qualitativer Prognosen darf nun nicht mehr geschlossen werden, daß der Pb nur über qualitatives Wissen verfügt.

Angesichts dieser Problematik beschränkten wir uns auf eine qualitative Auswertung der Prognosedaten, bei der es allein entscheidend war, ob ein Pb die Richtung eines Variablenverlaufs richtig prognostizierte – unabhängig davon, ob seine Angabe numerisch oder qualitativ war. Ein daraus resultierendes Gütemaß (vgl. FAHNEN-BRUCK et al., 1987, p. 21) lieferte zwar insofern befriedigende Ergebnisse, als es mit den anderen Wissensindikatoren GdS und GdK korrelierte. GdK erwies sich jedoch in den durchgeführten Regressionsanalysen als der wesentlich stärkere Prädiktor, über den hinaus GdV kaum Varianz aufklären konnte.

Es stellt sich natürlich die Frage, ob die Prognosen, die ja im Gegensatz zu GdK taktweise vorliegen, bei einer einzelfallanalytischen Betrachtungsweise nicht wertvolle Indikatoren sind. Wir wollen dies im allgemeinen keinesfalls bestreiten, jedoch muß dann nach unseren Erfahrungen darauf geachtet werden, daß die Pbn die Prognosen als wesentlichen Bestandteil des Experiments betrachten und bestmöglich zu antworten versuchen. Selbst unter diesen Umständen bleibt es wohl schwierig genug, Rückschlüsse auf die Kognitionen der Pbn zu gewinnen. Im eben geschilderten wie auch im nachfolgenden Experiment erwiesen sich die Prognosedaten jedenfalls trotz etlicher Bemühungen als schwer interpretierbar.

(Ende des Exkurses)

Betrachtet man die von den Pbn angefertigten Kausaldiagramme daraufhin, wie häufig die eigendynamischen Komponenten erkannt werden, so ist festzustellen, daß nur etwa die Hälfte der Pbn die eigendynamischen Wirkungen erkennt und im Kausaldiagramm angibt (die exakte Angabe des numerischen Faktors war dabei nicht erforderlich). Diese Beobachtung deckt sich mit Daten aus einem vorangegangen Experiment, in dem ein System verwendet wurde, das identisch mit der (ED=1)-Bedingung ist. Von den 32 Pbn dieses Experiments erkannten 15 bis zum Schluß der Bearbeitung von SINUS die implementierte Eigendynamik nicht. Bei einem nicht zeitverzögerten System mit sechs Variablen, achtzehn möglichen und nur sechs vorliegenden Wirkungen belegt dies die Schwierigkeit der Identifikation eigendynamischer Komponenten. Im folgenden Abschnitt sollen nun die weiter oben in Form eines Pfadmodells formulierten Hypothesen statistisch geprüft werden.

4.2.5   Ergebnisse der Pfadanalyse

Tabelle 4.5 enthält die Ergebnisse von drei Regressionsanalysen, die einer Prüfung des in Abschnitt 4.2.1 dargestellten Pfadmodells entsprechen. Als Prädiktoren dienen die Versuchsbedingung (Eigendynamik, ED) und der Wissensindikator GdK_4, während als AVn sowohl GdK_4, GdK_5 als auch GdS Verwendung finden.

Aus Tabelle 4.5 ist kein signifikanter linearer Zusammenhang zwischen dem Grad der Eigendynamik und GdK im vierten Durchgang (=vor der Steuerungsphase) zu konstatieren. Damit ist eine zentrale Hypothese nicht bestätigt (im Unterschied zu Analysen mit den alten Maßen, wo ein ED-Effekt auftrat; vgl. MÜLLER et al., 1987). GdK_4 ist erwartungsgemäß ein signifikanter Prädiktor für GdK_5 und für GdS. Das postulierte Pfadmodell wurde damit wiederum nur teilweise bestätigt: Eigendynamische Komponenten eines dynamischen Systems führen nicht zwangsläufig zu einer schlechteren Systemsteuerung und schlechteren Prognoseleistungen. Zu vermuten ist, daß die während der Versuchsdurchführung beobachtete Schwierigkeit der Modellbildung, die sich nicht in den hier untersuchten Gütemaßen niederschlägt, mit der Notwendigkeit komplexerer Identifikationsprozesse zusammenhängt, die hohe Anforderungen an die heuristische Kompetenz stellen und das Arbeitsgedächtnis vermehrt belasten (vgl. Kapitel 4 und 5).

Tabelle 4.5:   Ergebnisse von drei Regressionsanalysen mit unterschiedlichen Prädiktoren für die AVn „Güte des Kausaldiagramms" (GdK_4 und GdK_5) und „Güte der Systemsteuerung" (GdS). In Klammern sind hinter den standardisierten Pfadkoeffizienten die zugehörigen t-Werte aufgeführt. Für alle Analysen gilt N=24.

| | abhängige Variable | | |
Prädiktor	GdK_4	GdK_5	GdS
ED^a	.00	-.19 (-.92)	-
GdK_4	-	.95 (14.8)[*]	.73 (4.94)[*]
df	22	22	22
F	0.85	219.1	24.47
adjust. R^2	.00	.91[*]	.50[*]

[*]$p \leq 0.10$.   [a] ED = Eigendynamik

4.3   Experiment 3: Nebenwirkung

Wir sind der Ansicht, daß es psychologisch sinnvoll ist, Nebenwirkungen (Wirkungen einer Zustandsvariable auf eine *andere* Zustandsvariable) von eigendynamischen Wirkungen (Wirkungen einer Zustandsvariable *auf sich selbst*) zu unterscheiden. Daher führten wir ein weiteres Experiment durch, in dem wir aufzuhellen versuchen, in welcher Weise sich Nebenwirkungen auf die Bearbeitungsqualität des Systems SINUS auswirken.

4.3.1   Versuchsplan

In Experiment 3 wurde die Anzahl von Nebenwirkungen variiert. Dazu verwenden wir das System SINUS, das in der Variante mit einer Nebenwirkung (y3→y2 = 0.2) identisch ist mit dem Standard-System des Experiments 1 (vgl. MÜLLER et al., 1987) und der (ED=1)-Bedingung des oben beschriebenen Experiments 2. Eine zweite Variante des gleichen Systems enthielt keine Nebenwirkung (y3→y2 = 0) und eine dritte Version wurde mit zwei Nebenwirkungen ausgestattet (y3→y1 = 0.5 und y3→y2 = 0.2). Die in den drei experimentellen Bedingungen verwendeten Systeme stellt Abb. 4.8 als Kausaldiagramm dar. Es resultiert ein Versuchsplan mit der unabhängigen Variable „Nebenwirkungen" (NW), die in drei verschiedenen Ausprägungen von null bis zwei vorliegt (NW=0, NW=1 und NW=2).

Der Versuchsablauf wurde gegenüber den ersten beiden Experimenten modifiziert. In

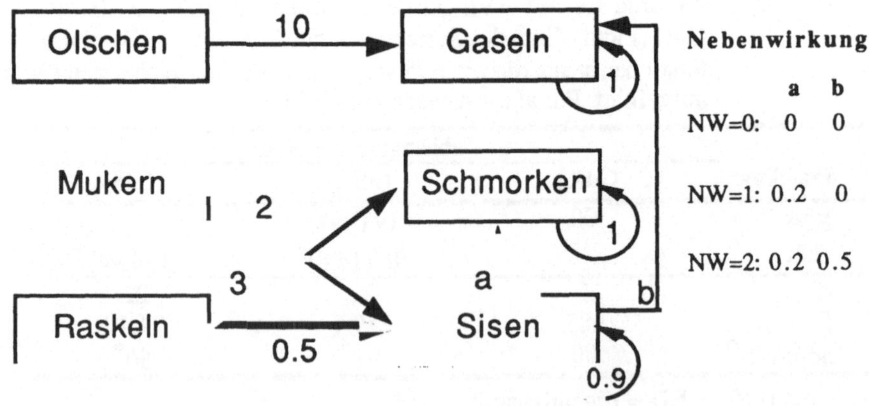

Abb. 4.8:   Kausaldiagramm der in Experiment 3 implementierten Wirkungen.

den ersten beiden Experimenten hatte sich die Versuchsdauer als kritische Größe erwiesen: in Experiment 1 war sie entgegen unseren Erwartungen in der erhobenen Stichprobe ein negativer Prädiktor für GdS (vgl. MÜLLER et al., 1987); in Experiment 2 war dieser Effekt der Zeit auf GdS nicht replizierbar, jedoch schien sie diesmal mit der Güte der Kausaldiagramme in positivem Zusammenhang zu stehen (wegen der fragwürdigen Relevanz dieser post-hoc-Analysen verzichteten wir oben auf eine Darstellung im Einzelnen). Die uneinheitlichen Befunde und fehlende theoretische Interpretationsmöglichkeiten veranlaßten uns, die problematische Größe „Zeit" in Experiment 3 konstant zu halten und mit einer *zeitkonstanten Darbietung* zu arbeiten. In Experiment 3 gab es demzufolge pro Durchgang der Experimentalphase ein Zeitlimit von 15 Minuten, wobei wir auf eine fixe Taktzahl pro Durchgang verzichteten. Im fünften Durchgang, der Steuerphase, hatten die Pbn wie in den Experimenten vorher die Aufgabe, innerhalb von sieben Takten das System so schnell wie möglich auf bestimmte Zielwerte zu steuern. Die fixe Taktzahl in der Steuerphase ist notwendig, um die Steuerungsleistungen verschiedener Pbn ohne zusätzliche Annahmen miteinander vergleichen zu können.

4.3.2   Stichprobe und Durchführung der Untersuchung

Die Untersuchungsdurchführung erfolgte analog zum eben beschriebenen Experiment 2. Die Stichprobe setzte sich aus 24 männlichen Studenten verschiedener Fachrichtungen zusammen. Ausgenommen waren Studenten der Informatik und Mathematik, da sie möglicherweise mit ihrem Wissen zu Differenzengleichungen über positive Voraussetzungen für die Systembearbeitung verfügen. Das Alter der Pbn lag zwischen 20 und 27 Jahren bei einem Mittelwert von 23,9 Jahren. Alle Versuche fanden im Psychologischen Institut statt.

   Die Dauer eines Versuchs ergab sich aus der vorgegebenen Zeiteinheit für die ersten vier Durchgänge (15 Minuten jeweils) und dem individuellen Zeitbedarf für die weitere Systembearbeitung sowie das Ausfüllen der Kausaldiagramme.

4.3.3   Hypothesen

Aufgrund des geänderten Versuchsablaufs mit einer zeitkonstanten Systempräsentation ergibt sich die Frage, ob die Anzahl der bearbeiteten Takte einen Einfluß auf die Güte der Systembearbeitung hat. Denkbar wäre etwa die Annahme, daß Pbn, denen mehr Takte, also mehr Datenmaterial, zur Verfügung stehen, insgesamt besser abschneiden. Wir bezweifeln jedoch, daß unter den gegebenen Umständen die Zahl bearbeiteter Takte ein Faktor ist, der in linearer oder auch nur monoton steigender Beziehung zu GdK und/oder GdS steht. Die Qualität der Systembearbeitung sollte primär von einer geschickten Strategie und Informationsverwertung des Pbn abhängen. Die bloße Menge an Information, die ja auch nicht identisch mit der Taktzahl ist, sollte im vorliegenden Experiment eine untergeordnete Rolle spielen. Wir erwarten also keinen *globalen* Effekt der Zahl bearbeiteter Takte auf unsere Gütemaße.

Ansonsten sollte es für einen Pbn umso schwieriger werden, die zugrundeliegende Systemstruktur zu ermitteln, je größer die Anzahl an Nebenwirkungen im System ist (vgl. die Argumentation zu Experiment 2). Folglich sollte sich die Variable NW primär auf GdK als Wissensmaß und vermittelt über GdK auf GdS auswirken. Ein direkter Effekt auf GdS sollte nicht vorliegen. Abb. 4.9 gibt das postulierte Pfadmodell in einer grafischen Darstellungsform wieder.

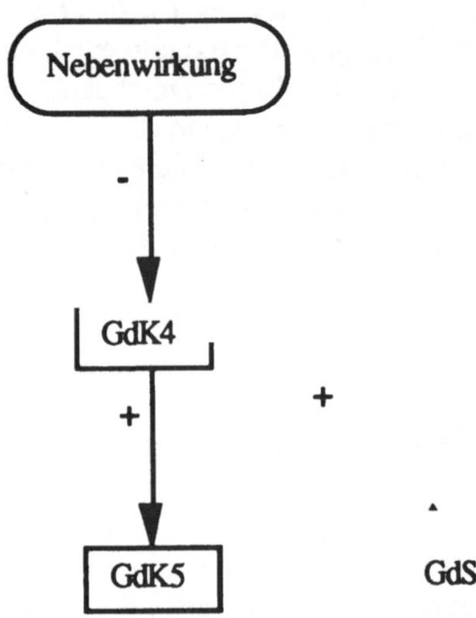

Abb. 4.9:   Pfeildiagramm der Hypothesen des dritten Experiments: Die Wirkung der Anzahl Nebenwirkungen im System SINUS auf Systemwissen (GdK_4 und GdK_5) und Systemsteuerung (GdS).

4.3.4   Ergebnisse der Pfadanalyse

Tabelle 4.6 zeigt die pfadanalytische Auswertung für Experiment 3 gemäß den in Abb. 4.9 dargestellten Hypothesen.

Aus Tabelle 4.6 ist zu entnehmen, daß unsere Erwartungen bezüglich der Konsequenzen von Nebenwirkungen für die Systemerkennung, der Wirkung der Systemerkennung auf die Systemsteuerung und auf die Vorhersagen bestätigt wurden. Die UV Nebenwirkung wirkt sich bedeutsam auf die Güte der Kausaldiagramme aus. Die Güte der Kausaldiagramme ist ein starker Prädiktor für GdS. Wenn die in Tabelle 4.6 durch „–" gekennzeichneten Prädiktoren in die Regressionsanalysen aufgenommen werden, so resultieren lediglich sehr geringe Anteile an zusätzlich erklärter Varianz, so daß das geprüfte Modell insgesamt als gut bestätigt gelten kann. Damit sind die Effekte von Nebenwirkungen auf die Qualität der Systembearbeitung stärker als die Wirkung von Eigendynamik im zweiten Experiment. In beiden Experimenten konnte jedoch demonstriert werden, daß geringfügige Änderungen der Systemstruktur im Sinne einer Erschwerung die Qualität der von den Pbn konstruierten Modelle deutlich negativ beeinflußen und in der Konsequenz die Steuerung der Zustandsvariablen schlechter erfolgt. Dies ist umso erstaunlicher, als es sich bei dem verwendeten System um ein kleines Sechs-Variablen-System handelt, alle Wirkungen sofort und ohne Zeitverzögerung einsetzen, es keine latenten Variablen und keine Zufallseffekte gibt sowie alle Wirkungen relativ einfache Funktionen der wirkenden Variablen sind (also keine Oszillationen und keine Interaktionseffekte oder noch kompliziertere Wirkungsformen).

Tabelle 4.6: Ergebnisse von drei Regressionsanalysen mit unterschiedlichen Prädiktoren für die AVn „Güte des Kausaldiagramms" (GdK_4 und GdK_5) und „Güte der Systemsteuerung" (GdS). In Klammern sind hinter den standardisierten Pfadkoeffizienten die zugehörigen t-Werte aufgeführt. Für alle Analysen gilt N=24.

	abhängige Variable		
Prädiktor	GdK_4	GdK_5	GdS
NW^a	-.35 (-1.77)[*]	-	-
GdK_4	-	.92 (10.8)[*]	.73 (4.97)[*]
df	22	22	22
F	3.12	117.5	24.69
adjust. R^2	.08[*]	.84[*]	.51[*]

[*]$p \leq 0.10$. [a] NW = Nebenwirkung.

Weiter wurde die Annahme geprüft, daß die Zahl der bearbeiteten Takte (mittlere Taktzahl: 28.6 Takte in vier Durchgängen) keine einfachen linearen Auswirkungen auf die Qualität der Systembearbeitung hat. Dabei zeigte sich, daß weder Güte der Systemsteuerung noch Güte des Kausaldiagramms in bedeutsamer Weise durch die Taktzahl beeinflußt werden.

4.4 Fehler beim Erkennen von Eigendynamik und Nebenwirkungen

Die in den beiden vorangegangenen Teilkapiteln dargestellten Experimente zeigen nur den pauschalen Effekt der Treatment-Variable „Nebenwirkung". In diesem Teilkapitel sollen spezielle Effekte in Form typischer Fehler bei der Modellspezifikation beleuchtet werden. Weiterhin ist zu prüfen, ob die Konzepte „Eigendynamik" und „Nebenwirkung" auch konsistent von Pbn genutzt werden bei ihrer individuellen Modellkonstruktion. Schließlich geht es um Annahmen über die relative Schwierigkeit dieser beiden Abhängigkeitsformen.

4.4.1   Spezielle Effekte von Eigendynamik und Nebenwirkung

Welche speziellen Umstände sind dafür verantwortlich, daß die Kausaldiagramm-Werte umso geringer werden, je höher die Anzahl an Nebenwirkungen in einem System ist? Zeigen sich möglicherweise bei einer differenzierteren Analyse Effekte von Eigendynamik, die bei pauschaler Betrachtung nicht nachweisbar sind? Wir nehmen an, daß bei den von uns verwendeten Systemen Wirkungen der endogenen Variablen auf andere endogene Variablen für den Pbn wesentlich schwerer zu identifizieren sind als Wirkungen der exogenen auf die endogenen Variablen. Die Wirkungen von Maßnahmevariablen, die vom Pbn beliebig festgesetzt werden können, sind durch Experimentieren und Ausprobieren relativ leicht zu erkunden. Die Wirkungen von Zustandsvariablen auf andere Zustandsvariablen sind schwieriger einzuschätzen. Eine Möglichkeit besteht darin, zunächst einen Teil der XY-Wirkungen zu spezifizieren und dieses Wissen zu einer gezielten Manipulation von Y-Variablen zu nutzen.

Wenn die *Nebenwirkungen* einer Y- auf eine andere Y-Variable erkundet werden sollen, sollte demnach bekannt sein,

(a)   wie die wirkende Variable zu beeinflussen ist (Wissen um XY-Wirkungen), und

(b)   wie sich die potentiell beeinflußten Y-Variablen ohne die Manipulation der wirkenden Y-Variable entwickelt hätten (Wissen um Eigenentwicklung der Y-Variablen).

Liegt Wissen zu den Punkten (a) und (b) vor, so kann der Pb zunächst eine bestimmte Y-Variable gezielt verändern und anschließend prüfen, ob und an welchen Stellen sich dann das Verhalten anderer Y-Variablen ändert. Wenn seine Annahmen zu (a) und (b) korrekt sind und es sich um ein deterministisches System handelt, so kann er Abweichungen von der „base-line" einer Y-Variable als Resultat der Wirkung der manipulierten Y-Variable interpretieren. Dies gilt allerdings nur dann, wenn andere X- und Y-Variablen nicht als Wirkfaktoren in Frage kommen.

Ähnliche Überlegungen gelten für das Erkennen von *Eigendynamik.* In diesem Fall muß der Pb erkennen, daß eine Y-Variable sich von selbst (d.h. ohne Eingriffe von außen) verändert und darüber hinaus, daß diese Veränderung durch eine Wirkung des vorangegangen Zustands derselben Variable zu erklären ist.

Ein heikles Problem bei der Systembearbeitung besteht nun darin, daß umgekehrt das Wissen zu den Punkten (a) und (b) *abhängig ist von den Annahmen über Nebenwirkungen und Eigendynamik im System.* Ohne ein methodisch relativ anspruchsvolles Vorgehen kann so vor allem der Fehler auftreten, daß beim Übersehen von Nebenwirkungen und Eigendynamik in einem System auch falsche X-Wirkungen postuliert werden.

Diese Gedanken führen zu zwei weiteren Hypothesen, die wir unter dem Stichwort „Fehlerkompensation" aufführen:

(1)   Ungeachtet der Tatsache, daß *die A_{xy}-Matrix in allen experimentellen Bedingungen identisch* ist, erwarten wir, daß die Kausaldiagramme der Pbn mit zunehmender Eigendynamik und zunehmender Zahl von Nebenwirkungen auch vermehrt Fehler bezüglich der XY-Wirkungen enthalten.

(2) Weiter sollten häufig falsche XY-Wirkungen postuliert werden, wenn YY-Wirkungen nicht erkannt werden. So können falsche Annahmen über die YY-Wirkungen durch falsche Annahmen über die XY-Wirkungen unter Umständen kompensiert werden: das „fehlerhaftere" Gesamtmodell kann in einem betimmten Wertebereich für X- und Y-Variablen durchaus zu einer besseren Steuerung und Prognose führen.

Diese beiden Hypothesen lassen sich prüfen, indem wir zunächst neben dem globalen GdK-Wert separate GdK-Werte für die XY-Matrix (GdK-xy) und die YY-Matrix (GdK-yy) berechnen. Die Berechnung erfolgt vollkommen analog zur Berechnung von GdK, nur daß statt vom gesamten Kausaldiagramm des Pb nun von den entsprechenden Ausschnitten des Kausaldiagramms ausgegangen wird. Es liegen demnach für jeden Pb bei fünf Versuchsdurchgängen fünf GdK-xy- und GdK-yy-Werte vor. Diese geben an, wie gut einerseits der Zusammenhang zwischen X- und Y-Variablen bzw. andererseits der Zusammenhang *innerhalb* der Y-Variablen erkannt wurde.

Prüfung der ersten Hypothese: Wir nehmen an, daß Eigendynamik und Anzahl der Nebenwirkungen einen negativen Effekt auf GdK-xy haben. Um dies zu prüfen, berechneten wir je eine Regressionsanalyse für jede UV und jeden Durchgang. Prädiktoren sind dabei jeweils „Anzahl der Nebenwirkungen" (NW) oder „Anzahl eigendynamischer Y-Variablen" (ED), abhängige Variable ist GdK-xy. Bei einseitiger Fragestellung – die entsprechenden Regressionskoeffizienten sollten negativ und von 0 verschieden sein – wählten wir ein α-Risiko von 0.05. Die Ergebnisse der resultierenden zehn Regressionsanalysen sind Tabelle 4.7 zu entnehmen.

Tabelle 4.7: Regressionsanalysen für die Wirkung von Eigendynamik (ED) und Nebenwirkungen (NW) auf die Erkennung nicht manipulierter Systemkomponenten (GdK-xy): standardisierte Regressionsgewichte (β), multiples R^2, und t-Wert; (N = 24).

AV GdK-xy in Durchgang	Prädiktor					
	ED			NW		
	β	R^2	t	β	R^2	t
1	-.52	.23	-2.86 *	-.38	.15	-1.94 *
2	-.46	.21	-2.42 *	-.07	.01	-0.33
3	-.62	.38	-3.70 *	-.36	.13	-1.80 *
4	-.42	.18	-2.17 *	-.46	.21	-2.41 *
5	-.47	.23	-2.53 *	-.45	.20	-2.34 *

* $p \leq 0.05$ (einseitig).

Neun der zehn berechneten standardisierten Regressionskoeffizienten sind signifikant negativ von 0 verschieden. Die Hypothese, daß sich die unabhängigen Variablen auch auf die Erkennung der über alle Versuchsbedingungen konstanten XY-Wirkungen und damit der nicht variierten Systembestandteile auswirken, ist damit hinreichend belegt.

Prüfung der zweiten Hypothese: Nicht erkannte YY-Wirkungen implizieren niedrige GdK-yy-Werte und falsche Annahmen über die XY-Wirkungen implizieren niedrige GdK-xy-Matrix-Werte. So sollte, wenn die zweite Hypothese gilt und eine Fehlerkompensation stattfindet, eine positive Korrelation zwischen GdK-xy und GdK-yy resultieren. Wenn wir diese Korrelation über die Durchgänge hinweg betrachten, so sollte sie mit der Durchgangszahl ansteigen: Während der ersten Durchgänge sollte die Bearbeitung des Systems noch nicht so weit fortgeschritten sein, daß es aufgrund der Fehlerkompensation zu einer nennenswerten Korrelation zwischen GdK-xy und GdK-yy kommt. Da eine beobachtete bivariate Korrelation zwischen GdK-xy und GdK-yy im vorliegenden Fall auch durch eine gleichgerichtete Wirkung der UV „Eigendynamik" und „Anzahl der Nebenwirkungen" auf GdK-xy und GdK-yy produziert werden kann – und wie oben gezeigt wirken sich diese UVn auf GdK-xy aus –, erfordert es die Prüfung der zweiten Hypothese, die Wirkung des Treatments auf GdK-xy und GdK-yy auszupartialisieren. Tabelle 4.8 gibt die Partialkorrelationen von GdK-xy und GdK-yy für alle fünf Durchgänge und beide Experimente wieder.

Tabelle 4.8: Partialkorrelationen ($r_{ab.z}$) zwischen GdK-xy (=a) und GdK-yy (=b) bei Auspartialisierung der Treatment-Variablen z, N=24.

Durchgang	$r_{ab.z}$	
	z = Eigendynamik (Exp. 2)	z = Nebenwirkung (Exp. 3)
1	.31	-.03
2	-.10	.43 *
3	.16	.50 *
4	.36	.50 *
5	.36	.66 *

* $p \leq 0.05$ (einseitig).

Tabelle 4.8 zeigt, daß die empirisch beobachteten Partialkorrelationen in Experiment 3 mit der UV „Nebenwirkungen" vollständig mit unseren Erwartungen übereinstimmen: die um den Effekt des Treatments bereinigte Partialkorrelation zwischen GdK-xy und GdK-yy steigt von -.03 im ersten Durchgang bis auf .66 im fünften Durchgang. Ab dem zweiten Durchgang sind die Partialkorrelationen bei einem 5%-Alpha-Fehlerrisiko (einseitig geprüft) signifikant. Im zweiten Experiment mit der UV „Eigendynamik" sind alle beobachteten Partialkorrelationen zwischen GdK-xy und GdK-yy nicht signifikant und die Korrelation für den ersten Durchgang ist wider Erwarten höher als die Korrelationen für den zweiten und dritten Durchgang. Gemäß unseren Erwartungen steigen die Partialkorrelationen zwischen GdK-xy und GdK-yy ab dem zweiten Durchgang an (von -.10 auf .36). Das Ausbleiben signifikanter Korrelationen in Experiment 2 könnte dadurch begründet sein, daß Eigendynamik leichter erkannt wird als Nebenwirkungen (vgl. Kapitel 6) und damit weniger „Kompensationsnotwendigkeit" besteht. Die relativ hohe Partialkorrelation von .31 im ersten Durchgang ist überraschend, könnte bei der relativ geringen Pbn-Zahl und der Fülle möglicher Störvariablen jedoch auch zufallsbedingt sein. Dennoch bleibt festzuhalten, daß die Kompensationshypothese für Experiment 2 nicht überzeugend belegt werden kann.

Kritisch anzumerken ist, daß die referierten Zusammenhänge zwischen GdK-xy und GdK-yy auch anders interpretiert werden können. So liegt es etwa nahe, eine hohe Korrelation zwischen diesen Variablen auf einen allgemeinen Faktor „Problemlösefähigkeit" zurückzuführen: „gute" Pbn bearbeiten beide Teilmatrizen gut, „schlechte"

Pbn beide weniger gut. Diese Interpretation kann allerdings nicht ohne weitere Zusatz-annahmen erklären, wieso ein Anstieg der Korrelationen im Verlauf des Experiments beobachtet werden sollte.

Um unsere Aussagen weiter zu unterstützen, werden wir empirische Evidenz dafür vorlegen, daß bei Nichterkennen einer bestimmten Wirkung auch sehr typische Fehler auftreten können. Nebenwirkungen stellen unter den von uns benutzten Wirkungsfor-men wohl die schwierigste Systemkomponente dar. Lassen sich typische Fehler er-warten, wenn ein Pb eine implementierte Nebenwirkung nicht erkennt? Das Erschei-nungsbild einer Nebenwirkung ist dem einer Eigendynamik zunächst sehr ähnlich: eine Y-Variable verändert sich von selbst, ohne daß eine X-Wirkung als Ursache in Frage kommt. Solange die wirkende Y-Variable nicht stark verändert wird, wird sich auch die beeinflußte Y-Variable relativ gleichmäßig verändern. Dies legt die Vermu-tung nahe, daß bei der sich gleichmäßig ändernden Y-Variable eine Eigendynamik vor-liegt. Somit nehmen wir an, daß das Nichterkennen einer Nebenwirkung häufig zur falschen Annahme einer Eigendynamik führt.

Tabelle 4.9: Die Häufigkeit aller auf y_2 angenommenen Wirkungen in der (ED=1)-Bedingung von Experiment 2 und der identischen (NW=1)-Bedingung von Experiment 3 (jeweils N=40). Bei falschen Wirkun-gen ist in Klammern angegeben, wie häufig die jeweiligen Fehler sind, wenn die Nebenwirkung von y_3 *nicht* erkannt wurde.

Wirkung von	Experiment 2 (ED)		Experiment 3 (NW)	
x_1 (falsch)	25.0 %	(80 %)	7.5 %	(100 %)
x_2 (falsch)	27.5 %	(64 %)	32.5 %	(92 %)
x_3	60.0 %	-	70.0 %	-
y_1 (falsch)	0.0 %	(0 %)	12.5 %	(80 %)
y_2 (falsch)	35.0 %	(93 %)	30.0 %	(100 %)
y_3	20.0 %	-	32.5 %	-

Wir prüften diese Annahme anhand der von den Pbn angefertigten Kausaldiagramme. In der (ED=1)- und der (NW=1)-Bedingung der beschriebenen Experimente liegen iden-tische Systeme mit einer Nebenwirkung von y_3 auf y_2 vor. In Tabelle 4.9 ist für die jeweils 40 vorliegenden Kausaldiagramme prozentual angegeben, in wievielen Kausal-diagrammen der Pbn eine bestimmte Wirkung angenommen wird.

Betrachtet man die letzte Zeile von Tabelle 4.9, so ist festzustellen, daß in Experi-ment 2 nur 20 % der Kausaldiagramme richtigerweise die Nebenwirkung von y_3 auf y_2 enthalten, in Experiment 3 immerhin 32.5 %. Dagegen wird die Wirkung von x_3 auf y_2 mehr als doppelt so häufig richtig erkannt. In beiden Experimenten wird sehr häufig eine falsche Eigendynamik von y_2 angegeben (35.0 % bzw. 30 %). Diese Feh-ler sind insgesamt sogar häufiger als das korrekte Erkennen der Nebenwirkung und tre-ten nahezu immer nur dann auf, wenn die Nebenwirkung nicht erkannt wird (93 % bzw. 100 %). Bemerkenswert selten wird dagegen eine falsche Nebenwirkung von y_1 auf y_2 postuliert (0.0 % bzw. 12.5 %). Etwas häufiger wird irrigerweise eine Wirkung von x_1 auf y_2 angenommen (25.0 % bzw. 7.5 %), eine falsche Wirkung von x_2 auf y_2 kommt dagegen recht häufig vor (27.5 % bzw. 32.5 %). Damit zeigen diese Daten, daß besonders häufig zwei Fehler auftreten: Einmal wird die Nebenwirkung oft mit einer Eigendynamik von y_2 verwechselt und das andere mal wird häufig eine Wirkung von x_2 auf y_2 angenommen. Der erste Befund deckt sich mit unseren oben ausgeführten Überlegungen, der zweite war für uns zunächst überraschend. Jedoch vermuten wir folgende Ursachen für die häufige und falsche Annahme einer Wirkung von x_2 auf y_2: (1) die Art der Systempräsentation – es liegt vielleicht nahe, die zweite X-Variable mit der zweiten Y-Variable zu verknüpfen, zumal eine Verknüpfung von x_1 und y_1 implementiert ist und fast immer bereits im ersten Durchgang erkannt wird; (2) es besteht eine *indirekte* Wirkung von x_2 auf y_2, denn x_2 wirkt auf y_3 und y_3 wiederum auf y_2; möglicherweise erkennen unsere Pbn richtig einen Zusammenhang zwischen x_2 und y_2, können die Kausalkette jedoch nicht mit dem fehlenden Zwischenglied y_3 vervollständigen.

Es läßt sich festhalten, daß die schwierig zu erkennende Nebenwirkung häufig mit einer – einfacheren – Eigendynamik verwechselt wird. Dabei ist zu betonen, daß diese Verwechslung unter Umständen für die Qualität der Systemsteuerung nur geringfügige Konsequenzen hat: solange y_3 sich in einem bestimmten Wertebereich bewegt, kann es relativ belanglos sein, ob die Nebenwirkung korrekt erkannt wird oder eine „passende" Eigendynamik bei y_2 angenommen wird.

4.4.2   Zur Relevanz der Konzepte „Eigendynamik" und „Nebenwirkungen"

Man kann annehmen, daß Konzepte wie „Eigendynamik" und „Nebenwirkungen" nicht nur relevant für die objektive Beschreibung eines Systems sind, sondern auch psychologische Implikationen hinsichtlich der Erkennbarkeit und Steuerbarkeit eines Systems besitzen. So stellt sich etwa die Frage, ob „Eigendynamik" und „Nebenwirkungen" Konzepte sind, die auch von unseren Pbn verwendet (möglicherweise im Experiment erworben) werden. Ist es mit anderen Worten sinnvoll, von Pbn zu sprechen, die ein Verständnis von „Eigendynamik", „Nebenwirkungen" etc. haben, oder sind diese Begriffe untauglich, das individuelle Verhalten zu beschreiben, weil die subjektiven Modelle der Pbn eine ganz andersartige Struktur aufweisen?

Einen empirischen Hinweis für die Tauglichkeit dieser Konzepte kann man anhand der vorliegenden Daten gewinnen, indem man prüft, ob Pbn eigendynamische und Nebenwirkungskomponenten jeweils *konsistent* erkennen. In den schwierigsten Bedingungen der beiden vorgestellten Experimente müssen die Pbn jeweils zwei eigendynamische bzw. Nebenwirkungskomponenten identifizieren. Wenn die Pbn beispielsweise über ein Konzept „Nebenwirkungen" und über Strategien zur Identifizierung von Nebenwirkungen verfügen, so sollten sie jeweils *beide Nebenwirkungen* erkennen. Nicht – oder selten – sollte eintreten, daß ein Pb die eine Nebenwirkung erkennt und die andere nicht. Die gleiche Überlegung gilt für das Konzept „Eigendynamik".

Geprüft wurde diese Annahme anhand der von den Pbn angefertigten Kausaldiagramme. *Alle* in Frage kommenden sechzehn Pbn erkannten „Eigendynamik" und „Nebenwirkungen" jeweils *konsistent* oder nicht: fünf von acht Pbn der (ED=2)-Bedingung des zweiten Experiments erkannten beide eigendynamischen Komponenten,

drei Pbn konnten beide Zusammenhänge nicht identifizieren und keiner erkannte nur
eine der eigendynamischen Wirkungen; zwei von acht Pbn der (NW=2)-Bedingung des
dritten Experiments erkannten beide Nebenwirkungen, sechs Pbn konnten beide nicht
spezifizieren und keiner gab nur eine der Nebenwirkungen an.

Es ist bei den sechzehn untersuchten Pbn, an denen die Konsistenzhypothese geprüft
werden konnte, und dem vorliegenden System also möglich, jeden dieser Pbn hinsichtlich seiner Erkennung von Eigendynamik und Nebenwirkungen eindeutig zu
klassifizieren.

4.4.3   Zur Schwierigkeit unterschiedlicher Systemkomponenten

In einem vorangegangenen Projektbericht (MÜLLER et al., 1987) hatten wir einige
Annahmen zur Schwierigkeit verschiedener Systemkomponenten aufgestellt, die anhand des bisher gesammelten empirischen Materials nun geprüft werden sollen.

Eine *erste Hypothese* besagte, daß Nebenwirkungen ceteris paribus schwieriger zu
erkennen sind als Eigendynamiken. In den drei bisher durchgeführten Experimenten
gibt es 48 Pbn, die ein System gleicher Struktur mit je einer Nebenwirkung ($y_3 \rightarrow y_2$
= 0.2) und einer eigendynamischen Komponente ($y_3 \rightarrow y_3$ = 0.9) bearbeitet haben (das
System ist identisch mit der (ED=1)- und der (NW=1)-Bedingung). Dabei war die Nebenwirkung vom Betrag her stärker als die Eigendynamik (y_2 verändert sich um jeweils 20% des Betrages von y_3, y_3 um jeweils 10% des eigenen Betrages), was eher
ungünstige Bedingungen für die Bestätigung der Hypothese schafft. Das empirische
Material für die Hypothesenprüfung liefern uns wiederum die von den Pbn angefertigten Kausaldiagramme. Wir hielten für jeden Pbn fest, ab welchem der fünf Versuchs-
durchgänge er im Kausaldiagramm Eigendynamik bzw. Nebenwirkung konsistent erkannte. Die entsprechende Wirkung mußte auch in allen zeitlich folgenden Kausaldiagrammen konsistent angegeben sein, um zufällige Treffer wenigstens zum Teil eliminieren zu können. Mit diesem Vorgehen verfügt man über eine grobe Abschätzung des
Zeitpunkts, zu dem ein Pb die implementierte Eigendynamik bzw. Nebenwirkung erkannt hat. Da eine quantitative Auswertung dieses Datenmaterials fraglich erscheint,
bietet sich eine qualitative Auswertung in der folgenden Form an: Vergleicht man den
Zeitpunkt der Erkennung der Eigendynamik mit dem Zeitpunkt der Erkennung der Nebenwirkung, so sind sinnvollerweise folgende vier Ereigniskategorien zu unterscheiden:

(1) die Eigendynamik wird *vor* der Nebenwirkung erkannt (hypothesen*konforme* Ka-
     tegorie);

(2) die Eigendynamik wird *nach* der Nebenwirkung erkannt (hypothesen*widerspre-
     chende* Kategorie);

(3) die Eigendynamik wird *gleichzeitig* mit der Nebenwirkung erkannt (hypothesen-
     irrelevante Kategorie);

(4) Eigendynamik und Nebenwirkung werden *beide nicht* erkannt (hypothesen*irrele-
     vante* Kategorie).

Die Auszählung ergab folgende Ergebnisse: zwanzig Ereignisse fielen in die Kategorie
1 (hypothesenkonform), zehn Ereignisse in die Kategorie 2 (hypothesenwiderspre-

chend), ein Ereignis in Kategorie 3 und siebzehn Ereignisse in die Kategorie 4 (hypo-
thesenirrelevant). Läßt man die hypothesenirrelevanten Kategorien außer acht, so kann
man mit dem verbleibenden N=30 die Null-Hypothese prüfen, daß p(Kategorie 1) =
p(Kategorie 2) = 0.50. Wir nahmen diese Prüfung mittels Binomialtest bei einem Al-
pha-Fehlerrisiko von 0.05 vor. Die Nullhypothese war zu verwerfen, so daß wir von
einem signifikanten Unterschied zwischen den Kategorien 1 und 2 im Sinne unserer
Ausgangshypothese sprechen können. – Für das vorliegende System konnte damit gezeigt werden, daß die eigendynamische Komponente leichter zu erkennen ist als die
Nebenwirkungskomponente.

Eine *zweite Hypothese* besagt, daß „subdominante" X-Wirkungen schwerer zu identifizieren sind als „dominante" X-Wirkungen (vgl. MÜLLER et al., 1987): Wenn eine
X-Variable auf zwei Y-Variablen wirkt, so sollte ceteris paribus die X-Wirkung mit
dem kleineren numerischen Gewicht schwerer zu erkennen sein (die Ceteris-Paribus-
Klausel setzt hier insbesondere voraus, daß die beiden Y-Variablen ähnliche Stabili-
täts-Charakteristika aufweisen). Die Prüfung dieser Hypothese wurde genauso vorgenommen, wie wir dies für die erste Hypothese beschrieben haben, wobei diesmal verglichen wird, zu welchem Zeitpunkt die beiden X-Wirkungen ($x_3 \rightarrow y_2 = 3$, dominant;
$x_3 \rightarrow y_3 = 0.5$, subdominant) erkannt werden. Die vier möglichen Ereignis-Kategorien
lauten diesmal:

(1) die dominante Wirkung wird *vor* der subdominanten erkannt (hypothesen*kon-
    forme* Kategorie);

(2) die dominante Wirkung wird *nach* der subdominanten erkannt (hypothesen*wider-
    sprechende* Kategorie);

(3) dominante und subdominante Wirkung werden *gleichzeitig* erkannt (hypothesen-
    irrelevante Kategorie);

(4) dominante und subdominante Wirkung werden *beide nicht* erkannt (hypothesen-
    irrelevante Kategorie).

Die Auszählung ergab folgende Ergebnisse: 28 Ereignisse fielen in die Kategorie 1
(hypothesenkonform), sechs Ereignisse in die Kategorie 2 (hypothesenwiderspre-
chend), elf Ereignisse in Kategorie 3 und drei Ereignisse in die Kategorie 4 (hypothe-
senirrelevant). Eine statistische Absicherung des Unterschieds zwischen Kategorie 1
und 2 erübrigt sich wegen der Eindeutigkeit des Effekts. – Die leichtere Erkennbarkeit
der dominanten X-Wirkung gegenüber der subdominanten konnte für das untersuchte
System somit eindrucksvoll bestätigt werden.

4.5 Experimente 4 und 5: Vorwissen, Steuerbarkeit, Steueranforderungen sowie Systempräsentation

Die Experimente 4 und 5 behandeln den Einfluß von Vorwissen, Steuerbarkeit eines
Systems, Steueranforderungen an den Pbn sowie die Rolle der Systempräsentation. Da
beide Experimente mit einer anderen als der SINUS-Simulation durchgeführt wurden
und da beide Experimente sich nur durch die Variation eines Faktors – Präsentations-

form – unterscheiden, sollen sie zusammen dargestellt werden, obwohl sie zeitlich nacheinander realisiert wurden.

4.5.1   Fragestellung

Die beiden Experimente 4 und 5 mit der Simulation „Umweltverschmutzung durch Altöl" sollten im wesentlichen vier Fragen klären:

(1)   In welchem Ausmaß behindert Vorwissen die Identifikation eines Systems, das von diesem abweichend modelliert ist?

In bisherigen Untersuchungen wurde die Frage behandelt, inwieweit eine semantische Einbettung die Bearbeitung eines Problems beeinflußt. Dabei wurden verschiedene semantisch gehaltvolle Einbettungen gegeneinander kontrastiert (vgl. BHASKAR & SIMON, 1977; im deutschsprachigen Bereich FUNKE & HUSSY, 1984; HESSE, 1982; JÜLISCH & KRAUSE, 1976). Wir wählten für unser Vorgehen einen anderen Weg: Wir behielten ein und dieselbe semantische Einkleidung bei, änderten aber die systeminternen Beziehungen. Die uns interessierende Frage war die: Was passiert bei der Bearbeitung eines Systems, das semantisch bedeutungsvoll eingekleidet ist (hier: Umweltverschmutzung durch Altöl), wenn die simulierten Zusammenhänge nicht den tatsächlichen Gegebenheiten entsprechen? Wir kontrastierten also die Bearbeitungsleistungen zweier semantisch gleicher Systeme, wobei die Simulation einmal dem Vorwissen der Pbn entsprach und einmal nicht.

(2)   Um wieviel besser gelingt die Zielerreichung, wenn nicht alle beteiligten endogenen Variablen zu steuern sind?

In den vorangegangenen Experimenten wurde die Aufgabenschwierigkeit durch Variationen der Systemstruktur geändert. Dies diente der Klärung der Frage, welchen Einfluß eine Änderung der Systemeigenschaften auf die Bearbeitung des Systems durch die Pbn hat. In der hier vorzustellenden Untersuchung interessierte die Frage, was passiert, wenn zwar die gesamte Simulation dargeboten, aber nur Teile von ihr gesteuert werden müssen.

(3)   Verbessert sich die Zielerreichung, wenn die Zielvariablen durch mehrere exogene Variablen beeinflußt werden können?

In der Automatentheorie (ASHBY, 1958) wird die Steuerbarkeit eines Systems als Verhältnis steuernder zu gesteuerten Variablen verstanden. Ein System ist um so besser zu steuern, je mehr steuernde Variablen zur Verfügung stehen. Ob diese Überlegung grundsätzlich auch im Bereich des komplexen Problemlösens berechtigt ist, sollte geklärt werden.

(4)   Welchen Einfluß hat die Darbietungsform (grafisch vs. numerisch) auf die Bearbeitung der Simulation?

In den vorangegangenen Untersuchungen wurde die Problemstellung jeweils numerisch dargeboten. Unsere Annahme war, daß diese Darbietungsform keinen wesentlichen Einfluß auf die Bearbeitung der Simulation hat. Zwar wußten wir aus einer unveröffentlichten Untersuchung mit einer AQUARIUM-Simulation (beschrieben bei FUNKE, FAHNENBRUCK & MÜLLER, 1986, p. 14f.), daß bei der grafischen Darbietung die Zahl der besonders guten und besonders schlechten Pbn abnehmen sollte, die Treatmenteffekte sollten aber erhalten bleiben.

4.5.2   Versuchsplan

Um die oben gestellten Fragen zu beantworten, verwendeten wir einen 2x2x2x(3)-Versuchsplan, bei dem der Faktor „Vorwissensverträglichkeit" (die Simulation entspricht dem Vorwissen oder nicht), der Faktor „Aufgabenschwierigkeit" (alle Variablen sind zu steuern oder nur ein Teil) und der Faktor „Darbietungsform" (grafische oder numerische Darbietung) jeweils in zwei Stufen interindividuell variiert wurden. Der Faktor „Steuerbarkeit" wurde von uns in drei Stufen intraindividuell variiert (Verhältnis der beeinflußbaren zu den zu steuernden Variablen 2:1, 1:1 und 1:2).

Das jeweilige apriori ermittelte N von 10 pro Zelle, also ein Gesamt-N von 80 Pbn, reicht aus, um bei einer varianzanalytischen Auswertung und einem liberalen α-Niveau von 0.10 „große" Effekte im Sinne von COHEN (1977) aufzudecken. In diesem Fall liegt ß ebenfalls bei 0.10 und damit die Power bei 0.90.

Voruntersuchung. Bei der Entscheidung über den Gegenstandsbereich der Simulation und die Etikettierung der Variablen war es uns wichtig, ein Szenario zu wählen, das bei den Pbn vergleichbares Vorwissen aktiviert und auf ähnliches Interesse und Grundverständnis trifft. Dieser Anforderung entspricht der Gegenstandsbereich „Umweltverschmutzung durch Altöl". Als Grundlage für die Ausarbeitung des Szenarios ALTÖL dienten uns die Arbeit von MÜLLER (1982) sowie ein Beratungsgespräch mit Ulrich HILLEJAN (vgl. MOSCHKE & HILLEJAN, 1988).

Nachdem die Entscheidung über das Szenario gefallen war, befragten wir in einer Voruntersuchung 32 studentische Pbn über deren Vermutungen und Wissen über die Zusammenhänge zwischen den verschiedenen Variablen. Die von uns vorher erarbeitete sinnvolle Kausalstruktur entsprach in weiten Teilen den subjektiven Vorstellungen der befragten Studenten; die von uns angenommenen Beziehungen wurden von jeweils mindestens 23 der Befragten ebenfalls genannt.

Ein sich daraus ergebendes mittleres Modell über die Verhältnisse bei der Umweltverschmutzung durch Altöl erlaubt uns ein Modell zu simulieren, das sowohl dem Vorwissen der Pbn über die Verhältnisse entspricht als auch die Realität (so wie sie vom Experten eingeschätzt wird) wiedergibt. Die Aufarbeitung der Literatur (im wesentlichen MÜLLER, 1982) hat schließlich die Formulierung einer sachgerechten Instruktion für die Pbn möglich gemacht.

Stichprobe. Die Stichprobe von 80 Pbn mit einem Durchschnittsalter von 23 Jahren setzte sich vorwiegend aus Erstsemesterinnen und Erstsemestern der Psychologie zusammen. Hinzu kamen Studentinnen und Studenten vorwiegend geisteswissenschaftlicher Fächer sowie fünf Berufstätige mit abgeschlossener Ausbildung. Es wurde versucht, die Stichprobe möglichst homogen zu halten, um eventuelle Effekte besser erkennen zu können. Die nach den bisherigen Experimenten zu erwartenden interindividuellen Differenzen würden sonst jeglichen Treatmenteffekt überlagern.

Untersuchungsmaterial. Die Simulation gliederte sich für die Pbn in vier Durchgänge mit je sieben simulierten Jahren. Dabei dienten die ersten drei Durchgänge der Exploration der Simulation. Im vierten Durchgang waren die vorher angegebenen Zielwerte zu erreichen. Zu Beginn jeden Durchgangs wurde je ein Item zur Anstrengungsbereitschaft („Um die Aufgabe zu schaffen, werde ich mich anstrengen"), zur Mißerfolgsorientiertheit („Ich befürchte, daß ich es nicht schaffen werde"), zur Schwierigkeitsempfindung („Ich finde die Aufgabe schwierig") und zur Erfolgsorientiertheit („Ich bin zuversichtlich, die Zusammenhänge zu erkennen") gestellt. Beantwortet wurden diese Fragen jeweils auf einer Skala von 1 (= „gar nicht") bis 8 (= „sehr").

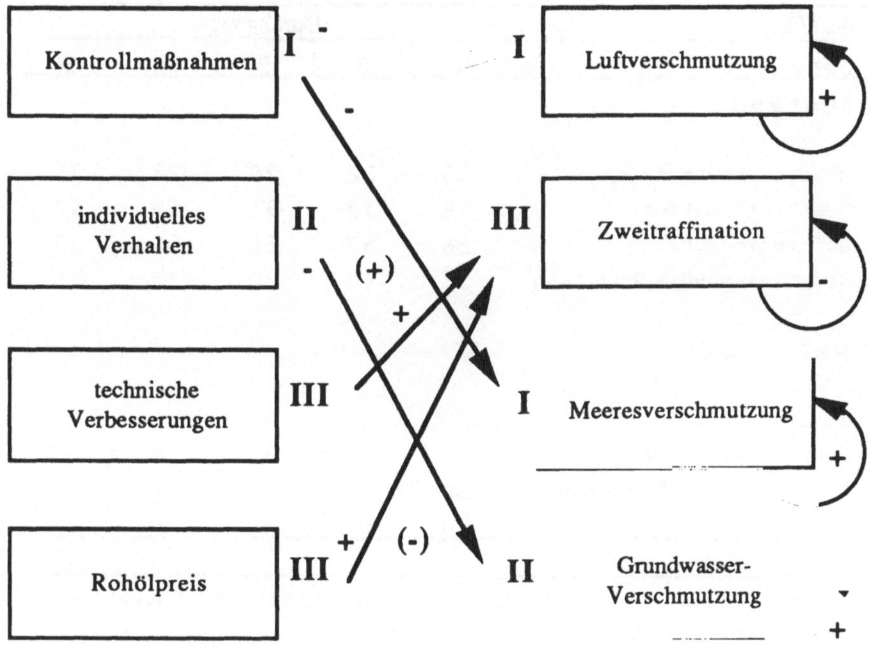

Abb. 4.10: Struktur der Simulation. Die in Klammern gesetzten Vorzeichen kommen bei der nicht vorwissensverträglichen Versuchsbedingung zur Anwendung. Die römischen Ziffern geben die Nummer der untereinander unabhängigen Teilsysteme an.

Die Simulation war so programmiert, daß sich staatliche Kontrollmaßnahmen sowohl positiv auf die Meeresverschmutzung als auch positiv auf die Luftverschmutzung auswirkten. Das individuelle Verhalten verbesserte die Grundwasserverschmutzung, wenn es verbessert wurde, und sowohl die Einführung von technischen Verbesserungen als auch die Erhöhung des Rohölpreises erhöhten den Anteil der Zweitraffination. Werden keine Eingriffe vorgenommen, nimmt die Luft-, die Meeres- und die Grundwasserverschmutzung von simuliertem Jahr zu Jahr von alleine zu. Die

Zweitraffination nimmt hingegen ab, wenn nicht eingegriffen wird. Abb. 4.10 veranschaulicht die Verhältnisse grafisch.

Wie aus der Abbildung hervorgeht, läßt sich das Gesamtsystem in drei voneinander unabhängige Teilsysteme zerlegen: TS I sieht eine 1:2-Kontrolle vor, bei TS II ist das Verhältnis 1:1, bei TS III 2:1.

Die grafische bzw. numerische Variante des Experiments waren streng parallelisiert. Wurde beispielsweise den Pbn der numerischen Variante mitgeteilt, in welchem Wertebereich sich die Zustandsvariablen bewegen können, dann wurde in der grafischen Bedingung entsprechend erklärt, daß die Zustandswerte den durch einen Rahmen angegebenen Bereich nicht verlassen können.

ALTÖL	Durchgang				
Jahr	1	2	3	4	5
Zustand:					
Meeresverschmutzung	33	32	29	26	25
Zweitraffination	78	73	71	69	67
Luftverschmutzung	56	57	56	55	56
Grundwasserverschmutzung	38	40	39	35	31
Maßnahmen:					
Kontrollaufwand	20	30	30	20	
individuelles Verhalten	0	20	40	35	
technische Verbesserung	30	20	20	20	
Rohölpreis	−30	−10	0	0	

Durch Drücken der Leertaste eine der Maßnahmen auswählen, eventuell einen neuen Wert eingeben und dann „return" drücken

Abb. 4.11: Möglicher Bildschirmaufbau im fünften simulierten Jahr der Bearbeitung; *numerische* Variante.

Bei der Festlegung des Wertebereichs der Variablen ist von uns darauf geachtet worden, daß die numerische Auflösung nicht besser ist als die grafische Auflösung des Bildschirms: während in der numerischen Variante der Wertebereich 80 Einheiten bei jeder Variablen beträgt, beträgt die Anzahl der Bildpunkte auf dem Bildschirm pro Spalte ebenfalls 80. Abb. 4.11 zeigt einen möglichen Verlauf in der numerischen Bedingung, Abb. 4.12 einen möglichen Verlauf in der grafischen Versuchsbedingung nach jeweils fünf simulierten Jahren.

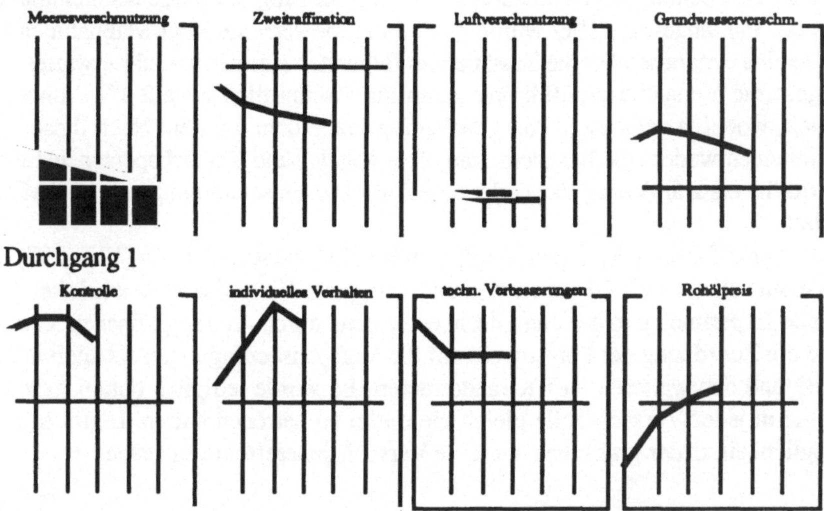

Abb. 4.12: Möglicher Bildschirmaufbau im fünften simulierten Jahr der Bearbeitung; *grafische* Variante.

Im Experiment wurde die Aufgabenschwierigkeit durch die Zahl der Zielwerte variiert. In der leichteren Versuchsbedingung waren nur die Luft- und die Grundwasserverschmutzung zu steuern, während in der schwierigen Bedingung alle vier Zustandsvariablen kontrolliert werden mußten.

Die Übereinstimmung mit dem Vorwissen wurde variiert, indem zwar die Struktur der Zusammenhänge beibehalten wurde, die Wirkungsweise einzelner Variablen (individuelles Verhalten und Rohölpreis) jedoch umgekehrt wurde.

Die bisherige Form der Prognosephase zum Schluß des Experiments, in der die Pbn Eingriffe vorgegeben bekamen und angeben mußten, welche Konsequenzen ein solcher Eingriff ihrer Vermutung nach hätte, wurde modifiziert. Die Zahl der bisher geforderten Prognosen erhöhten wir in diesem Experiment von 10 auf 15. Außerdem wählten wir die Vorgaben für die Eingriffe so, daß die Varianz möglichst groß wurde. Dadurch lassen sich die Pbn, die etwas über die Simulation wissen, deutlicher von denen trennen, die sie nicht verstanden haben.

Versuchsdurchführung. Alle Pbn hatten zu Beginn, genau wie in den vorhergehenden Experimenten, den Problemlösefragebogen (PLF) von KÖNIG et al. (1985) zu bearbeiten. Hypothesen über Zusammenhänge zwischen PLF und der Fähigkeit, mit dynamischen Systemen umzugehen, wurden nicht formuliert.

Anschließend waren, wie vor jedem Durchgang, die vier Fragen zur Anstrengungsbereitschaft, zur Mißerfolgs- bzw. Erfolgsorientiertheit und zur Schwierigkeitsempfindung zu beantworten. Es folgte die Bearbeitung der Simulation, wobei die Pbn nach jedem Durchgang ihr Wissen über die Zusammenhänge zwischen den Variablen in Form von Kausaldiagrammen anzugeben hatten. Im vierten Durchgang waren je nach Versuchsbedingung entweder zwei oder vier Zielwerte zu erreichen.

Nach der Bearbeitung der Simulation wurde in einer Prognosephase noch einmal das Wissen der Pbn abgefragt. Hier wurde unter Vorgabe verschiedener Maßnahmen und Zustände eine Prognose über die Zustände im folgenden simulierten Jahr erwartet.

Die gesamte Versuchsdurchführung nahm durchschnittlich etwa 2 1/2 Stunden in Anspruch, wobei jeweils zwei Pbn gleichzeitig untersucht wurden. Nach dieser Zeit wurde ihnen entweder eine Bescheinigung über abgeleistete Versuchspersonenstunden (Pflichtnachweis zum Vordiplom) oder eine Aufwandsentschädigung von 10 DM ausgehändigt.

Für die Durchführung des Experiments standen eine Versuchsleiterin (Vlin; UG) und zwei Versuchsleiter (Vl; GF und RK) zur Verfügung. Einer der Versuchsleiter (GF) führte alle Experimente in der numerischen Variante durch. In der grafischen Variante erfolgte die Zuordnung der Pbn sowohl auf die Versuchsbedingungen als auch auf die Vlin UG und den weiteren Vl RK randomisiert. Es wurde lediglich darauf geachtet, daß beide in jeder Versuchszelle gleich viele Pbn zu betreuen hatten. Damit bestand die Möglichkeit, in der grafischen Variante Versuchsleitereffekte zu testen.

4.5.3 Abhängige Variablen

Auch in diesem Experiment wurden die drei bekannten abhängigen Variablen verwendet. Zum einen die „Güte der Kausaldiagramme" (GdK), die angibt, wie gut jemand die Struktur der Simulation erkannt hat. Zum anderen diente die „Güte der Systemsteuerung" (GdS) als abhängige Variable. Sie wird als mittlerer Abstand der erreichten Werte von den vorgegebenen Zielwerten über alle Variablen und alle Takte des letzten Durchgangs hinweg bestimmt. Die „Güte der Prognosen" (GdP) wird analog zur Güte der Systemsteuerung bestimmt. Anstatt eines mittleren Abstandes zum Zielwert wird hier der mittlere Abstand (gemittelt über alle Variablen sowie über alle Prognosen) zu dem Wert bestimmt, den das System angenommen hätte, wenn die Eingriffe so wie angegeben getätigt worden wären.

4.5.4 Hypothesen

Zunächst werden die wissenschaftlichen Hypothesen unserer Untersuchung genannt. Daran schließt sich die Darstellung ihrer Umsetzung in statistische Hypothesen an (vgl. zu diesem Vorgehen etwa HAGER, 1987).

Wissenschaftliche Hypothesen. Im folgenden werden alle Hypothesen beschrieben, die wir für dieses Experiment formuliert haben. Darunter fallen jene, die sich auf die manipulierten Variablen beziehen, aber auch diejenigen, welche sich unabhängig vom Versuchsplan bzw. den Versuchsbedingungen (d.h. ohne Bezug auf die UVn) beantworten lassen.

H1: Die Simulation, die dem Vorwissen der Pbn nicht entspricht, wird von diesen schlechter erkannt, schlechter gesteuert und die Prognosen dieser Gruppe sind schlechter.

In dem Moment, in dem die Pbn mit einer Simulation, insbesondere einer semantisch eingekleideten, konfrontiert werden, wird Vorwissen aktiviert. Ist dieses Vorwissen auf die Situation in angemessener Weise anwendbar, dann sollte sich dies bereits zu Beginn des Experiments bei der Bewertung der Kausaldiagramme niederschlagen. Im weiteren Verlauf der Bearbeitung wird der Unterschied erhalten bleiben, weil diejenigen, die eine Simulation bearbeiten, die ihrem Vorwissen entspricht, nichts prinzipiell Neues erlernen, sondern lediglich zu ihrem bisherigen Wissen etwas hinzukommt. Hingegen interferiert in der Gruppe, in der die Simulation dem Vorwissen der Pbn nicht entspricht, dieses Vorwissen mit der neuen Erfahrung. Dies sollte dazu führen, daß das Wissen über die Simulation und die Fähigkeit im Umgang mit dieser hinter dem der anderen Gruppe zurückbleibt.

H2: Pbn, die nur zwei Zielwerte zu erreichen haben, erreichen dies besser als Pbn, die alle vier endogenen Variablen auf einen definierten Zielzustand hin verändern sollen.

Die Pbn, die nur zwei Zielwerte zu erreichen haben, brauchen sich bei der Steuerung nur auf einen Teil der Simulation zu konzentrieren. Diese Konzentration sollte zu besseren Leistungen in diesem Bereich führen.

H3: Zwischen der grafischen und der numerischen Variante des Experiments gibt es keine signifikanten Unterschiede bei den verschiedenen Gütemaßen.

Auf Grund früherer Erfahrungen mit unterschiedlichen Darbietungsformen (grafische vs. numerische Variante bei einem unveröffentlichten AQUARIUM-Experiment) haben wir die Vermutung, daß sich die Gütemaße nicht unterscheiden. Zwar kamen in der grafischen Variante besonders gute und besonders schlechte Ergebnisse seltener vor. Gruppenmittelwerte bzw. Mediane unterschieden sich aber nicht.

H4: Die Teilsysteme, die im technischen Sinne besser steuerbar sind, werden auch von menschlichen Akteuren besser gesteuert.

Im technischen Sinn sind die Systeme besonders gut steuerbar, bei denen das Verhältnis beeinflußbarer zu gesteuerten Variablen besonders groß ist. Ob dieser Sachverhalt auch in Simulationen gilt, die von Menschen bearbeitet werden, zumal in semantisch eingebetteten Systemen, ist zu überprüfen.

H5: Alle motivationalen Fragen werden zu Beginn des Experiments von allen Pbn in gleicher Weise beantwortet.

Solange die Pbn noch nichts über die Simulation erfahren haben, sollten sich weder Unterschiede bei der Erfolgsorientiertheit noch bei der Mißerfolgsorientiertheit einstellen. Auch in der Anstrengungsbereitschaft und der Schwierigkeitsempfindung sollten keine Unterschiede zwischen den Gruppen auftreten, da sonst die zufällige Zuordnung zu den Gruppen in Frage zu stellen wäre und außerdem nicht mehr klar wäre, wie die Unterschiede in den Ergebnissen zwischen den Gruppen zu erklären wären.

H6: Sowohl die Mißerfolgsorientiertheit als auch die Schwierigkeitsempfindung wird in der Versuchsbedingung, die dem Vorwissen nicht entspricht, gegen Ende der Untersuchung gegenüber der anderen Bedingung zunehmen.

Die zu erwartenden schlechteren Ergebnisse in der Gruppe, die die nicht-vorwissenskonforme Simulation zu bearbeiten hat, müssen von den Pbn emotional bewältigt werden. Eine Möglichkeit, die Bewältigungsform zu erfassen, besteht in der Beurteilung der Aufgabe hinsichtlich ihrer Schwierigkeit bzw. der Einschätzung des Erfolgs oder Mißerfolgs. Beurteilt man die Aufgabe als schwierig, dann braucht man nicht an seinen Fähigkeiten zu zweifeln. Der zu erwartende größere Mißerfolg wird ebenfalls dazu führen, daß die Pbn diesen Mißerfolg antizipieren, was eine höhere Mißerfolgsorientierung erwarten läßt.

H7: Bei der Anstrengungsbereitschaft gibt es keine Unterschiede zwischen den verschiedenen Versuchsgruppen.

Aus früheren Experimenten haben wir den Eindruck, daß die Anstrengungsbereitschaft unabhängig von der Versuchsbedingung ist. Diese Vermutung sollte in diesem Experiment überprüft werden. Wäre dies nicht der Fall, wäre unklar, ob die Ergebnisse auf die Treatments oder mangelnde Anstrengung zurückzuführen sind.

H8: Bei keinem der Gütemaße tritt ein Versuchsleitereffekt auf.

Die Versuchsdurchführung ist so standardisiert, daß wir annehmen, daß keine Versuchsleitereffekte auftreten werden, weder bei GdK noch bei GdS noch bei GdP. Alle notwendigen Informationen zur Bearbeitung des Experiments, die die Pbn benötigen, liegen ihnen in schriftlicher Form vor. Die Versuchsleiter sind angewiesen, keine Informationen zu geben, die darüber hinausgehen. Lediglich Verständnisfragen dürfen beantwortet werden. Treten keine Effekte auf, besteht überhaupt erst die Möglichkeit, die grafische und die numerische Versuchsbedingung zu vergleichen, da hier die Vl mit der Versuchsbedingung konfundiert sind.

Statistische Hypothesen. Die oben formulierten wissenschaftlichen Hypothesen müssen, damit sie überprüft werden können, in statistische Hypothesen übersetzt werden. Sind sie übersetzt, dann können Entscheidungsregeln angegeben werden, nach denen über die entsprechende wissenschaftliche Hypothese entschieden werden kann (vgl. hierzu WESTERMANN & HAGER, 1982).

Für die ausgewählten abhängigen Variablen lassen sich Varianzanalysen berechnen, die den Test von Haupteffekt- und Wechselwirkungshypothesen ermöglichen.[9] Die strenge Annahme der Normalverteiltheit der Residuen muß bei gleichem N pro Zelle – wie im vorliegenden Fall gegeben – nicht erfüllt sein, da die Varianzanalyse auf Verletzungen in diesem Fall robust reagiert.

4.5.5 Ergebnisse

In diesem Abschnitt werden die Ergebnisse der varianzanalytischen Auswertungen mitgeteilt, auf die sich die acht formulierten Hypothesen beziehen lassen. Dabei werden zunächst die Ergebnisse der drei zentralen abhängigen Variablen GdS, GdP und GdK vorgestellt, ehe dann die Befunde zu den Motivations- und zum Vl-Effekt berichtet werden.

---

[9] Die in den Hypothesen implizierte Richtung des Effekts läßt sich – da die Faktoren zweistufig sind – leicht durch Inspektion der Mittelwerte prüfen.

Tabelle 4.10 zeigt die Ergebnisse der zweifaktoriellen Varianzanalyse über die AV *„Güte der Systemsteuerung"* (GdS), wobei nur die Pbn berücksichtigt wurden, die alle vier Zielwerte anzusteuern hatten.

Es zeigt sich, wie mit H1 postuliert, ein deutlicher Effekt der Vorwissenskompatibilität auf die Steuerungsqualität: unter der konformen Bedingung wird ein mittlerer GdS-Wert von 4.10 erzielt, unter der nicht-konformen Bedingung steigt dieser Wert auf 8.28, wird also erheblich schlechter.

Tabelle 4.10: Ergebnisse der zweifaktoriellen Varianzanalyse für die AV „Güte der Systemsteuerung" (GdS; N=40 Pbn).[10]

Quelle:	df:	Sum of Squares:	Mean Square:	F-Test:	signif?
Präsentation (A)	1	21.86	21.86	1.735	ns
Vorwissen (B)	1	174.599	174.599	13.86	s
AB	1	25.202	25.202	2.001	ns
Fehler	36	453.505	12.597		

Einen genaueren Aufschluß über diesen Effekt gibt die folgende Tabelle 4.11, in der die GdS-Werte für die drei Teilsysteme TS 1, TS 2 und TS 3 als Meßwiederholung betrachtet werden, womit zugleich H4 (bessere Steuerungsleistung bei den leichter steuerbaren Teilsystemen) geprüft werden kann. Wiederum konnten nur diejenigen 40 Pbn berücksichtigt werden, die alle drei Teilsysteme zu bearbeiten hatten (=Bedingung mit vier Zielwerten). Das Maß GdS wurde hierbei getrennt für jedes der drei Teilsysteme ausgewertet.

Tabelle 4.11: Ergebnisse der 2x2x(3)-Varianzanalyse für die AV „Güte der Systemsteuerung" (GdS für die drei Teilsysteme; N=40 Pbn).

Quelle:	df:	Sum of Squares:	Mean Square:	F-Test:	signif?
Präsentation (A)	1	126.157	126.157	2.359	ns
Vorwissen (B)	1	769.525	769.525	14.392	s
AB	1	109.443	109.443	2.047	ns
subjects w. groups	36	1924.935	53.47		
Repeated Measure (C)	2	221.995	110.997	5.261	s
AC	2	135.035	67.518	3.2	s
BC	2	231.074	115.537	5.476	s
ABC	2	76.421	38.211	1.811	ns
C x subjects w. groups	72	1519.093	21.099		

Es zeigt sich erneut der aus Tabelle 4.10 bereits bekannte Vorwissenseffekt, aber zugleich auch einen Effekt der drei verschiedenen Teilsysteme (Faktor C).

---

[10] Die in dieser und den folgenden Tabellen vorkommende Spalte „signif?" gibt an, ob die F-Statistik das gewählte Kriterium der Irrtumswahrscheinlichkeit a ≤ 0.10 unterschreitet (=s) oder nicht (=ns).

Abb. 4.13 zeigt in grafischer Form diesen Haupteffekt der drei Teilsysteme auf die
Steuerungsleistung sowie die ebenfalls bedeutsame Interaktion der Teilsysteme mit der
Präsentationsform.

Teilsystemsteuerung: Präsentationseffekt

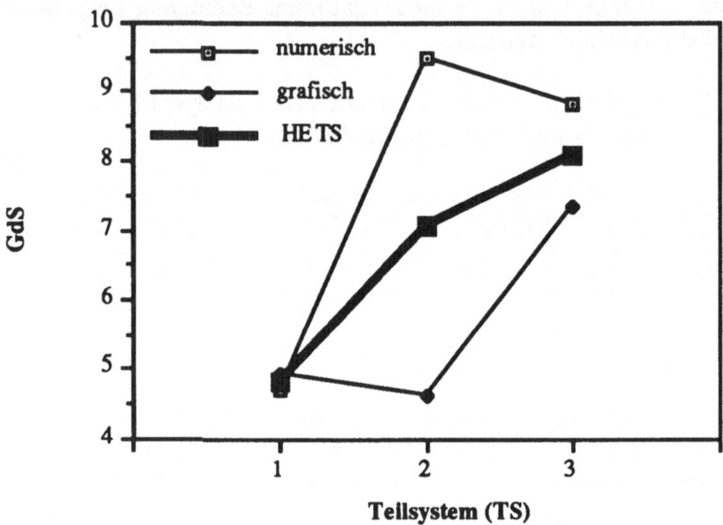

Abb. 4.13: Veranschaulichung des bedeutsamen Haupteffekts „Teilsysteme" und
die Interaktion „Teilsystem x Präsentationsform".

Wie aus Abb. 4.13 zu erkennen ist, sinkt die Steuerungsqualität von TS 1 über TS
2 zu TS 3 in völligem Widerspruch zu H4 ab: TS 1 als das am schwierigsten zu steuernde (Verhältnis exogen-endogen 1:2) erzielt den geringsten Abweichungswert, TS 3
den schlechtesten. Dieser Effekt tritt unter der numerischen Bedingung bereits bei TS
2 in Erscheinung, für die grafische Variante kommt es dagegen erst bei TS 3 zu einer
Verschlechterung.

Abb. 4.14 zeigt analog zur eben erfolgten Darstellung des Präsentations-
formeneffekts nunmehr den Vorwissenseffekt auf die Steuerbarkeit der Teilsysteme.
Die Abbildung macht deutlich, daß der Teilsystemeffekt völlig zu Lasten der nicht-
vorwissenskonformen Bedingung geht: während sich unter der konformen Bedingung
keine Auswirkung auf die Steuerbarkeit der Teilsysteme zeigt, ist dieser Effekt unter
der nicht-konformen Bedingung umso stärker und wohl ausschließlich für den Haupteffekt der Teilsysteme verantwortlich.

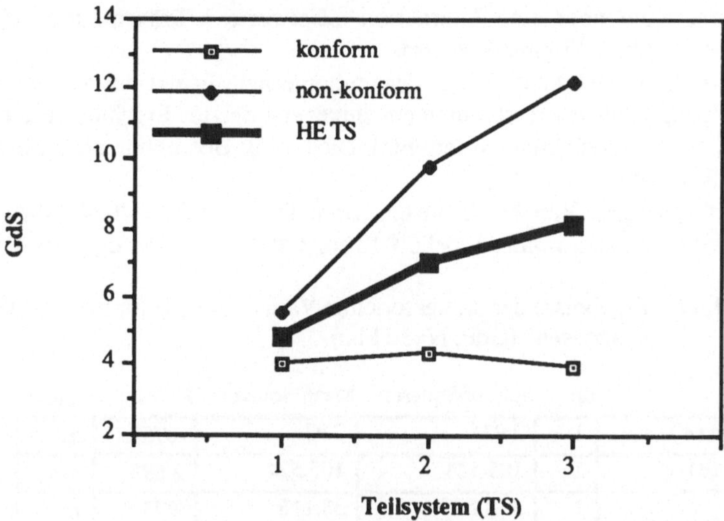

Abb. 4.14: Veranschaulichung des bedeutsamen Haupteffekts „Teilsysteme" und die Interaktion „Teilsystem x Vorwissenskompatibilität".

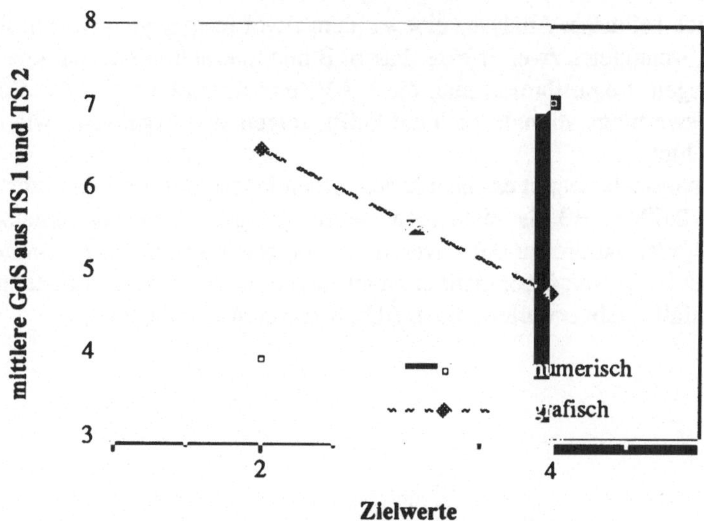

Abb. 4.15: Veranschaulichung der Interaktion „Zielwerte x Präsentationsform" für die mittlere Steuerungsleistung der zwei vergleichbaren Teilsysteme.

Um die mit H2 postulierten Effekte unterschiedlicher Zielwertvorgaben auf die Steuerungsleistung prüfen zu können, muß man sich verständlicherweise auf die zwei

Teilsysteme (TS 1 und TS 2) beschränken, die von allen 80 Pbn bearbeitet wurden. Entgegen der Hypothese ergibt sich kein Haupteffekt für die beiden unterschiedlichen Zielvorgaben, wohl aber eine Interaktion „Zielwerte x Präsentation" (F=7.87, df=1,72), die in Abb. 4.15 illustriert wird.

Aus Abb. 4.15 ist zu erkennen, daß der vorhergesagte Effekt nur bei der numerischen Bedingung eingetreten ist, durch ein entgegengesetztes Ergebnismuster für die Grafik-Bedingung jedoch kompensiert wird. Die Grafik-Bedingung erzielt insgesamt schlechtere Resultate.

Als weitere abhängige Variable diente die „*Güte der Prognosen*" (GdP), die unter allen Bedingungen erhoben wurde. Tabelle 4.12 zeigt die Ergebnisse für diese AV.

Tabelle 4.12: Ergebnisse der dreifaktoriellen Varianzanalyse für die AV „Güte der Prognosen" (GdP; N=80 Pbn).

Quelle:	df:	Sum of Squares:	Mean Square:	F-Test:	signif?
Präsentation (A)	1	2.934	2.934	.075	ns
Vorwissen (B)	1	105.524	105.524	2.693	ns
AB	1	38.116	38.116	.973	ns
Zielwerte (C)	1	56.886	56.886	1.452	ns
AC	1	104.059	104.059	2.656	ns
BC	1	94.178	94.178	2.403	ns
ABC	1	72.314	72.314	1.845	ns
Fehler	72	2821.255	39.184		

Es ergaben sich bei dieser Analyse keine auf dem zuvor festgelegten Niveau signifikanten Effekte, wenngleich zwei Effekte (Faktor B und Interaktion AC) nur knapp davon entfernt liegen. Logarithmiert man diese AV (und überträgt somit das für GdS konzipierte Auswertungsrationale auch auf GdP), zeigen sich Ergebnisse wie in Tabelle 4.13 berichtet.

Auf dieser Analyseebene gibt es einen bedeutsamen Präsentationseffekt (numerisch: 0.50, grafisch: 0.69; in H3 als ausbleibend vorhergesagt), einen Vorwissenseffekt (konform: 0.53, nicht-konform: 0.67; wie in H1 vorhergesagt), einen Zielwerteffekt (zwei Zielwerte: 0.53, vier: 0.66; nicht erwartet) und eine Interaktion „Präsentation x Zielwert" (ebenfalls nicht erwartet), die in Abb. 4.16 veranschaulicht ist.

Tabelle 4.13: Ergebnisse der dreifaktoriellen Varianzanalyse für die AV „logarithmierte Güte der Prognosen" (log(GdP); N=80 Pbn).

Quelle:	df:	Sum of Squares:	Mean Square:	F-Test:	signif?
Präsentation (A)	1	.742	.742	7.117	s
Vorwissen (B)	1	.406	.406	3.899	s
AB	1	.144	.144	1.382	ns
Zielwerte (C)	1	.334	.334	3.209	s
AC	1	.520	.520	4.994	s
BC	1	.027	.027	0.261	ns
ABC	1	.000	.000	0.003	ns
Fehler	72	7.501	.104		

Der Interaktionseffekt in Abb. 4.16 besagt, daß die logarithmierten Prognosen für die Vier-Zielwerte-Bedingung relativ unabhängig von der Präsentationsform ausfallen (und zwar insgesamt schlechter als für die Zwei-Zielwerte-Bedingung); der Vorteil der zwei Zielwerte besteht aber nur in der numerischen Version.

Ein letzter Bereich vorhergesagter Effekte besteht in bezug auf die *„Güte der Kausaldiagramme"* (GdK). Die entsprechenden varianzanalytischen Befunde zeigt Tabelle 4.14.

Wie die Inspektion der Tabelle 4.14 zeigt, liegt der von H1 vorhergesagte signifikante Haupteffekt „Vorwissen" vor (konform=0.31, nicht-konform=0.17), genauso

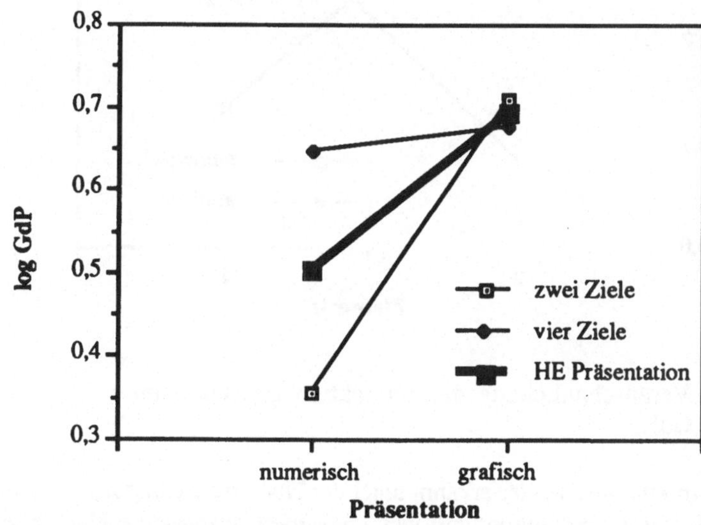

Abb. 4.16: Veranschaulichung der Interaktion „Präsentation x Zielwerte" und des Haupteffekts „Präsentation".

wie der mit Hypothese 3 erwartete ausbleibende Präsentationsformeneffekt. Zusätzlich ist ein Interaktionseffekt „Präsentation x Zielwerte" vorhanden wie auch eine bedeutsame Dreifachinteraktion. Abb. 4.17 veranschaulicht zunächst die AxC-Interaktion.

Tabelle 4.14: Ergebnisse der dreifaktoriellen Varianzanalyse für die AV „Güte der Kausaldiagramme" (GdK$_4$; N=80 Pbn).

Quelle:	df:	Sum of Squares:	Mean Square:	F-Test:	signif?
Präsentation (A)	1	.026	.026	.251	ns
Vorwissen (B)	1	.399	.399	3.92	s
AB	1	.159	.159	1.565	ns
Zielwerte (C)	1	.003	.003	.029	ns
AC	1	1.36	1.36	13.359	s
BC	1	.051	.051	.496	ns
ABC	1	.533	.533	5.236	s
Fehler	72	7.329	.102		

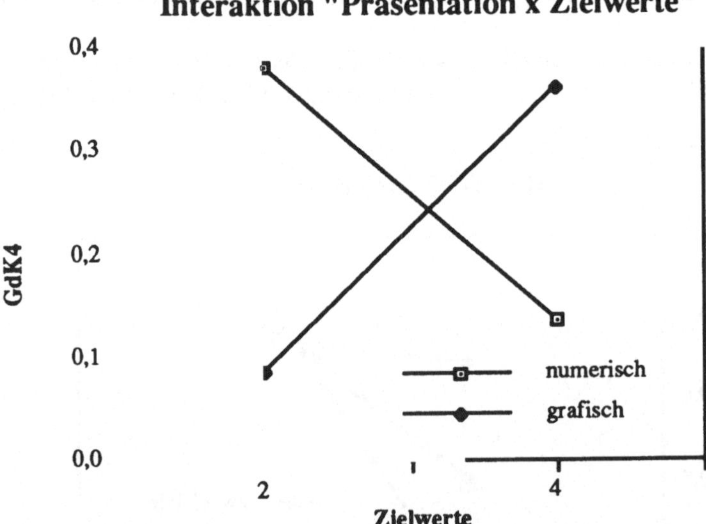

Abb. 4.17: Veranschaulichung der Interaktion „Präsentation x Zielwerte" bei GdK$_4$.

Die Kausalstruktur wird besser erkannt unter der Numerik-Bedingung mit zwei Zielwerten bzw. der Grafik-Bedingung mit vier Zielwerten, ansonsten schlechter erkannt. Die folgende Abb. 4.18 zeigt, daß dieser Effekt wesentlich durch die Vorwissens-Bedingung moderiert wird.

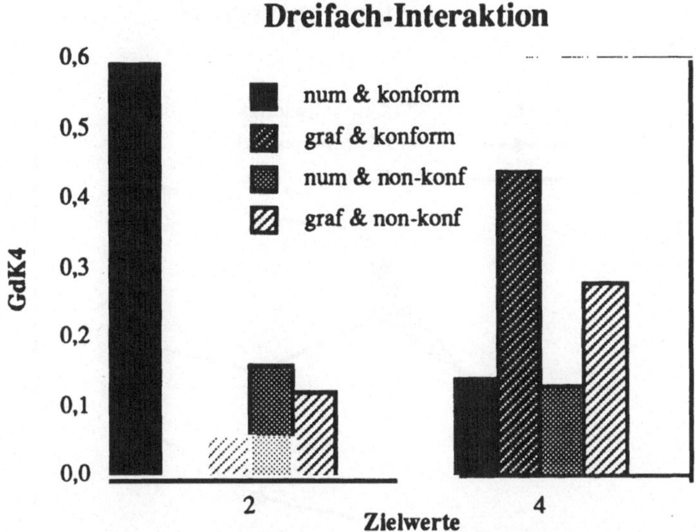

Abb. 4.18: Veranschaulichung der Dreifach-Interaktion „Präsentation x Vorwissen x Zielwerte" bei GdK_4.

Bei vorwissenskonformer Struktur ist die Identifikationsleistung in der numerischen Variante mit zwei Zielwerten auf dem absolut höchsten Wert und fällt bei nicht-konformer Struktur ab; für zwei Zielwerte ist bei der grafischen Version dagegen die Erkennung der nicht-konformen Struktur besser. Bei der Vier-Zielwerte-Bedingung (rechter Teil von Abb. 4.18) zeigt die Grafik-Bedingung generell bessere Identifikation, dieser Vorteil verschwindet im Vergleich zur numerischen Variante jedoch dann, wenn die Struktur nicht vorwissenskonform ist.

Nun zu den *Motivationseffekten*. Mit H5 wurde gefordert, daß keine bedeutsamen Motivationsunterschiede zu Beginn des Versuchs vorliegen sollten. Analysen zeigen jedoch, daß sowohl für Anstrengungsbereitschaft (numerisch=6.07, grafisch=6.62; F=3.21, df=1,72) als auch für Mißerfolgsorientierung (numerisch=4.47, grafisch=3.72; F=3.52, df=1,72) bedeutsame Unterschiede der Präsentationsbedingung vorlagen, die der grafischen Variante jeweils Vorteile (höhere Anstrengungsbereitschaft, geringere Mißerfolgserwartung; jeweils Daten vor dem ersten Simulationstakt) einräumen. Schwierigkeitsempfindung und Erfolgsorientierung des ersten Durchgangs unterscheiden sich nicht.

Mit H6 wurde die Hypothese von unter nicht-vorwissenskompatiblen Bedingungen auftretenden Mißerfolgs- und Schwierigkeitsempfindungen formuliert. Die jeweils vier Datenpunkte dieser beiden Motivationsvariablen wurden daher als Meßwiederholungen betrachtet und in einer 2x2x2x(4)-Varianzanalyse ausgewertet. Für die Mißerfolgsorientierung liegt neben einem Haupteffekt „Präsentation" (numerisch=4.67; grafisch=3.39; F=5.10, df=1,72) auch ein Haupteffekt „Meßwiederholung" vor (F=2.74, df=3,216), der zusammen mit einer „Vorwissen x Meßwiederholung"-Interaktion der Schwierigkeitsvariable (F=3.60, df=3,216) in Abb. 4.19 veranschaulicht wird.

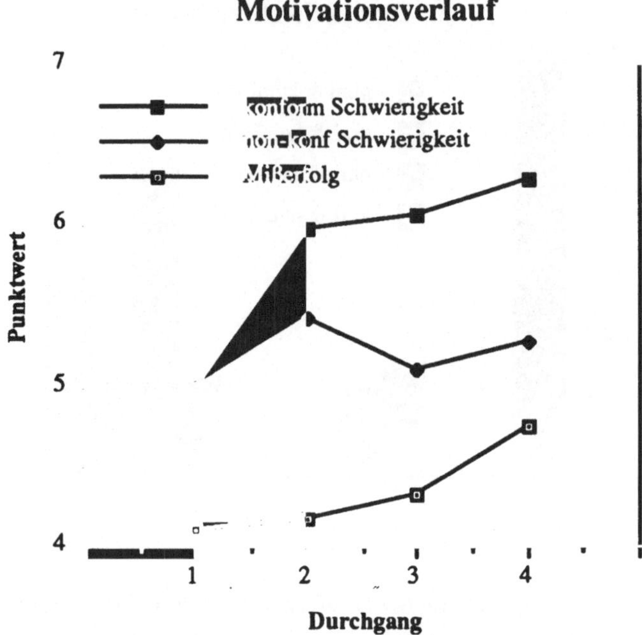

Abb. 4.19: Veranschaulichung von Meßwiederholungseffekten bei „Mißerfolgsorientierung" und „Schwierigkeitseinschätzung".

Zu erkennen ist ein durchgängiger Anstieg der Mißerfolgsorientierung, der allerdings
im Unterschied zur Hypothese nicht auf die nicht-konforme Bedingung beschränkt
bleibt, während die Schwierigkeitseinschätzung wie in H6 vermutet in der Vorwis-
sensbedingung „nicht-konform" ansteigt. – Die in H7 prognostizierten ausbleibenden
Anstrengungsunterschiede über die Zeit hinweg treten in der Tat nicht ein (auf die zu
Beginn vorliegenden Anstrengungsunterschiede in den beiden Präsentationsbedingun-
gen wurde bereits hingewiesen; diese bleiben aber auf den ersten Durchgang beschränkt).

Ein letzter zu prüfender Bereich betrifft mögliche *Versuchsleitereffekte*. Diesbezüglich wurde auf das Vorliegen eines Versuchsleiter-Haupteffekts bei den AVn GdS, GdP
und GdK getestet. In allen drei Fällen blieb das Ergebnis erfreulicherweise negativ.
Gleiches gilt für die durchschnittlichen Werte der vier Motivationsvariablen. Den ein-
zig bedeutsamen Vl-Effekt findet man mit der AV „log(GdP)": die 40 Vpn von Vl GF
prognostizieren mit einem Wert von 0.50 signifikant besser als die 20 Pbn von Vl
RK mit 0.73. Dies kann allerdings damit zusammenhängen, daß alle Pbn von Vl GF
in der (guten) Numerik-Gruppe sind, während RK die insgesamt schlechter prognosti-
zierenden Pbn der Grafik-Gruppe betreut hat.

4.5.6   Interpretation und Diskussion

Insgesamt wurden die formulierten Hypothesen nur teilweise bestätigt. Die verschiedenen Einflußgrößen werden nachfolgend noch einmal in systematischer Weise betrachtet, wobei der Versuch unternommen wird, abweichende Befunde zu erklären.

Vorwissenseffekte. Hypothese H1 prognostizierte einen generellen Vorwissenseffekt auf die drei abhängigen Variablen GdS, GdP und GdK. Dieser konnte durchgängig gefunden werden: Die Simulation, die dem Vorwissen der Pbn *nicht* entspricht, wird unter allen drei Leistungsaspekten auch schlechter bearbeitet. Damit zeigt sich, daß geringfügige Änderungen nicht an der Struktur der Beziehungen, sondern in diesem Fall „lediglich" am Vorzeichen, also der Richtung von zwei der insgesamt neun realisierten Effekte merkbare Auswirkungen nach sich zieht.

Zielwerte. Die mit H2 getroffene Vorhersage verbesserter Steuerung im Fall geringerer Steueranforderungen hat sich in dieser generellen Form nicht bestätigt. Lediglich für die numerische Bedingung tritt der vorhergesagte Effekt ein (vgl. Abb. 4.15), dort also, wo exakte Analysen und Berechnungen überhaupt möglich sind. Dies ist zu berücksichtigen, da die drei abhängigen Variablen hohe Präzision bei der Steuerung, der Prognose und der Strukturerkenntnis prinzipiell ebenfalls hoch gewichten. Nicht vorhergesagt, aber eingetreten ist ein Effekt der Zielwerte auf die Prognoseleistung: hier wurden bessere Prognosen gegeben, wenn nur zwei Zielwerte zu steuern waren. Möglicherweise konnten sich Pbn in dieser Bedingung mehr auf die Systemveränderungen *aller* Variablen konzentrieren, da ihre Aufmerksamkeit durch die geringere Anforderung weniger belastet war.

Präsentationsform. H3 sagt fehlende Präsentationseffekte auf die drei Gütemaße vorher. Diese treten als Haupteffekt auch nur bei GdP (in der logarithmierten Variante: Numerik-Bedingung ist besser) und nicht bei GdS sowie GdK auf, sind aber an einer Reihe von Interaktionseffekten beteiligt. Der auf GdP durchschlagende Effekt hängt sicher mit der Tatsache zusammen, daß GdP in einer numerischen Modalität erhoben wurde, mit der die Pbn der Grafik-Bedingung keine Erfahrung gemacht hatten. Damit relativiert sich dieser Befund und erlaubt die generalisierende Vermutung, daß die Präsentationsform hinsichtlich Steuerung und Identifikation von untergeordneter Rolle ist. Dies stünde im Gegensatz zu einer Reihe von Befunden, wonach grafische Präsentationen gerade komplexer Zusammenhänge einen besseren Umgang mit dem System bewirken sollten.

Steuerbarkeit. Der mit H4 erwartete Effekt verbesserter Steuerbarkeit durch Pbn bei wachsender technischer Steuerbarkeit ist nicht nur nicht eingetroffen, sondern hat sich sogar als Zusammenhang in umgekehrter Richtung erwiesen. Nach den hier vorliegenden Befunden erzielt das Teilsystem, in dem eine exogene Variable zwei Zielvariablen beeinflußt, die günstigste Steuerleistung. Dies ist überraschend und kann möglicherweise nur unter Rekurs auf die konkreten Details dieses Teilsystems erklärt werden: Bei der betreffenden exogenen Variable handelt es sich um die staatlichen Kontrollmaßnahmen, mit denen Luft- und Meeresverschmutzung *gleichsinnig* beeinflußt werden können; gleichzeitig verlangt die Zielvorgabe die gemeinsame Reduktion, wodurch die Einfachheit dieser Teilaufgabe erklärlich wird. Warum allerdings die ebenfalls leichte Teilaufgabe „Erhöhung der Zweitraffination", für deren Bewältigung gleich zwei Einflußmöglichkeiten (technische Verbesserungen und Rohölpreis) vorgesehen sind, schlechter bewältigt wird, bleibt dadurch unerklärt.

Motivationseffekte. H5, H6 und H7 machen in unterschiedlicher Form Vorhersagen über zu Beginn nicht bestehende, aber im Verlauf unter verschiedenen Bedingungen auftretende Motivationsunterschiede, die nicht alle eingetroffen sind. Bedauerlicherweise lagen zum einen bereits zu Versuchsbeginn unter der numerischen Bedingung ungünstigere Motivationsverhältnisse (geringere Anstrengungsbereitschaft, erhöhte Mißerfolgsorientierung) vor. Diese haben allerdings – wie oben gezeigt wurde – keine erkennbaren negativen Auswirkungen auf die Leistungen gehabt. Andererseits lagen Mißerfolgsorientierung und Schwierigkeitsempfindung nicht nur in der nicht-konformen Bedingung höher, sondern auch in Abhängigkeit von der Präsentationsform. Erfreuliches Ergebnis: Hinsichtlich des Verlaufs der Anstrengungsbereitschaft gab es keine Unterschiede zwischen den verschiedenen Treatments. Insgesamt kann konstatiert werden, daß mit der Variation der Leistung auch eine entsprechende Veränderung der Motivationslage einhergeht. Diese soll aber nicht ins Zentrum des Interesses gerückt werden, da die Frage, in welchem ursächlichen Zusammenhang Leistungsresultate und Motivationslagen stehen, Gegenstand gezielterer motivationspsychologischer Untersuchungen sein sollte. In diesem Experiment wurden Motivationsdaten lediglich zu Kontrollzwecken erhoben.

Versuchsleitereffekte. Mit H8 waren ausbleibende Vl-Effekte erwartet worden. Nur an einer Stelle (sinkende log(GdP)-Leistung bei einem Vl in der Grafik-Bedingung) ließen sich schwache, wenngleich bedeutsame Effekte nachweisen. Diese betreffen die abschließende Prognose-Phase, die nach ca. zweistündiger Systembearbeitung in der Tat von einigen Pbn nur nach gutem Zureden absolviert wurde. Hier hat ein Vl möglicherweise weniger Druck ausgeübt, wodurch der Effekt zustandegekommen sein dürfte. Dies ist jedoch kein Anlaß zur Beunruhigung, da alle übrigen Maße frei von derartigen Effekten sind.

4.5.7   Abschließende Bemerkungen

Wie in den vorangegangenen Experimenten hat sich auch diesmal bestätigt, wie erheblich sich geringfügige Änderungen auf die Bearbeitungsqualität beim Umgang mit einem dynamischen System auswirken. Die Verwendung unterschiedlicher *Präsentationsformen* wie auch unterschiedliche Anforderungen führen vermutlich dazu, daß unterschiedliche subjektive *Repräsentationen* der Systemzusammenhänge erzeugt werden. Diese Form von Abhängigkeit einer Repräsentation von der Präsentation und den Anforderungen gilt unabhängig von der Tatsache, daß auch bei gleicher Präsentationsform (etwa je nach Instruktion) unterschiedliche Enkodierungen gewählt werden können bzw. müssen.

Wesentlich scheint uns ferner die Vorwissensproblematik: in fast allen bisherigen Untersuchungen zum Wissenserwerb in derartigen Situationen lassen sich Effekte nur unter der äußerst zweifelhaften Annahme homogenen Vorwissens interpretieren. Sollte diese Annahme verletzt sein (und dafür spricht sehr viel: selbst Experten besitzen von ihrem Gegenstandsbereich keineswegs ein über alle Fachleute konstantes Abbild), muß verstärkt der Wissenserwerb und die Wissensanwendung einer einzelnen Person *vor dem Hintergrund ihres je spezifischen Vorwissens* untersucht werden. Die Annahme eines modalen Gedächtnisses (und damit die Annahme einheitlicher Wirkungen von Treatment-Bedingungen) dürfte in den meisten Fällen nicht zutreffen (vermutlich auch nicht bei der ALTÖL-Simulation). Dies hat unseres Erachtens nach erheblich Auswirkungen für Untersuchungen auf dem Feld der Wissenspsychologie (vgl. MANDL & SPADA, 1988).

4.6 Zusammenfassung

Die in diesem Kapitel berichteten Experimente dienten dazu, in systematischer Weise die Wirkung bestimmter Systemeigenschaften auf die Identifikation und Kontrolle der gewählten Systeme festzustellen.

In *Experiment 1* wurden zum einen die Auswirkungen von aktiven Steuerungsmöglichkeiten (Eingreiferstatus vs. Beobachterstatus) und zum anderen die Effekte von Prognoseanforderungen (Prognose des nächsten Systemzustandes gefordert vs. keine Prognoseanforderung) untersucht. Bei Anwendung des Szenarios SINUS ergaben sich auf der Grundlage von 32 studentischen Pbn folgende Ergebnisse:

- „Eingreifer" steuern das System besser als „Beobachter", besitzen aber anderes Wissen als diese.
- „Prognostiker" scheinen ein spezielles Wissen zu erwerben, das sich nur in einer prognosenahen Erfassungsform ausdrückt.
- Mit wachsendem Wissen steigt die Qualität der Systemsteuerung.

Experiment 2 hatte die Auswirkungen des Grades der Eigendynamik des Systems (=Wirkung einer Variable auf sich selbst) zum Gegenstand. Dieser Faktor wurde in der Weise variiert, daß das dargebotene System Eigendynamik auf keiner, einer oder zwei der drei endogenen Variablen aufwies. Für jede der genannten Stufen wurden Daten von 8 Pbn mit dem System SINUS erhoben. Mit den nach den alten Kriterien bestimmten Gütemaßen ergab sich ein signifikanter negativer linearer Effekt wachsender Eigendynamik auf die Güte des Kausalwissens und vermittelt darüber ein indirekter Effekt auf die Güte der Systemsteuerung. Mit den in der vorliegenden Arbeit verwendeten revidierten Maßen tritt allerdings kein Eigendynamik-Effekt auf.

In *Experiment 3* wurde die Systemeigenschaft „Nebenwirkung" untersucht. Analog zu Experiment 2 wurden auch hier drei verschiedene Stufen gewählt (Nebenwirkung einer exogenen Variablen auf keine, eine oder zwei der drei endogenen Variablen) und wiederum Daten von je 8 männlichen studentischen Pbn mit dem System SINUS erhoben. Es ergaben sich folgende Ergebnisse:

- wachsende Nebenwirkungen haben einen negativen linearen Effekt auf die Güte des Kausalwissens und wiederum indirekt vermittelt auf die Güte der Systemsteuerung.
- Tendenz zur Fehlerkompensation: „Nebenwirkungen" (und ebenfalls die in Experiment 2 untersuchte „Eigendynamik") führen dazu, daß Pbn Fehler bei der Identifika-

tion von *nicht* experimentell manipulierten Systemelementen machen, um Fehler bei der Identifikation von manipulierten Systemteilen auszugleichen.

Experiment 4 befaßte sich mit den unabhängigen Variablen „Vorwissenskompatibilität" (konform vs. nicht-konform), „Zielvariablenmenge" (zwei vs. vier Zielvariablen) und „Steuerbarkeit" (gering vs. hoch). Hierfür wurde ein neues Szenario namens ALTÖL implementiert, das aus jeweils vier exogenen und endogenen Variablen bestand und nachweislich bereichsspezifisches Vorwissen aktivierte. Die Realisation dieses Versuchsplans an insgesamt 40 studentischen Pbn ergab:

- Vorwissenskonträre Systeme werden erheblich schlechter erkannt, prognostiziert und gesteuert.

- Bei nur zwei zu kontrollierenden Zielvariablen zeigt sich eine bessere Steuerleistung als bei vier Zielvariablen, allerdings nur in der numerischen Präsentationsform.

- Unterschiedliche Grade der Steuerbarkeit zeitigen bedeutsame Unterschiede, allerdings entgegen den Erwartungen: leichter steuerbare Systeme erzielen schlechtere Resultate.

Experiment 5 entsprach hinsichtlich der Versuchsbedingungen Experiment 4. Allerdings wurde der Systemverlauf nunmehr in grafischer anstatt numerischer Form den erneut 40 studentischen Pbn dargeboten. Die unterschiedliche Darbietungsform erbrachte einen Effekt bei der Prognoseleistung: unter grafischer Darbietung verschlechtert sie sich. Hinsichtlich Identifikation und Steuerung scheint die Präsentationsform jedoch überraschenderweise nicht bedeutsam.

Insgesamt kann konstatiert werden, daß bereits geringfügige Änderungen der Systemstruktur zu deutlichen Effekten auf den verschiedenen AVn führen. Dies zeigt, daß – unabhängig davon, ob Pbn derartige Unterschiede subjektiv erkennen können – Systemmerkmale verhaltenssteuernd wirksam werden.

5 Systematik von Einflußgrößen

Nachdem die experimentellen Befunde berichtet wurden, ist es nun an der Zeit, ein wenig Ordnung zu stiften. Die Darstellung meiner Taxonomie lehnt sich dabei an eine eigene Arbeit (1991a) an und versucht einige Ergänzungen dort vorzunehmen, wo sie nach Lektüre der kritischen Einwände von STROHSCHNEIDER (1991) offenbar unklar geblieben sind.

Taxonomien oder Klassifikationen sind wichtige Schritte wissenschaftlicher Bemühungen, insofern als durch sie unser Blick auf die Dinge gerichtet wird. Taxonomien dienen zur Strukturierung eines Gegenstandsbereichs. Sie klären die Abhängigkeiten bzw. Unabhängigkeiten zwischen verschiedenen theoretischen Konstrukten. Von daher sind Taxonomien nie theorielos, sondern reflektieren das explizite bzw. implizite Ordnungsschema, durch das eine Domäne betrachtet wird. Dies Begriffsgefüge gibt zudem verschiedene Auflösungsebenen an, auf denen Phänomene gesehen werden, zeigt Forschungslücken auf und besitzt daher heuristischen Wert.

5.1 Grundlegende Kategorien

Beschäftigt man sich mit einem beliebigen Gegenstand der Psychologie (sei es Wahrnehmung, Problemlösen, Hilfehandeln, etc.), kommt man zu der trivialen Erkenntnis, daß es einerseits Merkmale der Person sind, die einschlägig wirken, andererseits Merkmale der Situation und des Gegenstands, um den es geht. Die Persönlichkeitspsychologie hat dies spät erkannt, um dann umso lebhafter unter dem Stichwort „Person-Situation-Interaktion" eine große Debatte darüber zu entfachen, in welcher Weise diese beiden Facetten zusammenwirken. In der Allgemeinen Psychologie war es zumindest für die Wahrnehmungspsychologen frühzeitig klar, daß gesetzmäßige Aussagen (etwa über Empfindungsstärken) neben Reizcharakteristika auch personenspezifische Parameter enthalten müssen, um zutreffende Vorhersagen machen zu können.

Bezogen auf den Gegenstandsbereich „Umgang mit (unbekannten) dynamischen Systemen" liegen somit aufgrund logischer Erwägungen schon vor jeder näheren Beschäftigung mit dem Gegenstandsbereich zwei Kategorien – „Personmerkmale" und „Situationsmerkmale" – fest, die als Determinanten in Frage kommen. Eine dritte Facette – „Aufgaben- bzw. Systemmerkmale" – kann meines Erachtens abgegrenzt werden, die sich aus der Natur des betrachteten Gegenstands ergibt. Dies bedarf näherer Erläuterungen.

Die Erweiterung der beiden Facetten Person und Situation um diejenige der Aufgabe ist nicht ganz selbstverständlich: so könnte man geneigt sein, die Aufgabenmerkmale der Situation zu subsumieren. Man könnte auch genau umgekehrt argumentieren und behaupten, die Aufgabenfacette, die ja auch gelegentlich als Systemfacette benannt wird, schließe qua Systembegriff die Situation als Teil des Systems mit ein. Ein solch umfassender (und damit auch wieder nichtssagender) Systembegriff ist hier nicht gemeint. Als Systemmerkmale werden hier ausschließlich Eigenschaften der verwendeten Simulationssysteme bezeichnet, die sich aus der formalen Struktur des Systems wie auch deren semantischer Einbettung ergeben.

Daß Aufgabenmerkmale den Situationsmerkmalen hier gleichberechtigt nebengeordnet werden, soll auch an Traditionen anderer Forschungsgebiete (z.B. Motivationspsychologie) anknüpfen, die mit der bloßen Zweiteilung von Person und Situation nicht Schluß machen. Bei HECKHAUSEN (1980, p. 42) etwa werden neben dem Organismus die Kategorien „Situation" und „Handlung" unterschieden.[11] Die drei Facetten machen folgenden Aussagentyp möglich: eine bestimmte Person (z.B. ein kreativer Politiker) bearbeitet eine bestimmte Aufgabe (z.B. eine Kontrollaufgabe) in einer bestimmten Situation (z.B. unter Zeitdruck). Je nach Situation können gleiche Aufgaben ganz unterschiedliche Dispositionen derselben Person freisetzen. – Die Trennung von Aufgabe und Situation entspricht im wesentlichen der Unterscheidung von Untersuchungsmaterial und Untersuchungssituation. In der klassischen Problemlöseforschung entspräche dies der Unterscheidung von „task environment" und „problem space" (vgl. NEWELL & SIMON, 1972). Diese Autoren verweisen im übrigen auf die Notwendigkeit einer klaren Trennung zwischen „the environment itself (the *Kantian Ding an sich*, as it were), the internal representation of the task environment used by the subject (the problem space), and the theorist's 'objective' description of that environment." (p.56). EYFERTH, SCHÖMANN und WIDOWSKI (1986) haben in ihrer Kritik bisheriger Forschungen zum komplexen Problemlösen vor allem den „problem space" als untersuchungsbedürftig bezeichnet, da er Interaktionen zwischen Aufgaben- und Personmerkmalen aufkläre. Genauso fordern MISIAK, HAIDER und KLUWE (1989) die Unterscheidung von formalen und subjektiven Problemparametern. Auch diese Argumente liefern weitere Gründe für die vorgeschlagene dreistufige Gliederung.

Die für diese Arbeit zugrundegelegte Taxonomie aus Person-, Situations- und Aufgaben-Merkmalen wird im folgenden näher dargelegt. Sie soll in der Lage sein, die in diesem Forschungsfeld durchgeführten (und noch durchzuführenden) Studien hinreichend genau zu beschreiben. Der Leser ist aufgefordert, ihm bekannte Studien einmal

---

[11] „Im allgemeinsten Sinne wird unter Situation die gegenwärtige Umgebung eines Lebewesens verstanden, soweit dieses davon momentan beeinflußt wird." (HECKHAUSEN, 1980, p. 42). Diese Sicht hat jedoch, wie HECKHAUSEN einräumt, Probleme: (1) Wieviel registriert ein Lebewesen von seiner Umwelt? (2) Wie elementar oder komplex ist die aufgenommene Information? (3) Ist die physikalische, intersubjektive oder die subjektive Beschreibung maßgeblich? (4) Wo ist die Grenze zwischen Lebewesen und Umgebung, wenn innerorganismische Zustände als Situation zählen?

durch die Brille dieser Taxonomie zu betrachten und zu prüfen, ob es Merkmale gibt, die nicht klassifizierbar sind und eine Erweiterung nötig machen.

(1) *Personmerkmale*. Unter diese Rubrik fallen alle Eigenschaften und Kenntnisse, die eine Person in die Situation mitbringt, sowie solche, die sie in der Situation erwirbt.

(1.1) *Kognitive Merkmale*. Diese sollten eine bedeutsame Rolle beim Umgang mit einem dynamischen System spielen: Die von DÖRNER (1976) eingeführte Unterscheidung von epistemischen und heuristischen Gedächtnisstrukturen und das darauf beruhende Konzept einer heuristischen bzw. epistemischen Kompetenz sind hierunter zu subsumieren. Auch die Verwendung bereits vorhandener bzw. die Ausbildung neuer mentaler Modelle, über deren Diagnostik nach wie vor Unklarheiten bestehen (vgl. ROUSE & MORRIS, 1986; KLUWE, 1988), zählen hierzu. Der Bereich kognitiver Stile (Impulsivität/Reflexivität) gehört ebenso unter diesen Punkt wie derjenige der Intelligenz (gleichgültig in welcher Variante; vgl. z.B. DÖRNER & KREUZIG, 1983; FUNKE, 1983; HÖRMANN & THOMAS, 1989; HUSSY, 1989; PUTZ-OSTERLOH & LÜER, 1981).

(1.2) *Emotionale und motivationale Merkmale*. Auf den Stellenwert dieses Bereichs haben die von DÖRNER, REITHER und STÄUDEL (1983) berichteten Notfallreaktionen des kognitiven Systems hingewiesen. Die isolierte Betrachtung rein kognitiver Leistungsmerkmale beim Bearbeiten komplexer Probleme ist danach keineswegs ausreichend, um das beobachtbare Verhalten angemessen zu beschreiben (vgl. z.B. SPIES & HESSE, 1986; STÄUDEL, 1987).

(1.3) *Persönlichkeitsmerkmale im engeren Sinn*. Hierzu sind die in der persönlichkeitspsychologischen Forschungstradition eruierten Dimensionen („traits") zu rechnen, von denen anzunehmen ist, daß sie einen Einfluß auf den Umgang mit dynamischen Systemen haben könnten (z.B. Selbstsicherheit, Ängstlichkeit, etc.; siehe z.B. DÖRNER et al., 1983).

(2) *Situationsmerkmale*. Diese Kategorie erweist sich als erforderlich, um die unterschiedlichen Kontexte zu charakterisieren, in die ein System untersuchungstechnisch eingebettet werden kann.

(2.1) Ein wichtiges Merkmal ist die *Transparenz* des präsentierten Systems, d.h. der Grad an Zugänglichkeit zu (a) den beteiligten Variablen, (b) ihren vergangenen (wie aktuellen) Zuständen und (c) ihren Vernetzungen. Hierunter kann etwa die Vorgabe einer Grafik mit den Relationen zwischen den Variablen verstanden werden, aber auch die Art und Weise des Zugriffs auf die Systeminformation (direkt vs. Versuchsleiter-vermittelt, siehe z.B. PUTZ-OSTERLOH & LÜER, 1981).

(2.2) Die *Aufgabenstellung*, mit der eine bestimmte Person an ein bestimmtes System gesetzt wird. Hierunter fällt die Frage, ob ein Pb das System nur steuern oder auch identifizieren soll, ob Zielvorgaben gemacht werden oder nicht, ob Zeitdruck besteht, etc. Die Aufgabenstellung wird wesentlich durch die Instruktion vermittelt; fehlt eine solche bzw. ist sie nur unzureichend expliziert, wird das Individuum sich eine eigene Aufgabenstellung generieren.

(3) *Aufgaben- bzw. Systemmerkmale*. Dieser Bereich dient zur Charakterisierung des verwendeten dynamischen Systems. Dabei werden formale und inhaltliche Gesichtspunkte unterschieden.

(3.1) *Formale Aspekte.* Diese dienen zur Beschreibung abstrakter Eigenschaften eines Systems unabhängig von seiner Einkleidung. Diese bestimmen auf einer objektiven Ebene ganz wesentlich die Schwierigkeit der Aufgabe.

(3.2) *Inhaltliche Aspekte.* Diese beziehen sich auf die semantische Einbettung eines Systems: neben den Variablenetiketten gehört hierzu z.B. die Rahmengeschichte, die allesamt Vorwissen beim Akteur aktivieren, das wiederum die Problemschwierigkeit reduzieren kann.

Obwohl Situations- und Aufgabenmerkmale gemeinsam die objektiv bestimmbaren Anforderungen an einen Akteur definieren, wird eine Abgrenzung der beiden Facetten leicht möglich, wenn man fragt, welche Merkmale einer Aufgabe bzw. einem System bereits unabhängig von einem Untersuchungskontext zukommen bzw. umgekehrt: in welchen verschiedenen situativen Einbettungen man eine bestimmte Aufgabe unabhängig von den Aufgabenmerkmalen präsentieren kann.

5.2 Systematik von Systemmerkmalen

Liest man einschlägige Arbeiten über den Einsatz dynamischer Systeme, begegnen einem häufig Adjektive wie träge, rückgekoppelt, komplex, vernetzt, instabil, etc. als charakterisierende Merkmale des verwendeten Versuchsmaterials. Derartige Beschreibungen vermitteln allenfalls subjektive Ansichten des Untersuchers über sein System,[12] aber keinesfalls allgemein verbindliche Charakteristika des Untersuchungsmaterials. Der unzufriedene Leser erhält allerdings auch in einschlägigen systemtheoretischen Werken keine Hinweise darauf, was denn nun etwa aus Sicht der Systemtheorie die entscheidenden Merkmale von Systemen sein sollen. Dies ist nicht verwunderlich, hängt die Auswahl derartiger Merkmale doch im wesentlichen von den Absichten des Untersuchers ab. Diese bestimmen die Wahl einer Begrifflichkeit und des entsprechenden Auflösungsniveaus. ASHBY (1956/1974, p.22) schrieb optimistisch: Kybernetik „verwirft die willkürlichen, vagen Eindrücke, die wir bei der Benutzung so einfacher Mechanismen, wie es ein Wecker oder ein Fahrrad ist, in uns aufnehmen, und setzt es sich zur Aufgabe, für den gesamten Bereich strenge Regeln festzulegen." Dieser Optimismus über die vereinheitlichende Kraft der Kybernetik ist erfreulich, wenngleich er sich meines Erachtens noch nicht bestätigt hat.

5.2.1 Formale Merkmale eines dynamischen Systems

Über formale Aspekte dynamischer Systeme zu sprechen ist nicht einfach, herrscht doch – wie bereits erwähnt – keineswegs Klarheit über verbindliche formale Beschrei-

---

[12] Auf einem groben Auflösungsniveau betrachtet können diese Beschreibungen natürlich gewählt werden, sind aber für genaue Analysen bei weitem zu pauschal.

bungsmerkmale dynamischer Systeme. Wichtige Begriffspaare sind die Unterscheidungen „linear vs. nicht-linear" sowie „diskret vs. kontinuierlich". Mit der erstgenannten Unterscheidung wird der generelle Funktionstyp der Modellierung festgelegt, mit der zweitgenannten geht es um die Modellierung der Zeit. Hinsichtlich des Funktionstyps ist anzumerken, daß mit linearen Systemen sehr wohl nicht-lineare Zusammenhänge modelliert werden können: so entspricht etwa ein taktweise konstanter Zuwachs um zehn Prozent einem stark exponentiellen Wachstum über die Zeit hinweg. Hinsichtlich der Modellierung von Zeit ist zu bedenken, daß jedes zeitkontinuierliche System durch ein zeitdiskretes mit entsprechend hoher Auflösung approximiert werden kann.

Wenn man formale Aspekte von Systemen behandelt, sollte prinzipiell zwischen Angaben zur *Stabilität* und solchen zur *Konnektivität* unterschieden werden. Beide Bereiche sind weitgehend unabhängig voneinander. Während die Stabilität sich auf das zeitliche Verhalten des Systems bezieht, behandeln Angaben zur Konnektivität die Verbindungsdichte zwischen den beteiligten Variablen. Unter Rückgriff auf frühere Arbeiten sollen hier einige Kategorien angeboten werden, die für lineare Strukturgleichungssysteme gelten und auf den in Kapitel 1.2 dargestellten Formalismus linearer Gleichungssysteme Bezug nehmen.

Die *Zeitverzögerung* eines Systems resultiert aus der Größe des Parameters k aus Gleichung 1.1 (vgl. Kapitel 1.2). Dieser Parameter gibt an, bis zu welchem Zeittakt zurückgegangen werden muß, um den aktuellen Zustand maximal gut zu prädizieren. Je größer k ist, umso weiter reichen die zeitlichen Folgen momentaner Eingriffe (X_t) und des gegenwärtigen Systemzustands (Y_t). Dies bewirkt erschwerte Identifikation und Kontrolle insofern, als die zum Zeitpunkt t getroffenen Maßnahmen nicht die alleinigen Determinanten des Zustands t+1 darstellen, sondern sich noch bis zum Takt t+k auswirken.

Als *Wirkungen* können alle Elemente der **A**- und **B**-Matrizen verstanden werden, die verschieden von 0 sind. Dabei beinhalten **A**- und **B**-Matrizen allerdings verschiedene – unseres Erachtens auch psychologisch unterschiedliche – Wirkungsformen, die als exogene und endogene Wirkungen bezeichnet werden.

Endogene Wirkungen umfassen alle Wirkungen, die von Zustandsvariablen auf sich selbst oder auf andere endogene Variablen ausgehen; dabei sind *Eigendynamiken* von *Nebenwirkungen* zu unterscheiden.

Eigendynamik geht aus von den Diagonalelementen der **B**-Matrix, die verschieden von 1 sind. Sind diese Gewichte größer 0 und kleiner als 1, so nimmt die entsprechende Y-Variable „von selbst", d.h. abhängig von eigenen früheren Ausprägungen, ab[13]; sind sie größer als 1, so nimmt das jeweilige y von sich aus zu; sind sie negativ, oszilliert der jeweilige Werteverlauf. Wenn die Diagonalelemente gleich 1 sind, so sind die betreffenden Y-Variablen stabil.

Nebenwirkungen konstituieren sich im Bereich endogener Variablen als Nicht-Diagonalelemente der **B**-Matrix, die verschieden von 0 sind. Als (endogene) Nebenwirkungen verstehen wir also Wirkungen, die von einer Y-Variable auf eine andere Y-Va-

---

[13] Diese Aussage gilt wie alle folgenden nur unter der ceteris-paribus-Klausel, also bestimmten Randbedingungen, die keiner Änderung unterzogen werden; eine genauere Spezifikation dieser Randbedingungen ist an dieser Stelle verzichtbar.

riable ausgeübt werden. Wir bezeichnen sie deshalb so, da diese Wirkungen häufig als unbeabsichtigte Folgen eines Eingriffs in Erscheinung treten. Natürlich gibt es auch unbeabsichtigte (Neben-)Wirkungen, die *nicht* auf endogene Variablen zurückzuführen sind; diese, von exogenen Variablen ausgehenden Wirkungen werden weiter unten unter dem Konzept „subdominante Wirkung" beschrieben. Dennoch wollen wir am Begriff Nebenwirkung in der oben festgelegten Form festhalten, da uns Wirkungen von Y-Variablen auf andere Y-Variablen subjektiv besonders schwierig erkennbar zu sein scheinen und der Begriff Nebenwirkung dies nahelegt.

Exogene Wirkungen sind demgegenüber alle Wirkungen, die von exogenen Variablen ausgeübt werden. Wir nehmen an, daß diese Wirkungen im allgemeinen einfacher zu erkennen und zu handhaben sind als endogene Wirkungen, da die Eingriffsvariablen ja beliebig festgesetzt werden können und von daher mit diesen Variablen nach eigenen Vorstellungen experimentiert werden kann.

Sowohl bei endogenen wie bei exogenen Variablen können *Mehrfachwirkungen* jeweils endogener oder exogener Art auftreten, d.h. eine Y- oder eine X-Variable wirkt auf mehr als eine Y-Variable. Wir nehmen an, daß insbesondere endogene Mehrfachwirkungen (und damit Nebenwirkungen wie oben definiert) das System schwieriger gestalten. Bei exogenen Mehrfachwirkungen sollte ceteris paribus das numerisch größte Gewicht am leichtesten zu identifizieren sein, wobei wir die betreffende Wirkung *dominant* nennen und die übrigen numerisch geringeren Mehrfachwirkungen *subdominant*. Eine ähnliche Unterscheidung treffen BERRY und BROADBENT (1987b, 1988), die in einem dynamischen Vier-Variablen-System, einer simulierten Zuckerfabrik, offensichtliche und nicht-offensichtliche („salient" vs. „nonsalient") Eigenschaften hervorheben. BERRY und BROADBENT begründen diese Unterscheidung unter anderem damit, daß bei offensichtlichen Eigenschaften das Steuerungsverhalten mit dem verbalisierbaren Wissen korrelieren soll, bei nicht-offensichtlichen Eigenschaften des Systems dagegen verbalisierbares Wissen und Steuerung sogar negativ korrelieren. Dieser Befund hat Ähnlichkeit mit einigen unserer Beobachtungen („Fehlerkompensation", vgl. Kapitel 4.5). Wir vermuten daher, daß die Unterscheidung zwischen dominanten und subdominanten Wirkungen wesentliche Implikationen birgt (zur Kritik an der Unterscheidung explizit vs. implizit siehe HAIDER, 1989).

Analog verwenden wir den Begriff *Mehrfachabhängigkeit* einer Variable, wobei eine Y-Variable von mehr als einer Variable abhängig ist; dabei sind rein exogene, reine endogene und gemischt exogen-endogene Abhängigkeiten möglich.

Unabhängigkeit zwischen zwei Variablen ist dann gegeben, wenn das entsprechende Element der Wirkstärkenmatrix 0 beträgt. Dieses Merkmal unserer Systeme ist insofern von Bedeutung, als Pbn, die von hochvernetzten Systemen ausgehen, möglicherweise gerade bei der Identifikation von Nicht-Wirkungen auf Schwierigkeiten stoßen können. Außerdem bilden die Null-Elemente der Matrizen gewissermaßen den wichtigen Hintergrund, vor dem man alle oben dargestellten Wirkungsformen als Figuren verstehen kann.

5.2.2 Inhaltliche Merkmale eines dynamischen Systems

In erster Linie zählt die *semantische Einbettung* (Variablen-Etikettierung; Rahmengeschichte; Instruktion) zu den inhaltlichen Merkmalen eines Systems; daneben ist aber auch auf den Aspekt der *Vorwissenskompatibilität* als einem inhaltlich bedeutsamen Gesichtspunkt einzugehen.

Über die Bedeutung der semantischen Einbettung zu sprechen ist vergleichsweise müßig; trivialerweise wird durch eine gewählte Einbettung eines Systems ein dazugehöriger – und jeweils individueller – Gedächtnisausschnitt des Akteurs aktiviert und führt so zu einer (im übrigen schwer meßbaren) Reduktion von Komplexität. Für LOHHAUSEN beschreiben deren Konstrukteure diesen Reduktionsschritt so: „Da allen Vpn irgendwelche kommunale Institutionen bekannt waren, konnten sie in der Form von Analogieschlüssen ihre Erfahrungen und Kenntnisse über die Struktur von Gemeinden verwenden, um Hypothesen über die Struktur von Lohhausen aufzustellen." (DÖRNER et al., 1983, p. 136f.). Diese Unterstellung dürfte im übrigen nicht unproblematisch sein. Experimentelle Belege hierzu liegen in Form von Systemen mit isomorpher Struktur bei unterschiedlicher Einbettung vor (vgl. z.B. FUNKE & HUSSY, 1984; HESSE, 1982).

Interessant dagegen ist der Punkt der Vorwissenskompatibilität. Selbst für die Fälle nämlich, in denen die Systemeinbettung nicht verändert wurde, treten Vorwissenseffekte dadurch ein, daß die semantische Einkleidung von Individuum zu Individuum auf unterschiedliches Vorwissen stößt.

5.3 Systemeigenschaften, Anforderungen und Kompetenzen

Nachdem einige Systemeigenschaften im vorangegangenen Kapitel nun in Hinblick auf ihre psychologische Bedeutung untersucht wurden und sich dabei deren differentielle Wirksamkeit auf Wissenserwerb und Wissensanwendung gezeigt hat, bleibt diesem Teil die Aufgabe überlassen, das Verhältnis zwischen den Systemeigenschaften, den Anforderungen an einen Akteur und dessen Kompetenzen zu klären. Aus der bloßen Angabe von Systemeigenschaften folgt zunächst einmal wenig. Diese Eigenschaften entfalten nämlich erst in Kombination mit den Anforderungen, die an einen Akteur gestellt werden, ihre Wirkung. Erst dadurch wird ja überhaupt ein Bezug zwischen Systemeigenschaften, der Situation und der handelnden Person hergestellt!

Die zwei wesentlichen Anforderungen sind im vorangegangenen Teil schon wiederholt angesprochen worden, sollen hier aber noch einmal genannt werden: (1) die *Identifikation* einer Systemstruktur sowie (2) die steuernde *Kontrolle* eines Systems in Hinblick auf bestimmte Vorgaben. Auf beide Anforderungen soll näher eingegangen werden, da sie jeweils differenzierte Teilanforderungen stellen.

Die Identifikation eines Systems läßt sich logisch unterteilen[14] in (1.1) die Identifikation der beteiligten Variablen sowie (1.2) die Identifikation von Relationen zwischen diesen Variablen. Die *Identifikation beteiligter Variablen* wird nur unter bestimmten Situationsbedingungen gefordert („Intransparenz"), stellt aber dennoch eine eigenständige Anforderung dar, die parallel zur zweiten Anforderung durchgeführt werden kann (in transparenten Situationen ist nur diese zweite Anforderung zu erfüllen). Die *Identifikation von Relationen* verlangt das Erkennen kausaler (bzw. funktionaler) Zusammenhänge zwischen beteiligten Variablen. Hierbei wird unterstellt, daß es unterschiedliche Präzisionsgrade gibt, in denen über eine vermutete Relation berichtet werden kann (vgl. Kapitel 3.4.6): neben dem bloßen Erkennen eines Zusammenhangs („Relationswissen") kann die Richtung eines Zusammenhangs bekannt sein („Vorzeichenwissen") oder – noch präziser – der exakte Gewichtungsfaktor genannt werden („Wirkstärkenwissen").

Die Kontrolle eines Systems läßt sich logisch unterteilen in (2.1) die Hinführung des Systemzustands von einem gegebenen zum gewünschten Zustand sowie (2.2) das Beibehalten eines erreichten Zielzustands über mindestens zwei Zeitpunkte. Die *Hinführung* besteht darin, daß von einem beliebigen Zustand aus der Eingriffsvektor gefunden wird, der zielführend ist. Bei einem linearen autoregressiven Prozeß erster Ordnung ist dies jederzeit in einem Schritt möglich, sofern keine Beschränkungen bei den Eingabevariablen vorliegen. Für jeden Systemzustand kann hier ein jeweils anderer Eingriffsvektor benötigt werden. Das *Beibehalten* des erreichten Systemzustands erfordert die Eingabe eines Eingriffsvektors, der eventuell vorhandene Eigendynamiken bzw. Nebenwirkungen „kompensiert". Dieser bleibt – sofern er erfolgreich ist – immer gleich.

Inwiefern für beide Teilaspekte explizites Wissen erforderlich ist, wird derzeit noch diskutiert. Daß Strukturwissen beide Anforderungen bewältigen hilft, dürfte dagegen klar sein. Je mehr Ähnlichkeiten in der Versuchssituation gegeben sind (z.B. wiederholte Möglichkeit, die Ansteuerung genau eines Zielzustands zu üben), umso eher dürfte implizites Wissen entstehen können. Wird dagegen mit ständig neuen Startwerten und ständig neuen Zielwerten gearbeitet, dürfte explizites Wissen unverzichtbar sein.

In welchem Verhältnis stehen die hier beschriebenen Anforderungen zu den *Kompetenzen*[15], die ein Akteur besitzt bzw. die er erwerben muß? Für die erste Anforderung – Identifikation – geben KLAHR und DUNBAR (1988, p. 2) den Hinweis, daß etwa erfolgreiche Wissenschaftler, die ja ebenfalls ihnen unbekannte Systeme identifizieren wollen, sowohl über die Fähigkeit zum Entwurf experimenteller Untersuchungen ver-

---

[14] ISERMANN (1988, p. 1) unterscheidet „Prozeßidentifikation" (Analyse der Umformung bzw. des Transports von Materie, Energie und/oder Information), „Systemidentifikation" (Feststellung einer abgegrenzten Anordnung von aufeinander einwirkenden Gebilden) sowie bei stochastischen Systemen zusätzlich die „Signalidentifikation" (Trennung von Signal und Rauschen).

[15] Der Begriff der Kompetenz wird hier verstanden als *objektive* Fähigkeit bzw. Vermögen (vgl. DUDEN, 1982), und unterscheidet sich damit wesentlich von dem Kompetenzverständnis, das etwa in der Arbeit von STÄUDEL (1987) zum Ausdruck kommt, wo Kompetenz als *subjektive* Einschätzung der Erfolgswahrscheinlichkeit (p. 43) verstanden wird. Hier wird m.E. eine fälschliche Gleichsetzung objektiv nachprüfbarer Fähigkeiten mit subjektiven Einschätzungen vorgenommen.

fügen müssen als auch über die Fähigkeit, die gemachten Beobachtungen auszuwerten (Hypothesenbildung). In diesem Sinne ist der Akteur, der ein ihm unbekanntes System identifizieren will, ein „naiver Wissenschaftler", der sowohl experimentieren muß als auch aus seinen Experimenten entsprechende Schlüsse ziehen muß.

Die Anforderung der Kontrolle setzt beim Akteur die Kompetenz voraus, erworbenes Wissen über das System in einen Anwendungszusammenhang zu stellen. Es genügt nicht mehr zu wissen, daß X auf Y wirkt (wobei X und Y jeweils Vektoren sein können). Nunmehr muß rückwärts gerichtet gefragt werden (Dependenzanalyse sensu DÖRNER et al., 1983; vgl. Exkurs hierzu in Kapitel 3.2.3): wie muß X beschaffen sein, damit ein gewünschtes Y eintritt?

Hat man Anforderungen auf der einen Seite festgestellt, Kompetenzen auf der anderen Seite dagegengestellt, sollte die Performanz im Sinne der tatsächlich erbrachten Leistung damit verglichen werden. Wie aus anderen Bereichen (z.B. Metakognition) bekannt ist, ergeben sich häufig Fälle, in denen entsprechende Kompetenzen in einer konkreten Situation *nicht* eingesetzt werden. Über die Gründe dafür soll hier nicht spekuliert werden, allein den Sachverhalt möglicher Diskrepanzen zwischen Kompetenz und Performanz gilt es zu konstatieren. Daraus folgt im übrigen die Notwendigkeit einer differenzierten Fähigkeits- und Leistungsbeurteilung, um Kompetenz und Performanz getrennt voneinander bewerten zu können.

Zusammenfassend läßt sich festhalten: Der Umgang mit dynamischen Systemen ist abhängig von objektiven Systemeigenschaften, Anforderungen an den Problemlöser (wie sie sich aus den Aufgabenmerkmalen ergeben) sowie dessen individuellen Kompetenzen.

5.4 Abschließende Bemerkungen zur Systematik

Auf den ersten Blick mag das Ergebnis unserer Überlegungen enttäuschen: Was bleibt übrig außer der (trivialen) Erkenntnis, daß das Verhalten von Menschen, die mit computersimulierten komplexen Szenarien konfrontiert werden, multiple Determinanten aufweist, die in Wechselwirkung miteinander stehen? Andererseits: ein begriffliches Gefüge zu entwickeln, mit dem verschiedene Untersuchungen eingeordnet werden können, mit dem Lücken im Sinn noch zu erforschender Zusammenhänge bzw. zu realisierender Versuchspläne deutlich werden, ist von nicht geringem Wert. So fällt z.B. auf, daß Forschungsschwerpunkte einmal im Bereich der Personmerkmale, zum anderen im Bereich der Aufgabenmerkmale gesetzt wurden. Hierfür wurden im Text empirische Belege angeführt. Der Bereich der Situationsmerkmale wie auch das Feld der Wechselwirkungen zwischen den drei Facetten ist dagegen bislang weniger gut untersucht worden. Daß die vorgeschlagene Taxonomie nicht noch mehr Dimensionen berücksichtigt, liegt am Sparsamkeitsprinzip: Zum Zwecke einer vergleichenden Beschreibung verschiedenster Experimente und Systeme scheinen diese drei Aspekte einen hinreichenden Auflösungsgrad zu besitzen, der ihre Auswahl rechtfertigt.

STROHSCHNEIDER (1991) sieht den Wert taxonomischer Bestrebungen schon allein dadurch eingeschränkt, daß einige Pbn „in einem hochvernetzten dynamischen System nichts weiter sehen als einen Haufen unabhängig zu beeinflussender Variablen". Dies scheint mir ein schwacher Einwand: daß ein naiver Betrachter einer bunten Sommerwiese nicht die verschiedenen Arten von pflanzlichen und tierischen Organismen wahrnimmt, die ein Biologe in der Tradition von LENNÉ identifiziert, tut dem Wert der biologischen Taxonomie doch keinen Abbruch! Von der Biologie ist ein weiteres zu lernen: Klassifikationen, durch Taxonomien möglich gemacht, beruhen auf Homologie (informativer Gleichheit) und nicht auf Analogie (irreführender Gleichheit). Die Flügel eines Käfers und der Schnabel einer Kröte mögen auch bei Vögeln vorkommen – dennoch wird keines der genannten Tiere als Vogel bezeichnet (dies Beispiel stammt von GREGORY, 1987, p. 235; zu Problemen bei der Unterscheidung zwischen Analogien und Homologien in der Psychologie siehe ASENDORPF, 1990, p.142f.).

STROHSCHNEIDER meint, die für die psychologische Analyse entscheidende Frage sei, wie der Pb das System wahrnehme, welchen Anforderungen er sich ausgesetzt sehe. Genau *dies* kann nicht die zentrale Perspektive sein, die wir uns zu eigen machen sollten! Was Pbn denken, fühlen, sehen, soll nicht geringschätzig vom Tisch gefegt werden, aber es weisen doch eine Menge an Befunden darauf hin, daß in vielen Fällen Pbn gar nicht wissen (jedenfalls nicht im Sinne bewußt mitteilbarer Information), was mit und in ihnen passiert.

Natürlich ist es wichtig, wie sich System und Situation konkret beim einzelnen Problemlöser manifestieren. Es kommt also – wie weiter oben im Heckhausen-Zitat schon angesprochen – auf den individuellen Bedeutungsgehalt von System und Situation an. Man darf jedoch nicht in den alten Irrglauben der Introspektionisten zurückfallen, daß wir über diesen individuellen Bedeutungsgehalt – über die im Individuum real wirksamen Situations- und Systemmerkmale – etwas erfahren, indem wir den Pb fragen, wie er/sie die Situation sieht, erlebt, etc. Zwischen der *Kommunikation* über Gedanken, Gefühle, Empfindungen und den Gedanken, Gefühlen, Empfindungen *selbst* muß unterschieden werden.

Zweifel an den subjektiven Einsichten von Pbn im Bereich des Konzeptlernens und Hypothesentestens hat WILSON (1975) durch eine einfache Untersuchung belegt. NISBETT und WILSON (1977) haben ebenfalls Zweifel an der Glaubwürdigkeit verbaler Beschreibungen angemeldet. BREDENKAMP (1990) konnte bei experimentellen Untersuchungen eines Rechenkünstlers zeigen, daß die Selbstbeschreibung dieses Experten nicht in Einklang mit seinem tatsächlichen Vorgehen stand. Täuschungen der Wahrnehmung wie auch kognitive Täuschungen (hindsight-bias, overconfidence, etc.) tun ein übriges, dem Forscher Skepsis gegenüber Pb-Aussagen abzuverlangen und nicht auf die subjektive Karte zu setzen. Zuviel an Informationen dürfte auch ohne unser Zutun aufgenommen werden bzw. aus Erfahrungen extrahiert werden, ohne daß man sich dessen bewußt wäre (vgl. PERRIG, 1990).

Wie bedeutsam objektive Systemmerkmale sind, hat nicht nur meine Arbeitsgruppe nachgewiesen. STERMAN (1989) etwa hat kürzlich demonstriert, daß bei der Steuerung eines völlig transparenten makroökonomischen Systems die Pbn zwar höchst idiosynkratische Systemverläufe produzieren; dennoch lassen sich einfache Heuristiken finden, die das (Eingriffs-)Verhalten der Pbn recht gut beschreiben und eine Funktion der lokal verfügbaren Systemeigenschaften darstellen. — Ebenfalls eindrucksvolle Effekte objektiver Systemeigenschaften findet man z.B. in Arbeiten von BREHMER und ALLARD (1991) oder KLUWE, MISIAK und SCHMIDLE (1985) beschrieben. Die letztgenannte Gruppe hat ähnlich wie STERMAN gezeigt, daß mit relativ einfachen Annahmen bereits eine befriedigende Steuerung von Systemen gelingen kann (vgl. RINGELBAND, MISIAK & KLUWE, 1990). Solche Effekte können natürlich nur dort beobachtet werden, wo überhaupt Systemmerkmale systematisch variiert wurden.

Auch wenn die vorgelegten Bemerkungen zunächst *nur* heuristischen Wert besitzen – die Empirie kann auf der Ebene konzeptueller Rahmenvorstellungen nicht als Prüfinstanz auftreten –, ist es dennoch nützlich, ordnungsstiftende Begriffe und Kategorien bereitzustellen. Diese sollten auch die Grundlage abgeben können für theoretische Modelle, die Zusammenhänge bzw. Wechselwirkungen zwischen den verschiedenen, hier abgehandelten Ebenen genau beschreiben. Derartige Wechselwirkungen werden von vielen Forschern unterstellt (z.B. DÖRNER, 1989a, b; EYFERTH, SCHÖMANN & WIDOWSKI, 1986; FUNKE, 1991b; HÖRMANN & THOMAS, 1989; HUSSY, 1989; MISIAK, HAIDER & KLUWE, 1989), auch wenn in der konkreten Forschungspraxis jeweils deutliche Akzente in der einen oder anderen Richtung gesetzt werden. Die empirische Prüfung der Gültigkeit derartiger Zusammenhangs- und Wechselwirkungsaussagen wird dann über die Brauchbarkeit der aus der Taxonomie abgeleiteten Modellvorstellungen entscheiden.

Literaturverzeichnis

ALBERT, J. & OTTMANN, T. (1983). *Automaten, Sprachen und Maschinen für Anwender*. Mannheim: BI-Verlag.

ANDERSON, J.R. (1983). *The architecture of cognition*. Cambridge, MA: Harvard University Press.

ANDRESEN, N. & SCHMID, U. (1990). Transfer beim Umgang mit einem einfachen dynamischen System. In D. FREY (Ed.), *Bericht über den 37. Kongreß der Deutschen Gesellschaft für Psychologie in Kiel 1990. Band 1: Kurzfassungen* (pp. 2-3). Göttingen: Hogrefe.

ANZAI, Y. & SIMON, H.A. (1979). The theory of learning by doing. *Psychological Review*, **86**, 124-140.

ASENDORPF, J. (1990). *Die differentielle Sichtweise in der Psychologie*. Göttingen: Hogrefe.

ASHBY, W.R. (1956/1974). *Einführung in die Kybernetik*. Frankfurt: Suhrkamp (Original: „An introduction to cybernetics").

ASHBY, W.R. (1958). Requisite variety and its implications for control of complex systems. *Cybernetica*, **1**, 83-99.

BADKE-SCHAUB, P. & DÖRNER, D. (1988). *Ein Simulationsprogramm für die Ausbreitung von Aids – Erweiterte Fassung* (Memo No. 59). Bamberg: Lehrstuhl Psychologie II der Universität.

BAINBRIDGE, L. (1979). Verbal reports as evidence of the process operator's knowledge. *International Journal of Man-Machine Studies*, **11**, 411-436.

BAINBRIDGE, L. (1987). Ironies of automation. In J. RASMUSSEN, K. DUNCAN & J. LEPLAT (Eds.), *New technology and human error* (pp. 271-283). Chichester: Wiley.

BECKMANN, J. (1990). *Erste Überlegungen zur Konstruktion von Parametern zur Erfassung der Wissenserwerbs- und Wissensnutzungsprozesse beim komplexen Problemlösen*. Leipzig: Diplomarbeit an der Sektion Psychologie der Karl-Marx-Universität Leipzig.

BERRY, D.C. & BROADBENT, D.E. (1984). On the relationship between task performance and associated verbalizable knowledge. *Quarterly Journal of Experimental Psychology*, **36**, 209-231.

BERRY, D.C. & BROADBENT, D.E. (1986). Human search procedures and the use of expert systems. *Current Psychological Research and Reviews*, **5**, 130-147.

BERRY, D.C. & BROADBENT, D.E. (1987a). Explanation and verbalization in a computer-assisted search task. *Quarterly Journal of Experimental Psychology*, **39A**, 585-609.

BERRY, D.C. & BROADBENT, D.E. (1987b). The combination of explicit and implicit learning processes in task control. *Psychological Research*, **49**, 7-15.

BERRY, D.C. & BROADBENT, D.E. (1988). Interactive tasks and the implicit-explicit distinction. *British Journal of Psychology*, **79**, 251-272.

BHASKAR, R. & SIMON, H.A. (1977). Problem solving in semantically rich domains: An example from engineering thermodynamics. *Cognitive Science*, **1**, 193-215.

BÖSSER, T. (1983). Eine nichtlineare Regelstrategie bei der manuellen Regelung. *Zeitschrift für Experimentelle und Angewandte Psychologie*, **30**, 529-565.

BRANDTSTÄDTER, J. (1982). Apriorische Elemente in psychologischen Forschungsprogrammen. *Zeitschrift für Sozialpsychologie*, **13**, 267-277.

BREDENKAMP, J. (1980). *Theorie und Planung psychologischer Experimente*. Darmstadt: Steinkopff.

BREDENKAMP, J. (1984). Theoretische und experimentelle Analysen dreier Wahrnehmungstäuschungen. *Zeitschrift für Psychologie*, **192**, 47-61.

BREDENKAMP, J. (1990). Kognitionspsychologische Untersuchungen eines Rechenkünstlers. In H. FEGER (Ed.), *Wissenschaft und Verantwortung. Festschrift für Karl Josef Klauer* (pp. 47-70). Göttingen: Hogrefe.

BREHMER, B. (1987). Development of mental models for decision in technological systems. In J. RASMUSSEN, K. DUNCAN & J. LEPLAT (Eds.), *New technology and human error* (pp. 111-120). Chichester: Wiley.

BREHMER, B. (1989). Dynamic decision making. In A.P. SAGE (Ed.), *Concise encyclopedia of information processing in systems and organizations* (pp. 144-149). New York: Pergamon Press.

BREHMER, B. & ALLARD, R. (1991). Dynamic decision making: The effects of task complexity and feedback delay. In J. RASMUSSEN, B. BREHMER & J. LEPLAT (Eds.), *Distributed decision making: Cognitive models for cooperative work* (pp. 319-334). Chichester: Wiley.

BREWER, G.D. (1975). Analysis of complex systems: An experiment and its implications for policy making. In T.R. LA PORTE (Ed.), *Organized social complexity* (pp. 175-219). Princeton, NJ: Princeton University Press.

BROADBENT, D.E. (1977). Levels, hierarchies, and the locus of control. *Quarterly Journal of Experimental Psychology*, **29**, 181-201.

BROADBENT, D.E., FITZGERALD, P. & BROADBENT, M.H.P. (1986). Implicit and explicit knowledge in the control of complex systems. *British Journal of Psychology*, **77**, 33-50.

BRODY, N. (1989). Unconscious learning of rules: Comment on Reber's Analysis of implicit learning. *Journal of Experimental Psychology: General*, **118**, 236-238.

BÜHLER, K. (1908). Antwort auf die von W. Wundt erhobenen Einwände gegen die Methode der Selbstbeobachtung an experimentell erzeugten Erlebnissen. *Archiv für die gesamte Psychologie*, **12**, 93-122.

CLEEREMANS, A. (1986). *Connaissances explicites et implicites dans le contrôle d'un système: Une étude exploratoire*. Bruxelles: Universite Libre, Mémoire de fin d'études.

CLEEREMANS, A. (in press). Task performance and verbalizable knowledge: Some new data and a simulation. *Quarterly Journal of Experimental Psychology*.

CLEEREMANS, A. & KARNAS, G. (1988). Application de l'analyse typologique à l'étude de la performance lors d'un apprentissage. *Cahiers de Psychologie Cognitive*, **8**, 95-103.

COHEN, B. & MURPHY, G.L. (1984). Models of concepts. *Cognitive Science*, **8**, 27-58.

COHEN, J. (1977). *Statistical power analysis for the behavioral sciences* (2nd ed.). New York: Academic Press.

DAUENHEIMER, D., KÖLLER, O., STRAUB, B. G. & HASSELMANN, D. (1990). Unterschiede zwischen Einzelpersonen und Kleingruppen beim Bearbeiten komplexer Probleme. In D. FREY (Ed.), *Bericht über den 37. Kongreß der Deutschen Gesellschaft für Psychologie in Kiel 1990. Band 1: Kurzfassungen* (pp. 20-21). Göttingen: Hogrefe.

DITTMANN-KOHLI, F. (1984). Weisheit als mögliches Ergebnis der Intelligenzentwicklung im Erwachsenenalter. *Sprache & Kognition*, **3**, 112-132.

DÖRNER, D. (1976). *Problemlösen als Informationsverarbeitung*. Stuttgart: Kohlhammer.

DÖRNER, D. (1981). Über die Schwierigkeiten menschlichen Umgangs mit Komplexität. *Psychologische Rundschau*, **32**, 163-179.

DÖRNER, D. (1982). Wie man viele Probleme zugleich löst – oder auch nicht! *Sprache & Kognition*, **1**, 55-66.

DÖRNER, D. (1983). Empirische Psychologie und Alltagsrelevanz. In G. JÜTTEMANN (Ed.), *Psychologie in der Veränderung. Perspektiven für eine gegenstandsangemessenere Forschungspraxis* (pp. 13-29). Weinheim: Beltz.

DÖRNER, D. (1984). Der Zusammenhang von Intelligenz und Problemlösefähigkeit: Ein Stichprobenproblem? Anmerkungen zum Kommentar von Lothar Tent. *Psychologische Rundschau*, **35**, 154-155.

DÖRNER, D. (1986a). Diagnostik der operativen Intelligenz. *Diagnostica*, **32**, 290-308.

DÖRNER, D. (1986b). *Zeitabläufe, AIDS und Kognition*. Bamberg: Memorandum Nr. 39 am Lehrstuhl Psychologie II der Universität Bamberg.

DÖRNER, D. (1987). On the difficulties people have in dealing with complexity. In J. RASMUSSEN, K. DUNCAN & J. LEPLAT (Eds.), *New technology and human error* (pp. 97-109). Chichester: Wiley.

DÖRNER, D. (1989a). Die kleinen grünen Schildkröten und die Methoden der experimentellen Psychologie. *Sprache & Kognition*, **8**, 86-97.

DÖRNER, D. (1989b). *Die Logik des Mißlingens. Strategisches Denken in komplexen Situationen*. Hamburg: Rowohlt.

DÖRNER, D. (1991). *Über die Philosophie der Verwendung von Mikrowelten oder „Computerszenarios" in der psychologischen Forschung* (Working Paper No. 7). Berlin: Projektgruppe Kognitive Anthropolgie der Max-Planck-Gesellschaft.

DÖRNER, D., DREWES, U. & REITHER, F. (1975). Über das Problemlösen in sehr komplexen Realitätsbereichen. In W.H. TACK (Ed.), *Bericht über den 29. Kongreß der DGfPs in Salzburg 1974. Band 1* (pp. 339-340). Göttingen: Hogrefe.

DÖRNER, D. & KREUZIG, H.W. (1983). Problemlösefähigkeit und Intelligenz. *Psychologische Rundschau*, **34**, 185-192.

DÖRNER, D., KREUZIG, H.W., REITHER, F. & STÄUDEL, T. (1983). *Lohhausen. Vom Umgang mit Unbestimmtheit und Komplexität*. Bern: Huber.

DÖRNER, D. & REITHER, F. (1978). Über das Problemlösen in sehr komplexen Realitätsbereichen. *Zeitschrift für Experimentelle und Angewandte Psychologie*, **25**, 527-551.

DÖRNER, D., REITHER, F. & STÄUDEL, T. (1983). Emotion und problemlösendes Denken. In H. MANDL & G.L. HUBER (Eds.), *Emotion und Kognition* (pp. 61-84). München: Urban & Schwarzenberg.

DÖRNER, D., SCHAUB, H., STÄUDEL, T. & STROHSCHNEIDER, S. (1988). Ein System zur Handlungsregulation oder – Die Interaktion von Emotion, Kognition und Motivation. *Sprache & Kognition*, 7, 217-232.

DUDEN (1982). *Fremdwörterbuch*. Vierte Auflage. Mannheim: Bibliographisches Institut.

EBBINGHAUS, H. (1885/1971). *Über das Gedächtnis. Untersuchungen zur experimentellen Psychologie*. Leipzig: Duncker (Neuauflage Darmstadt: Wissenschaftliche Buchgesellschaft).

ENGELKAMP, J. & PECHMANN, T. (1988). Kritische Anmerkungen zum Begriff der mentalen Repräsentation. *Sprache & Kognition*, 7, 2-11.

ERICSSON, K.A. & SIMON, H.A. (1984). *Protocol analysis: Verbal reports as data*. Cambridge, MA: MIT Press.

EYFERTH, K., HOFFMANN-PLATO, I., MUCHOWSKI, L., OTREMBA, H., ROSSBACH, H., SPIESS, M. & WIDOWSKI, D. (1982). *Studienprojekt Handlungsorganisation*. Berlin: Institut für Psychologie der TU Berlin (Forschungsbericht Nr. 82-4, korrigierter Nachdruck).

EYFERTH, K., SCHÖMANN, M. & WIDOWSKI, D. (1986). Der Umgang von Psychologen mit Komplexität. *Sprache & Kognition*, 5, 11-26.

FAHNENBRUCK, G. & STRELOW, K.-U. (1991). *Flugzeugführung als Problemlöseprozeß: Der Instrument-Failure-Simulator (IFS) zur Messung der spezifischen Problemlösefähigkeit bei Piloten*. Vortrag gehalten auf der 33. Tagung experimentell arbeitender Psychologen, 24.-28.3.1991, Gießen.

FAHNENBRUCK, G., FUNKE, J. & MÜLLER, H. (1987). Wissensdiagnose bei dynamischen Systemen. *Berichte aus dem Psychologischen Institut der Universität Bonn*, 13, Heft 1.

FAHNENBRUCK, G., FUNKE, J. & RASCHE, B. (1988). Vorwissensverträglichkeit, Steuerbarkeit, Steueranforderung und Darbietungsform als Determinanten der Bearbeitung dynamischer Systeme. *Berichte aus dem Psychologischen Institut der Universität Bonn*, 14, Heft 2.

FISCHER, C., OELLERER, N., SCHILDE, A. & KLUWE, R. H. (1990). *System „MIX": Development of a research instrument for the experimental investigation of human process control* (Report 1.1RHK, Project LUCAS, ESPRIT Basic Research Action #3219 KAUDYTE). Hamburg: Institut für Kognitionsforschung an der Universität der Bundeswehr.

FISCHER, H. (1990). Modelle zur Planung von Produktion und Beschaffung bei substitutionalen Produktionsfaktoren - Entscheidungshilfe in einem Planspiel. In D. FREY (Ed.), *Bericht über den 37. Kongreß der Deutschen Gesellschaft für Psychologie in Kiel 1990. Band 1: Kurzfassungen* (pp. 336). Göttingen: Hogrefe.

FLAMMER, A. (1981). Towards a theory of question asking. *Psychological Research*, 43, 407-420.

FRITZ, A. & FUNKE, J. (1988). Komplexes Problemlösen bei Jugendlichen mit Hirnfunktionsstörungen. *Zeitschrift für Psychologie*, 196, 171-187.

FUNKE, J. (1981). Mondlandung – Ein neuer Aufgabentyp zur Erforschung komplexen Problemlösens. *Trierer Psychologische Berichte*, 8, Heft 9.

FUNKE, J. (1983). Einige Bemerkungen zu Problemen der Problemlöseforschung oder: Ist Testintelligenz doch ein Prädiktor? *Diagnostica*, **29**, 283-302.

FUNKE, J. (1984). Diagnose der westdeutschen Problemlöseforschung in Form einiger Thesen. *Sprache & Kognition*, **3**, 159-173.

FUNKE, J. (1985a). Problemlösen in komplexen computersimulierten Realitätsbereichen. *Sprache & Kognition*, **4**, 113-129.

FUNKE, J. (1985b). Steuerung dynamischer Systeme durch Aufbau und Anwendung subjektiver Kausalmodelle. *Zeitschrift für Psychologie*, **193**, 443-465.

FUNKE, J. (1986a). Ein Forschungsprogramm zur subjektiven Repräsentation dynamischer Kleinsysteme: Aufbau und Anwendung von Wissen in Abhängigkeit von Person- und Systemmerkmalen. *Berichte aus dem Psychologischen Institut der Universität Bonn*, **12**, Heft 1.

FUNKE, J. (1986b). *Komplexes Problemlösen. Bestandsaufnahme und Perspektiven*. Heidelberg: Springer.

FUNKE, J. (1988a). Künstliche Intelligenz und Kognitive Psychologie: Zum Stand der Beziehung. In W. HOEPPNER (Ed.), *Künstliche Intelligenz* (pp. 17-26). Springer: Heidelberg.

FUNKE, J. (1988b). Using simulation to study complex problem solving. A review of studies in the FRG. *Simulation & Games*, **19**, 277-303.

FUNKE, J. (1988c). Bedingungen und Auswirkungen der Informationssuche und -aufnahme beim Bearbeiten des komplexen Simulationssystems „TAILORSHOP". *Berichte aus dem Psychologischen Institut der Universität Bonn*, **14**, Heft 5.

FUNKE, J. (1991a). Keine Struktur im (selbstverursachten) Chaos? Erwiderung zum Kommentar von Stefan STROHSCHNEIDER. *Sprache & Kognition*, **10**, 114-118.

FUNKE, J. (1991b). Solving complex problems: Human identification and control of complex systems. In R.J. STERNBERG & P. FRENSCH (Eds.), *Complex problem solving: Principles and mechanisms* (pp. 185-222). Hillsdale, NJ: Lawrence Erlbaum.

FUNKE, J. & BUCHNER, A. (im Druck). Finite Automaten als Instrumente für die Analyse von wissensgeleiteten Problemlöseprozessen: Vorstellung eines neuen Untersuchungsparadigmas. *Sprache & Kognition*.

FUNKE, J., FAHNENBRUCK, G. & MÜLLER, H. (1986). DYNAMIS – Ein Computerprogramm zur Simulation dynamischer Systeme. *Berichte aus dem Psychologischen Institut der Universität Bonn*, **12**, Heft 3.

FUNKE, J. & HUSSY, W. (1984). Komplexes Problemlösen: Beiträge zu seiner Erfassung sowie zur Frage der Bereichs- und Erfahrungsabhängigkeit. *Zeitschrift für Experimentelle und Angewandte Psychologie*, **31**, 19-38.

FUNKE, J. & MÜLLER, H. (1988). Eingreifen und Prognostizieren als Determinanten von Systemidentifikation und Systemsteuerung. *Sprache & Kognition*, **7**, 176-186.

FUNKE, J. & STEYER, R. (1985). Komplexes Problemlösen als Konstruktion und Anwendung von subjektiven Kausalmodellen. In D. ALBERT (Ed.), *Bericht über den 34. Kongreß der DGfPs in Wien 1984* (pp. 264-267). Göttingen: Hogrefe.

FUNKE, U. (1991). Die Validität einer computergestützten Systemsimulation zur Diagnose von Problemlösekompetenz. In H. SCHULER & U. FUNKE (Eds.), *Eignungsdiagnostik in Forschung und Praxis. Psychologische Information für Auswahl, Beratung und Förderung von Mitarbeitern* (pp. 114-122). Stuttgart: Verlag für Angewandte Psychologie.

GARDNER, H. (1985). *The mind's new science. A history of the cognitive revolution*. New York: Basic Books.

GEDIGA, G., SCHÖTTKE, H. & TÜCKE, M. (1983). Problemlösen in einer komplexen Situation. *Archiv für Psychologie*, **135**, 325-339.

GEILHARDT, T. (1991). NADIROS. Ein gruppenorientiertes computerunterstütztes Planspiel. In H. SCHULER & U. FUNKE (Eds.), *Eignungsdiagnostik in Forschung und Praxis. Psychologische Information für Auswahl, Beratung und Förderung von Mitarbeitern* (pp. 162-171). Stuttgart: Verlag für Angewandte Psychologie.

GIRLICH, H.-J., KÖCHEL, P. & KÜENLE, H.-U. (1990). *Steuerung dynamischer Systeme. Mehrstufige Entscheidungen bei Unsicherheit*. Basel: Birkhäuser.

GREENO, J.G. (1976). Hobbits and orcs: Acquisition of a sequential concept. *Cognitive Psychology*, **4**, 270-292.

GREGORY, R.L. (Ed.). (1987). *The Oxford companion to the mind*. Oxford: Oxford University Press.

GREGSON, R.A.M. (1983). *Time series in psychology*. Hillsdale, NJ: Lawrence Erlbaum.

HAGER, W. (1987). Grundlagen einer Versuchsplanung zur Prüfung empirischer Hypothesen in der Psychologie. In G. LÜER (Ed.), *Allgemeine experimentelle Psychologie* (pp. 43-264). Stuttgart: Gustav Fischer.

HAIDER, H. (1989). *Die Bedeutung impliziten Lernens beim Problemlösen*. Vortrag auf der 31. Tagung experimentell arbeitender Psychologen, 20.-23.3.89, Bamberg.

HASSELMANN, D. & STRAUB, B. G. (1988). Reliabilität von Leistungen bei der Bearbeitung von komplexen Problemlöseaufgaben. In W. SCHÖNPFLUG (Ed.), *Bericht über den 36. Kongreß der DGfPs in Berlin 1988. Band 1* (pp. 68). Göttingen: Hogrefe.

HECKHAUSEN, H. (1980). *Motivation und Handeln. Lehrbuch der Motivationspsychologie*. Berlin: Springer.

HERRMANN, T. (1982). Über begriffliche Schwächen kognitivistischer Kognitionstheorien: Begriffsinflation und Akteur-System-Kontamination. *Sprache & Kognition*, **1**, 3-14.

HERRMANN, T. (1988). Mentale Repräsentation – ein erläuterungsbedürftiger Begriff. *Sprache & Kognition*, **7**, 162-175.

HERRMANN, T. (1990). Die Experimentiermethodik in der Defensive? *Sprache & Kognition*, **9**, 1-11.

HEUER, H. (1990). Psychomotorik. In H. SPADA (Ed.), *Lehrbuch Allgemeine Psychologie* (pp. 495-559). Bern: Huber.

HESSE, F.W. (1982). Effekte des semantischen Kontexts auf die Bearbeitung komplexer Probleme. *Zeitschrift für Experimentelle und Angewandte Psychologie*, **29**, 62-91.

HESSE, F.W. (1985). Vergleichende Analyse kognitiver Prozesse bei semantisch unterschiedlichen Problemeinbettungen. *Sprache & Kognition*, **4**, 139-153.

HESSE, F.W., SPIES, K. & LÜER, G. (1983). Einfluß motivationaler Faktoren auf das Problemlöseverhalten im Umgang mit komplexen Problemen. *Zeitschrift für Experimentelle und Angewandte Psychologie*, **30**, 400-424.

HÖRMANN, H.-J. & THOMAS, M. (1989). Zum Zusammenhang zwischen Intelligenz und komplexem Problemlösen. *Sprache & Kognition*, **8**, 23-31.

HOLLAND, J.H., HOLYOAK, K.J., NISBETT, R.E. & THAGARD, P.R. (1986). *Induction. Processes of inference, learning, and discovery*. Cambridge, MA: MIT Press.

HOLZKAMP, K. (1986). Die Verkennung von Handlungsbegründungen als empirische Zusammenhangsannahmen in sozialpsychologischen Theorien: Methodologische Fehlorientierung infolge von Begriffsverwirrung. *Zeitschrift für Sozialpsychologie*, **17**, 216-238.

HÜBNER, R. (1987). Eine naheliegende Fehleinschätzung des Zielabstandes bei der zeitoptimalen Regelung dynamischer Systeme. *Zeitschrift für Experimentelle und Angewandte Psychologie*, **34**, 38-53.

HÜBNER, R. (1989). Methoden zur Analyse und Konstruktion von Aufgaben zur kognitiven Steuerung dynamischer Systeme. *Zeitschrift für Experimentelle und Angewandte Psychologie*, **36**, 271-238.

HUSSY, W. (1984). *Denkpsychologie. Ein Lehrbuch. Band 1: Geschichte, Begriffs- und Problemlöseforschung, Intelligenz.* Stuttgart: Kohlhammer.

HUSSY, W. (1985). Komplexes Problemlösen – Eine Sackgasse? *Zeitschrift für Experimentelle und Angewandte Psychologie*, **32**, 55-74.

HUSSY, W. (1989). Intelligenz und komplexes Problemlösen. *Diagnostica*, **35**, 1-16.

ISERMANN, R. (1988). *Identifikation dynamischer Systeme. Band 1: Frequenzgangmessung, Fourieranalyse, Korrelationsanalyse, Einführung in die Parameterschätzung.* Heidelberg: Springer.

JÄGER, A.O. (1986). Validität von Intelligenztests. *Diagnostica*, **32**, 272-289.

JÜLISCH, B. & KRAUSE, W. (1976). Semantischer Kontext und Problemlöseprozesse. In F. KLIX (Ed.), *Psychologische Beiträge zur Analyse kognitiver Prozesse* (pp. 274-301). Berlin: Deutscher Verlag der Wissenschaften.

JUNGERMANN, H., SCHÜTZ, H. & THÜRING, M. (1988). Mental models in risk assessment: Informing people about drugs. *Risk Analysis*, **8**, 147-155.

KAHNEMAN, D. & TVERSKY, A. (1973). On the psychology of prediction. *Psychological Review*, **80**, 237-251.

KAISER, H. & KELLER, B. (1991). *Kleine Computersimulationen. Computerunterstützte Theoriebildung mit Beispielen aus der Psychologie.* Bern: Huber.

KALMAN, R.E. (1958). Design of a self-optimizing control system. *Transactions of the ASME*, **80**, 468-478.

KARNAS, G. & CLEEREMANS, A. (1987). *Implicit processing in control tasks: Some simulation results.* Communication présentée au First European Meeting on Cognitive Science Approaches to Process Control, Marcoussis, France, 19.-20.10.1987.

KEMMERLING, A. (1988). Philosophischer Kognitivismus und die Repräsentation sprachlichen Wissens. In G. HEYER, J. KREMS & G. GÖRZ (Eds.), *Wissensarten und ihre Darstellung. Beiträge aus Philosophie, Psychologie, Informatik und Linguistik* (pp. 21-46). Heidelberg: Springer.

KEPSER, M. & VOGT, H. (1991). *Ein neues Paradigma zur Erforschung des komplexen Problemlösens: Das Programmpaket „Elephanteninsel".* Paper presented at the 33. Tagung experimentell arbeitender Psychologen, 24.-28.3.1991, Gießen.

KLAHR, D. & DUNBAR, K. (1988). Dual space search during scientific reasoning. *Cognitive Science*, **12**, 1-48.

KLAHR, D., DUNBAR, K. & FAY, A.L. (in press). Designing good experiments to test bad hypotheses. In J. SHRAGER & P. LANGLEY (Eds.), *Computational models of discovery and theory formation*. Hillsdale, NJ: Lawrence Erlbaum.

KLEITER, G.D. (1970). Trend-control in a dynamic decision-making task. *Acta Psychologica*, **34**, 387-397.

KLEITER, G.D. (1974). Mehrstufige Entscheidungsmodelle in der Psychologie. *Psychologische Beiträge*, **16**, 93-127.

KLIR, J. & VALACH, M. (1967). *Cybernetic modeling*. London: Iliffe Books.

KLUWE, R.H. (1988). Methoden der Psychologie zur Gewinnung von Daten über menschliches Wissen. In H. MANDL & H. SPADA (Eds.), *Wissenspsychologie* (pp. 359-385). München: Psychologie Verlags Union.

KLUWE, R. & REIMANN, H. (1983). *Problemlösen bei vernetzten, komplexen Problemen: Effekte des Verbalisierens auf die Problemlöseleistung*. Hamburg: Bericht aus dem Fachbereich Pädagogik der Hochschule der Bundeswehr.

KLUWE, R.H., MISIAK, C. & RINGELBAND, O. (1985). *Learning to control a complex system: The effect of system characteristics on system control*. Hamburg: Fachbereich Pädagogik der Hochschule der Bundeswehr (unveröffentl. Manuskript).

KLUWE, R.H., MISIAK, C., RINGELBAND, O. & HAIDER, H. (1986). Lernen durch Tun: Eine Methode zur Konstruktion von simulierten Systemen mit spezifischen Eigenschaften und Ergebnisse einer Einzelfallstudie. In M. AMELANG (Ed.), *Bericht über den 35. Kongreß der DGfPs in Heidelberg 1986* (p. 208). Göttingen: Hogrefe.

KLUWE, R., MISIAK, C. & SCHMIDLE, R. (1985). Wissenserwerb beim Umgang mit umfangreichen Systemen: Lernvorgänge als Ausbildung subjektiver Ordnungsstrukturen. In D. ALBERT (Ed.), *Bericht über den 34. Kongreß der DGfPs in Wien 1984* (pp. 255-257). Göttingen: Hogrefe.

KÖNIG, F., LIEPMANN, D., HOLLING, H. & OTTO, J. (1985). Entwicklung eines Fragebogens zum Problemlösen (PLF). *Zeitschrift für Klinische Psychologie, Psychopathologie und Psychotherapie*, **33**, 5-19.

KREUZIG, H.W. (1979). Gütekriterien für die kognitiven Prozesse bei Entscheidungssituationen in sehr komplexen Realitätsbereichen und ihr Zusammenhang mit Persönlichkeitsmerkmalen. In H. UECKERT & D. RHENIUS (Eds.), *Komplexe menschliche Informationsverarbeitung. Beiträge zur Tagung „Kognitive Psychologie" in Hamburg 1978* (pp. 196-209). Bern: Huber.

KREUZIG, H.W. (1983). Computer-Simulation als diagnostisches Instrument. In G. LÜER (Ed.), *Bericht über den 33. Kongreß der DGfPs in Mainz 1982* (pp. 147-151). Göttingen: Hogrefe.

KREUZIG, H. W. & SCHLOTTHAUER, J. A. (1991). Ein Computer-Simulations-Verfahren in der Praxis: Offene Fragen - empirische Antworten. In H. SCHULER & U. FUNKE (Eds.), *Eignungsdiagnostik in Forschung und Praxis. Psychologische Information für Auswahl, Beratung und Förderung von Mitarbeitern* (pp. 106-109). Stuttgart: Verlag für Angewandte Psychologie.

LEICHSENRING, F. (1987). Einzelfallanalyse und Strenge der Prüfung. *Diagnostica*, **33**, 93-109.

LE NY, J.-F. (1988). Wie kann man mentale Repräsentationen repräsentieren? *Sprache & Kognition*, **7**, 113-121.

LOMPSCHER, J. (Ed.) (1976). *Verlaufsqualitäten der geistigen Tätigkeit.* Berlin: Volk und Wissen.

LUC, F. & MARESCAUX, P.-J. (1989). *Implicit learning and associative learning in a process control task.* Paper presented at the Meeting of the Société Belge de Psychologie, 29. April 1989 at Bruxelles, Belgium.

LÜER, G. & SPADA, H. (1990). Denken und Problemlösen. In H. SPADA (Ed.), *Lehrbuch Allgemeine Psychologie* (pp. 189-280). Bern: Huber.

LUGTENBERG, M. (1989). *GETMO. Ein interaktives Programm zur Erfassung von Kausalwissen. Bedienermanual.* Berlin: Institut für Psychologie an der Technischen Universität, Bericht Nr. JU 41/89.

LUGTENBERG, M. & PFISTER, H.-R. (1987). *Erfassung und Beschreibung von kausalem Wissen am Beispiel von Packungsbeilagen zu Medikamenten.* Berlin: Institut für Psychologie an der Technischen Universität, Bericht Nr. JU 26/87.

MACKINNON, A.J. & WEARING, A.J. (1985). Systems analysis and dynamic decision making. *Acta Psychologica,* **58**, 159-172.

MANDL, H. & SPADA, H. (Eds.) (1988). *Wissenspsychologie.* München: Psychologie Verlags Union.

MARESCAUX, P.-J., LUC, F. & KARNAS, G. (1989). Modes d'apprentissage sélectif et non-sélectif et connaissances acquises au contrôle d'un processus: évaluation d'un modèle simulé. *Cahiers de Psychologie Cognitive,* **9**, 239-264.

MASSON, M.E.J. (1984). Memory for the surface structure of sentences: Remembering with and without awareness. *Journal of Verbal Learning and Verbal Behavior,* **23**, 579-592.

MEADOWS, D., MEADOWS, D., ZAHN, E. & MILLING, P. (1972). *Die Grenzen des Wachstums. Bericht des Club of Rome zur Lage der Menschheit* (Original: The limits to growth. New York: Universe Books). Stuttgart: Deutsche Verlags-Anstalt.

MECHTOLD, C. (1988). *Die Rolle von Vorstellungen beim Umgang mit einem dynamischen System.* Paper presented at the 30. Tagung experimentell arbeitender Psychologen, 28.-31. 3. 1988, Marburg.

MEDWEDEW, G. (1991). *Verbrannte Seelen. Die Katastrophe von Tschernobyl.* München: Hanser.

MELCHIOR, E.-M. (1988). Protokollanalyse als Methode zur Erfassung des Wissensstandes während des Lernprozesses beim Erlernen der Bedienung komplexer Geräte. In DEUTSCHE GESELLSCHAFT FÜR LUFT- UND RAUMFAHRT (Ed.), *Trainingsverfahren und Lernverhalten* (pp. 72-81). Bonn: DGLR-Bericht 88-06.

METLAY, D. (1975). On studying the future behavior of complex systems. In T.R. LA PORTE (Ed.), *Organized social complexity* (pp. 220-255). Princeton, NJ: Princeton University Press.

MISIAK, C., HAIDER, H. & KLUWE, R. (1989). *Wechselwirkungen von objektiven und subjektiven Parametern dynamischer Problemräume.* Vortrag gehalten auf der 31. TeaP vom 20.-23.3.1989, Bamberg.

MÖBUS, C. & NAGL, W. (1983). Messung, Analyse und Prognose von Veränderungen. In J. BREDENKAMP & H. FEGER (Eds.), *Hypothesenprüfung* (pp. 239-470). Göttingen: Hogrefe (= Enzyklopädie der Psychologie, Themenbereich B: Methodologie und Methoden, Serie I: Forschungsmethoden der Psychologie, Band 5).

MORAY, N., LOOTSTEEN, P. & PAJAK, J. (1986). Acquisition of process control skills. *IEEE Transactions on Systems, Man & Cybernetics*, **16**, 497-504.

MORECROFT, J. (1988). System dynamics and microworlds for policymakers. *European Journal of Operational Research*, **35**, 301-320.

MOSCHKE, H.J. & HILLEJAN, U. (1988). *Erarbeitung von Vorschlägen und Alternativen für die nach §5a AbfG (Abfallbeseitigungsgesetz) anstehende Rechtsverordnung zur Regelung der Altölentsorgung aufgrund einer Datenbasis über das mengen- und qualitätsmäßige Altölaufkommen in der BRD*. Berlin: Umweltbundesamt (unveröffentl. Forschungsbericht).

MÜLLER, H. (1989). *Zur Reliabilität verschiedener Indikatoren beim Bearbeiten komplexer dynamischer Systeme*. Vortrag gehalten auf der 31. Tagung experimentell arbeitender Psychologen, 20.-23.3.89, Bamberg.

MÜLLER, H. (in press). Complex problem solving: The evaluation of reliability, stability, and some causal models. In R. STEYER, H. GRÄSER & K.F. WIDAMAN (Eds.), *Consistency and specificity: Latent state-trait models in differential psychology*. Heidelberg: Springer.

MÜLLER, H., FUNKE, J., FAHNENBRUCK, G. & RASCHE, B. (1987). Über die Auswirkungen verschiedener Aktivitätsanforderungen auf Wissen und Können im Kontext dynamischer Systeme. *Berichte aus dem Psychologischen Institut der Universität Bonn*, **13**, Heft 2.

MÜLLER, H., FUNKE, J. & RASCHE, B. (1988). Wechselseitige Abhängigkeiten: Zum Einfluß von Eigendynamik und Nebenwirkungen auf die Bearbeitung dynamischer Systeme. *Berichte aus dem Psychologischen Institut der Universität Bonn*, **14**, Heft 1.

MÜLLER, K. (1982). *Altölverwertung*. Bielefeld (=Abfallwirtschaft in Forschung und Praxis, Band 9).

NEWELL, A. & SIMON, H.A. (1972). Human problem solving. Englewood Cliffs, NJ: Prentice Hall.

NISBETT, R.E. & WILSON, T.D. (1977). Telling more than we can know: Verbal reports on mental processes. *Psychological Review*, *84*, 231-259.

NORMAN, D.A. (1981). Categorization of action slips. *Psychological Review*, **88**, 1-15.

OPP, K.-D. & SCHMIDT, P. (1976). *Einführung in die Mehrvariablenanalyse*. Hamburg: Rowohlt.

OPWIS, K. (1985). *Mentale Modelle dynamischer Systeme: Analyse und Weiterführung methodischer Grundlagen von psychologischen Experimenten zum Umgang von Personen mit Systemen.* Freiburg: Forschungsbericht Nr. 30 des Psychologischen Instituts der Albert-Ludwigs-Universität Freiburg.

OPWIS, K. & LÜER, G. (in press). Modelle der Repräsentation von Wissen. In D. ALBERT & K.-H. STAPF (Eds.), *Gedächtnispsychologie: Erwerb, Nutzung und Speicherung von Information*. Göttingen: Hogrefe (=Enzyklopädie der Psychologie, Themenbereich C, Serie II, Band 4).

OPWIS, K. & SPADA, H. (1985). Erwerb und Anwendung von Wissen über ökologische Systeme. In D. ALBERT (Ed.), *Bericht über den 34. Kongreß der DGfPs in Wien 1984* (pp. 258-260). Göttingen: Hogrefe.

OPWIS, K., SPADA, H. & SCHWIERSCH, M. (1985). *Erwerb und Anwendung von Wissen über ein ökologisches System*. Freiburg: Forschungsbericht Nr. 23 des Psychologischen Instituts der Universität Freiburg.

PALMER, S.E. (1978). Fundamental aspects of cognitive representation. In E. ROSCH & B.B. LLOYD (Eds.), *Cognition and categorization* (pp. 259-303). Hillsdale, NJ: Lawrence Erlbaum.

PERRIG, W.J. (1990). Implizites Wissen: Eine Herausforderung für die Kognitionspsychologie. *Schweizerische Zeitschrift für Psychologie, 49*, 234-249.

PLÖTZNER, R., SPADA, H., STUMPF, M. & OPWIS, K. (1990). *Learning qualitative and quantitative reasoning in a microworld for elastic impacts*. Freiburg: Psychologisches Institut der Universität, Research Report Nr. 59.

POULTON, E. C. (1973). *Tracking skill and manual control*. New York: Academic Press.

PREUSSLER, W. (1985). *Über die Bedingungen der Prognose eines bivariaten ökologischen Systems*. Bamberg: Memo Nr. 31 am Lehrstuhl Psychologie II der Universität Bamberg.

PUTZ-OSTERLOH, W. (1981). Über die Beziehung zwischen Testintelligenz und Problemlöseerfolg. *Zeitschrift für Psychologie, 189*, 79-100.

PUTZ-OSTERLOH, W. (1987). Gibt es Experten für komplexe Probleme? *Zeitschrift für Psychologie, 195*, 63-84.

PUTZ-OSTERLOH, W. & LEMME, M. (1987). Knowledge and its intelligent application to problem solving. *German Journal of Psychology, 11*, 286-303.

PUTZ-OSTERLOH, W. & LÜER, G. (1981). Über die Vorhersagbarkeit komplexer Problemlöseleistungen durch Ergebnisse in einem Intelligenztest. *Zeitschrift für Experimentelle und Angewandte Psychologie, 28*, 309-334.

RASMUSSEN, J. (1987). Cognitive control and human error mechanisms. In J. RASMUSSEN, K. DUNCAN & J. LEPLAT (Eds.), *New technology and human error* (pp. 53-61). Chichester: Wiley.

RASMUSSEN, J., DUNCAN, K. & LEPLAT, J. (Eds.). (1987). *New technology and human error*. Chichester: Wiley.

RAY, W.S. (1955). Complex tasks for use in human problem-solving research. *Psychological Bulletin, 52*, 134-149.

REASON, J. (1987). Generic error-modeling system (GEMS): A cognitive framework for locating common human error forms. In J. RASMUSSEN, K. DUNCAN & J. LEPLAT (Eds.), *New technology and human error* (pp. 63-83). Chichester: Wiley.

REBER, A.S. (1976). Implicit learning of synthetic languages: The role of instructional set. *Journal of Experimental Psychology: Human Learning and Memory, 2*, 88-94.

REBER, A.S. (1989a). Implicit learning and tacit knowledge. *Journal of Experimental Psychology: General, 118*, 219-235.

REBER, A.S. (1989b). More thoughts on the unconscious: Reply to Brody and to Lewicki and Hill. *Journal of Experimental Psychology: General, 118*, 242-244.

REBER, A.S., KASSIN, S.M., LEWIS, S. & CANTOR, G. (1980). On the relationship between implicit and explicit modes in the learning of a complex rule structure. *Journal of Experimental Psychology: Human Learning and Memory, 6*, 492-502.

REICHERT, U. (1986). *Die Steuerung eines nichtlinearen Regelkreises durch Versuchspersonen*. Bamberg: Lehrstuhl Psychologie II der Universität, Memorandum Nr. 42.

REICHERT, U. & DÖRNER, D. (1988). Heurismen beim Umgang mit einem „einfachen" dynamischen System. *Sprache & Kognition*, 7, 12-24.

REICHERT, U. & STÄUDEL, T. (1991). Computergestützte Diagnostik der Fähigkeiten für den Umgang mit komplexen und vernetzten Systemen. In H. SCHULER & U. FUNKE (Eds.), *Eignungsdiagnostik in Forschung und Praxis. Psychologische Information für Auswahl, Beratung und Förderung von Mitarbeitern* (pp. 102-105). Stuttgart: Verlag für Angewandte Psychologie.

REITHER, F. (1981). About thinking and acting of experts in complex situations. *Simulation & Games*, 12, 125-140.

RICHARDSON, G. P. & PUGH, A. L. (1981). *Introduction to system dynamics modeling with DYNAMO*. Cambridge, MA: MIT Press.

RICHARDSON-KLAVEHN, A. & BJORK, R. A. (1988). Measures of memory. *Annual Review of Psychology*, 39, 475-543.

RIEGER, F. & VOSS, K. (1971). Mengentheoretische Beschreibung der Struktur dynamischer Systeme. In H. DRISCHEL & N. TIEDT (Eds.), *Biokybernetik* (pp. 97-99). Jena: VEB Gustav Fischer Verlag.

RINGELBAND, O.J., MISIAK, C. & KLUWE, R.H. (1990). Mental models and strategies in the control of a complex system. In D. ACKERMANN & M.J. TAUBER (Ed.), *Mental models and human-computer interaction, Bd.1* (pp. 151-164). Amsterdam: Elsevier Science Publishers.

ROTH, T. (1987). Erfolg bei der Bearbeitung komplexer Probleme und linguistische Merkmale des Lauten Denkens. *Sprache & Kognition*, 6, 208-220.

ROUSE, W.B. & MORRIS, N.M. (1986). On looking into the black box: Prospects and limits in the search for mental models. *Psychological Bulletin*, 100, 349-363.

RUMELHART, D.E. & MCCLELLAND, J.L. (Eds.) (1986). *Parallel distributed processing. Explorations in the microstructure of cognition. Volume 1: Foundations*. Cambridge, MA: MIT Press.

RUMELHART, D.E. & NORMAN, D.A. (1985). Representation of knowledge. In A.M. AITKENHEAD & J.M. SLACK (Eds.), *Issues in cognitive modeling* (pp. 15-62). Hillsdale, NJ: Lawrence Erlbaum.

RUMELHART, D.E. & NORMAN, D.A. (1988). Representation in memory. In R.C. ATKINSON, R.J. HERRNSTEIN, G. LINDZEY & R.D. LUCE (Eds.), *Stevens' handbook of experimental psychology. Second edition. Volume 2: Learning and cognition* (pp. 511-587). New York: Wiley

SACHS, J.D.S. (1967). Recognition memory for syntactic and semantic aspects of connected discourse. *Perception & Psychophysics*, 2, 437-442.

SAMUELSON, P.A. (1939). Interaction between the multiplier analysis and the principle of acceleration. *Review of Economic Statistics*, 21, 75-78.

SANDERSON, P.M. (1989). Verbalizable knowledge and skilled task performance: Association, dissociation and mental models. *Journal of Experimental Psychology: Learning, Memory, and Cognition*, 15, 729-747.

SCHAARSCHMIDT, U. (1989). Neue Inhalte und Methoden in der Diagnostik geistiger Leistungsfähigkeit. *Psychologie für die Praxis*, 7, 87-101.

SCHAUB, H. (1990). Die Situationsspezifität des Problemlöseverhaltens. *Zeitschrift für Psychologie*, 198, 83-96.

SCHAUB, H. & STRÖBELE, H. (1989). *Garten: Verhaltenstypen beim Problemlösen.* Paper presented at the 31. Tagung experimentell arbeitender Psychologen, 20.-23. 3. 1989, Bamberg.

SCHOPPEK, W. (1991). Spiel und Wirklichkeit - Reliabilität und Validität von Verhaltensmustern in komplexen Situationen. *Sprache & Kognition,* **10**, 15-27.

SCHULER, H. (1987). Assessment Center als Auswahl- und Entwicklungsinstrument: Einleitung und Überblick. In H. SCHULER & W. STEHLE (Eds.), *Assessment Center als Methode der Personalentwicklung* (pp.1-35). Stuttgart: Verlag für Angewandte Psychologie.

SENGE, P. M. & STERMAN, J. D. (in press). Systems thinking and organizational learning: Acting locally and thinking globally in the organization of the future. In T. KOCHAN & M. USEEM (Eds.), *Transforming organizations.* Oxford: Oxford University Press.

SHANNON, C. E. & WEAVER, W. (1949). *The mathematical theory of communication.* Urbana, IL: University of Illinois Press.

SHANON, B. (1987). On the place of representations in cognition. In D. PERKINS, J. LOCKHEAD & J. BISHOP (Eds.), *Thinking: The second international conference* (pp. 33-49).

SPADA, H. (1989). *Cognitive development: Progression of mental representations of the world.* Paper presented at the Tenth Biennial Meeting of the ISSBD, July 1989, Jyväskyla, Finland.

SPADA, H. & MANDL, H. (1988). Wissenspsychologie: Einführung. In H. MANDL & H. SPADA (Eds.), *Wissenspsychologie* (pp. 1-16). München: Psychologie Verlags Union.

SPADA, H. & REIMANN, P. (1988). Wissensdiagnostik auf kognitionswissenschaftlicher Basis. *Zeitschrift für Differentielle und Diagnostische Psychologie,* **9**, 183-192.

SPADA, H., REIMANN, P. & HÄUSLER, B. (1983). Hypothesenerarbeitung und Wissensaufbau beim Schüler. In L. KÖTTER & H. MANDL (Eds.), *Kognitive Prozesse und Unterricht. Jahrbuch für Empirische Erziehungswissenschaft 1983* (pp. 139-167). Düsseldorf: Schwann.

SPIES, K. & HESSE, F.W. (1987). Problemlösen. In G. LÜER (Ed.), *Allgemeine Experimentelle Psychologie* (pp. 371-430). Stuttgart: Gustav Fischer.

SPIES, M. (1989). *Syllogistic inference under uncertainty.* München: Psychologie Verlags Union.

STÄUDEL, T. (1981). *Kodiersystem zur Transkription des lauten Denkens.* Memorandum Nr. 1 am Lehrstuhl Psychologie II der Universität Bamberg.

STÄUDEL, T. (1987). *Problemlösen, Emotionen und Kompetenz. Die Überprüfung eines integrativen Konstrukts.* Regensburg: Roderer.

STÄUDEL, T. (1988). Der Kompetenzfragebogen. Überprüfung eines Verfahrens zur Erfassung der Selbsteinschätzung der heuristischen Kompetenz, belastenden Emotionen und Verhaltenstendenzen beim Lösen komplexer Probleme. *Diagnostica,* **34**, 136-148.

STEINER, G. (1988). Analoge Repräsentation. In H. MANDL & H. SPADA (Eds.), *Wissenspsychologie* (pp.99-119). München: Psychologie Verlags Union.

STERMAN, J. D. (1989). Misperception of feedback in dynamic decision making. *Organizational Behavior and Human Decision Processes,* **43**, 301-335.

STERMAN, J. D. & MEADOWS, D. (1985). STRATEGEM-2. A microcomputer simulation game of the Kondratiev cycle. *Simulation & Games,* **16**, 174-202.

STERNBERG, R.J. (1982). Reasoning, problem solving, and intelligence. In R.J. STERNBERG (Ed.), *Handbook of human intelligence* (pp. 225-307). Cambridge: Cambridge University Press.

STERNBERG, R.J. (1983). Components of human intelligence. *Cognition*, **15**, 1-48.

STEYER, R. (1982a). *Modelle zur kausalen Erklärung statistischer Zusammenhänge.* Frankfurt: Institut für Psychologie (unveröffentl. Manuskript).

STEYER, R. (1982b). *Structural equations, stability, and equilibrium points in multivariate autoregressive processes.* Paper read at the 13th European Mathematical Psychology Group Meeting in Bielefeld, September 1982.

STEYER, R. (1984). Causal linear stochastic dependencies: An introduction. In J.R. NESSELROADE & A. VON EYE (Eds.), *Individual development and social change: explanatory analysis* (pp. 95-124). New York: Academic Press.

STEYER, R. (1986). *Einführung in die Regressionsanalyse.* Trier: FB I -Psychologie- der Universität Trier (unveröffentl. Manuskript).

STEYER, R. (1987). Konsistenz und Spezifität: Definition zweier zentraler Begriffe der Differentiellen Psychologie und ein einfaches Modell zu ihrer Identifikation. *Zeitschrift für Differentielle und Diagnostische Psychologie*, **8**, 245-258.

STROHSCHNEIDER, S. (1986). Zur Stabilität und Validität von Handeln in komplexen Realitätsbereichen. *Sprache & Kognition*, **5**, 42-48.

STROHSCHNEIDER, S. (1988). *Wissensdiagnosen und Problemlösen. Eine Gegenüberstellung von gruppenstatistischen Daten und Einzelfallbetrachtungen.* Bamberg: Memorandum Nr. 66 am Lehrstuhl Psychologie II der Universität.

STROHSCHNEIDER, S. (1991). Kein System von Systemen! Kommentar zu dem Aufsatz „Systemmerkmale als Determinanten des Umgangs mit dynamischen Systemen" von Joachim FUNKE. *Sprache & Kognition*, **10**, 109-113.

TENT, L. (1984). Intelligenz und Problemlösefähigkeit. Kommentar zu DÖRNER, D. & KREUZIG, H.W.: Problemlösefähigkeit und Intelligenz. *Psychologische Rundschau*, 35, 152-153.

TERGAN, S.-O. (1986). *Modelle der Wissensrepräsentation als Grundlage qualitativer Wissensdiagnostik.* Opladen: Westdeutscher Verlag.

TERGAN, S.-O. (1989a). Psychologische Grundlagen der Erfassung individueller Wissensrepräsentationen. Teil I: Grundlagen der Wissensmodellierung. *Sprache & Kognition*, **8**, 152-165.

TERGAN, S.-O. (1989b). Psychologische Grundlagen der Erfassung individueller Wissensrepräsentationen. Teil II: Methodologische Aspekte. *Sprache & Kognition*, **8**, 193-202.

THALMAIER, A. (1979). Zur kognitiven Bewältigung der optimalen Steuerung eines dynamischen Systems. *Zeitschrift für Experimentelle und Angewandte Psychologie*, **26**, 388-421.

THOMAS, M., HÖRMANN, H.-J. & JÄGER, A.O. (1988). Systemwissen als Indikator der Bewältigung von Komplexität. In W. SCHÖNPFLUG (Ed.), *Bericht über den 36. Kongreß der Deutschen Gesellschaft für Psychologie in Berlin 1988* (pp. 301-302). Göttingen: Hogrefe.

TISDALE, T. (1990). Zur Bedeutung selbstreflexiver Prozesse beim Problemlösen. In D. FREY (Ed.), *Bericht über den 37. Kongreß der Deutschen Gesellschaft für Psychologie in Kiel 1990. Band 1: Kurzfassungen* (pp. 151). Göttingen: Hogrefe.

TITTERINGTON, D.M., SMITH, A.F.M. & MAKOV, U.E. (1985). *Statistical analysis of finite mixture distributions.* Chichester: Wiley.

TODA, M. (1962). The design of a fungus-eater: A model of human behavior in an unsophisticated environment. *Behavioral Science,* 7, 164-183.

TOELKE, I. (1986). Ein Prozeßmodell zur Veränderungsanalyse. *Diagnostica,* 32, 30-47.

TVERSKY, A. & KAHNEMAN, D. (1974). Judgment under uncertainty: Heuristics and biases. *Science,* 185, 1124-1131.

UECKERT, H. (1975). Systemtheoretische Ansätze zur Theorie des Problemlösens. *Zeitschrift für Psychologie,* 183, 82-95.

VENT, U. (1985). *Der Einfluß einer ganzheitlichen Denkstrategie auf die Lösung von komplexen Problemen.* Kiel: Institut für Pädagogik der Naturwissenschaften (=IPN-Arbeitsberichte, Nr. 61).

WASON, P.C. & BROOKS, P.G. (1979). THOG: The anatomy of a problem. *Psychological Research,* 41, 79-90.

WENDER, K.F. (1988). Semantische Netzwerke als Bestandteil gedächtnispsychologischer Theorien. In H. MANDL & H. SPADA (Eds.), *Wissenspsychologie* (pp. 55-73). München: Psychologie Verlags Union.

WESTERMANN, R. & HAGER, W. (1982). Entscheidung über statistische und wissenschaftliche Hypothesen: Zur Differenzierung und Systematisierung der Beziehungen. *Zeitschrift für Sozialpsychologie,* 13, 13-21.

WIENER, N. (1948). *Cybernetics or Communication in the animal and the machine.* New York: Wiley.

WILSON, A. (1975). The inference of covert hypotheses by verbal reports in concept-learning research. *Quarterly Journal of Experimental Psychology,* 27, 313-322.

WUNDT, W. (1907). Über Ausfrageexperimente und über die Methoden zur Psychologie des Denkens. *Psychologische Studien,* 3, 301-360.

WUNDT, W. (1908). Kritische Nachlese zur Ausfragemethode. *Archiv für die gesamte Psychologie,* 12, 445-459.

ZWICKER, E. (1981). *Simulation und Analyse dynamischer Systeme in Wirtschafts- und Sozialwissenschaften.* Berlin: de Gruyter.

Abkürzungsverzeichnis

APM	Advanced Progressive Matrices
AV	abhängige Variable
E+, E-	Versuchsbedingung "Eingreifer" bzw. "Nicht-Eingreifer"
ED	Eigendynamik
F	Anzahl falscher Elemente im Kausaldiagramm
FR, FV, FN	Fehler auf der Ebene Relation, Vorzeichen bzw. Numerik
GdK	Güte der Kausaldiagramme
GdK4, GdK5	Güte der Kausaldiagramme im 4. bzw. 5. Durchgang
GdK-xy, GdK-yy	Güte der Kausaldiagramme
GdKrel	Güte der Kausaldiagramme, Relationsebene
GdKvor	Güte der Kausaldiagramme, Vorzeichenebene
GdKnum	Güte der Kausaldiagramme, numerische Ebene
GdKsum	Güte der Kausaldiagramme, Summenwert über alle drei Ebenen
GdS	Güte der Systemsteuerung
GdV	Güte der Vorhersage
GS	Güte der Systemsteuerung (alte Berechnung)
H	Hypothese beim "Quadrupelmodell"
NW	Nebenwirkung
P+, P-	Versuchsbedingung "Prognostiker" bzw. "Nicht-Prognostiker"
PLF	Problemlöse-Fragebogen
R	Anzahl richtiger Elemente im Kausaldiagramm
RMA	maximale Anzahl richtiger Elemente im Kausaldiagramm
RMS	root mean squares
S	Sicherheitsangabe beim "Quadrupelmodell"
t	Index für diskreten Zeitpunkt
TR, TV, TN	Treffer auf der Ebene Relation, Vorzeichen bzw. Numerik
TS	Teilsystem
UV	unabhängige Variable
V	Variablenangabe beim "Quadrupelmodell"
V1, V2	Variable 1, Variable 2
Vl, Vlin	Versuchsleiter, Versuchsleiterin
Vp	Versuchsperson
x-Variable	exogene Variable
y-Variable	endogene Variable
Z	Zusammenhangsangabe beim "Quadrupelmodell"

Autorenverzeichnis

Stichwortverzeichnis